7 Steps of Cosmetic
Formulation
Design

化妆品
配方设计

董银卯　李丽　孟宏　邱显荣　著

U0389438

化学工业出版社

·北京·

本书是《化妆品配方设计6步》的修订版，在上一版乳化体系设计、增稠体系设计、抗氧化体系设计、防腐体系设计、感官修饰体系设计、功效体系设计6步设计方法的基础上，增加了第7步安全保障体系设计，每一步都包括设计原理、设计步骤、原料选择、注意事项、结果评价以及设计举例等内容，同时还介绍了特殊用途化妆品的功效体系设计。根据配方设计的需要，本书增补了最新的化妆品原料、法规、标准方面的内容，增加了设计方法，提升了设计理念，强化了实例深度。

本书将给读者提供更加全面、宏观的化妆品配方设计与剖析方法，能够帮助读者建立整体知识结构和思维方式，可供化妆品研制、开发和生产等领域的专业技术人员以及高校化妆品专业的师生参考，也可作为化妆品配方师的培训教材。

图书在版编目（CIP）数据

化妆品配方设计7步 / 董银卯等著. —北京：化学工业出版社，2016.7 （2024.8重印）

ISBN 978-7-122-27184-6

Ⅰ. ①化… Ⅱ. ①董… Ⅲ. ①化妆品-配方 Ⅳ. ①TQ658

中国版本图书馆 CIP 数据核字（2016）第 117875 号

责任编辑：傅聪智　　　　　　　　　　　装帧设计：王晓宇
责任校对：宋　玮

出版发行：化学工业出版社(北京市东城区青年湖南街 13 号　邮政编码 100011)
印　　装：河北延风印务有限公司
710mm×1000mm　1/16　印张 16¾　字数 322 千字　2024 年 8 月北京第 1 版第 10 次印刷

购书咨询：010-64518888　　　　　　　　售后服务：010-64518899
网　　址：http://www.cip.com.cn
凡购买本书，如有缺损质量问题，本社销售中心负责调换。

定　　价：58.00 元　　　　　　　　　　　　　　版权所有　违者必究

前言 FOREWORD

　　中国美容文化源远流长，最早可追溯到新石器时代，是人类生活不可或缺的组成部分。随着人们思想的解放和观念的转变，化妆品不再是奢侈品，而成为人们追求美、创造美、享受美、美化生活和保护身心健康的生活必需品。庞大的消费群体、广阔的消费市场，拉动了化妆品生产快速发展，形成了化妆品市场的繁荣景象。我国现阶段人口结构也是化妆品持续增长的主要因素。随着新一代女性思想的变化及我国二孩政策的全面放开，婴幼儿消费市场也面临更大的机遇。中国化妆品及个人护理用品市场容量2013年2740.4亿元，2014年达到2937.1亿元，预计到2019年中国化妆品及个人护理用品市场容量将达4230.5亿元。可以看出，近几年中国化妆品及个人护理用品市场不断增长，消费水平不断提高，消费人群不断扩大。2014年中国化妆品及个人护理用品细分市场，护肤品占48.3%，护发产品占15.7%，口腔护理产品占9.7%，彩妆为7.1%。相宜本草、百雀羚等本土品牌深受年轻人喜爱，又加上药妆纯天然化妆品的流行，让这些本土化妆品越来越受欢迎。

　　化妆品配方是产品的灵魂，不仅要考虑化妆品的整体结构体系，还要凝聚品牌的理念，所以配方设计对于化妆品尤为重要。要设计出科学合理的化妆品配方，配方师应从以下五个方面入手：①提高知识素质，好的配方蕴含着皮肤的生理功能、化学成分的配伍、生物活性物质的特性、活性成分的递送等一系列科学知识，需要配方师深刻理解，并在配方设计中科学灵活运用；②培养良好的市场感觉，配方师必须具备紧跟市场和化妆品配方前沿的能力，紧跟时代的步伐，适应市场的变化；③建立相对科学、完善的产品开发程序，保证产品的质量，提高配方设计的档次和水平，避免重复，提高效率；④加强配方试验过程中检测评价手段的采用，以便根据检测结果及时有效地做出正确的调整；⑤接受科学、系统、全面的配方设计培训。未来的化妆品配方设计，将会更加系统科学化，更加注重医学、生物学、化妆品学以及美学等多学科的交叉综合作用。

北京工商大学化妆品学科的专家、教授们长期从事化妆品学科基础研究，于 2009 年编著出版了《化妆品配方设计 6 步》一书，此书以宏观的设计视野、新颖的设计理念、实用的设计方法、系统的知识构架受到读者欢迎和好评，多次重印，成为化妆品配方师入门必备图书。

本书是《化妆品配方设计 6 步》的修订版，在《化妆品配方设计 6 步》乳化体系设计、增稠体系设计、抗氧化体系设计、防腐体系设计、感官修饰体系设计、功效体系设计 6 步设计方法的基础上，针对配方可能引起的皮肤敏感问题，增加了第 7 步安全保障体系设计。7 步设计方法每一步都包括设计原理、设计步骤、原料选择、注意事项、结果评价以及设计举例等内容。同时，根据最新的《化妆品安全技术规范》（2015 版）对《化妆品配方设计 6 步》的内容进行了系统更新，并且阐述了化妆品法规和功效植物原料的现状及发展趋势，为从事化妆品生产、研发的技术人员提供具有科学内涵的技术指导。与《化妆品配方设计 6 步》相比，《化妆品配方设计 7 步》增加了设计方法，提升了设计理念，强化了实例深度，具有更丰富的知识和更好的可读性。

本书由董银卯、李丽、孟宏、邱显荣著，杜一杰、薛燕、朱文骥、王笑月、岳立芝、张子裕等参加了资料整理和编写工作。本书在编写过程中得到了北京工商大学化妆品研究中心的各位老师及同学的大力支持，在此表示衷心的感谢。

由于编者水平及时间的限制，书中难免有不妥和疏漏之处，敬请读者批评指正。

编　者
2016 年 5 月

目录 CONTENTS

1 第一章
化妆品配方设计概述　Page 1

第一节　化妆品配方设计基本要求　2
第二节　化妆品配方剖析　8
　一、化妆品感官分析　8
　二、化妆品的结构分析　9
　三、化妆品成分分析　10
　四、化妆品配方剖析的特点　10
第三节　化妆品配方调整　11
　一、化妆品配方调整的方法　11
　二、促使配方调整的因素　12
　三、化妆品配方调整举例　13

2 第二章
乳化体系设计　Page 14

第一节　乳化体基本类型　15
　一、两种基本类型　15
　二、乳化体的一般性质　16
　三、乳化体在化妆品中的应用　18
第二节　乳化体的稳定性　18
　一、乳化体的絮凝、凝聚、分层和破乳　18
　二、乳化体稳定性的影响因素　20
第三节　乳化体基本原料　22
　一、油相原料　22
　二、乳化剂　32
　三、水相原料　43
第四节　乳化体体系设计　44
　一、明确目标要求　44
　二、乳化剂类型的确定　44
　三、水相、油相的确定　45
　四、乳化剂的确定　47

五、乳化体系调整 ………………………… 49
六、乳化体稳定性测试 …………………… 50
第五节　乳化体在制备过程中的注意事项 … 50
一、乳化设备 ……………………………… 50
二、乳化时间 ……………………………… 51
三、乳化温度 ……………………………… 51
四、搅拌速度 ……………………………… 51
第六节　化妆品乳化体系评价方法 ………… 52
一、稳定性评价 …………………………… 52
二、pH 值的测定 ………………………… 53
三、微观快速评价 ………………………… 54
四、感官评价 ……………………………… 54

二、简易测试   70

第六节　设计举例   71

一、啫喱配方设计   71

二、洗发水配方设计   71

4 第四章
抗氧化体系设计

Page 73

第一节　油脂的氧化和抗氧化原理   74

一、油脂抗氧化原理   74

二、常见抗氧化剂   75

三、天然抗氧化剂   77

第二节　化妆品抗氧化体系的设计   79

一、化妆品抗氧化剂复配   79

二、化妆品抗氧化体系设计   80

第三节　生产过程中抗氧化控制   81

第四节　抗氧化体系效果评价   82

一、过氧化物的测定   82

二、其他的分析方法   82

5 第五章
防腐体系设计

Page 84

第一节　化妆品防腐体系概述   85

第二节　化妆品防腐体系设计   85

一、化妆品防腐剂防腐原理和影响因素   85

二、理想防腐剂应具备的条件   90

三、常见化妆品防腐剂   90

四、防腐剂复配方式和作用   100

第三节　化妆品防腐体系设计步骤   101

一、所用防腐剂种类的筛选   102

二、防腐剂的复配   104

三、防腐体系中防腐剂的用量确定和优化   104

第四节　防腐的效果评价   104

一、感官评价   104

目录 CONTENTS

二、菌落总数检测 105

三、防腐挑战试验测试 107

第五节　化妆品生产过程中的防腐措施 108

一、防止原料的污染 108

二、防止环境和设备的污染 109

三、防止包装的污染 109

四、防止操作人员的污染 109

6 第六章
感官修饰体系设计

Page
110

第一节　调色设计 111

一、调色原理 111

二、色素的使用 114

三、颜色的测量与评价 115

四、常见调色问题与错误 115

五、化妆品调色举例 116

第二节　调香设计 117

一、化妆品调香的基本概念 117

二、香精及其分类 118

三、化妆品调香方法 118

四、调香在化妆品中的举例 120

五、芳香精油 122

六、香气评价 125

七、化妆品调香举例 125

7 第七章
功效体系设计

Page
127

第一节　功效化妆品概述 128

一、功效化妆品的发展趋势 128

二、功效化妆品分类 129

三、化妆品、功效化妆品与药品的区别和联系 . 129

四、功效化妆品原料的法规管理 130

第二节　化妆品功效体系设计 130

一、化妆品功效体系设计的基本原则 130

二、化妆品功效体系设计的方式与方法 | 132
三、化妆品功效体系设计评价 | 134
第三节　保湿功效化妆品的设计 | 135
一、保湿机理 | 135
二、保湿化妆品原料 | 136
三、保湿功效体系设计 | 138
四、保湿体系设计优化 | 144
五、保湿体系的功效评价 | 145
第四节　抗衰老化妆品的设计 | 146
一、抗衰老机理 | 146
二、抗衰老化妆品原料 | 148
三、抗衰老体系设计 | 150
四、抗衰老产品的功效评价 | 156
第五节　美白化妆品的设计 | 156
一、美白机理 | 156
二、美白化妆品原料 | 157
三、美白体系设计 | 158
四、美白产品的功效评价 | 162

8 第八章
安全保障体系设计

Page

165

第一节　安全保障体系设计概述 | 166
第二节　皮肤敏感及过敏机理 | 166
第三节　化妆品过敏源 | 167
第四节　安全保障体系的设计 | 169
一、常见的植物来源抗敏活性成分 | 169
二、其他抗敏成分 | 170
第五节　抗刺激及抗敏效果评价 | 171
一、体外试验 | 171
二、动物试验 | 172
三、人体斑贴试验 | 173
第六节　抗敏止痒剂和刺激抑制因子产品开
　　　　发应用实例 | 173

目录 CONTENTS

第一节　祛斑功效体系设计　177
　一、祛斑机理　177
　二、祛斑化妆品原料　177
　三、祛斑功效体系设计　177
　四、体系优化　181
　五、祛斑功效评价　181
第二节　防晒功效体系设计　182
　一、防晒机理　183
　二、重要的防晒剂原料　184
　三、防晒功效体系设计　185
　四、体系优化　186
　五、防晒功效评价　188
第三节　染发功效体系设计　189
　一、染发机理　190
　二、染发化妆品原料　192
　三、染发功效体系设计　193
　四、体系优化　198
　五、染发功效评价　199
第四节　烫发功效体系设计　199
　一、烫发机理　199
　二、烫发化妆品原料　200
　三、烫发功效体系设计　201
　四、体系优化　202
　五、烫发功效评价　203
第五节　育发功效体系设计　203
　一、育发的机理　203
　二、育发化妆品原料　204
　三、育发功效体系设计　204
　四、育发功效评价　207

目录 CONTENTS

目录 CONTENTS

10 第十章
化妆品配方设计案例   Page 209

第一节　化妆品产品研发程序 210
　一、产品创意 210
　二、化妆品配方设计 210
　三、生产工艺设计 211
　四、其他 211
第二节　芦荟燕麦保湿霜配方设计 211
　一、保湿功效体系设计 211
　二、乳化体系的设计 212
　三、增稠体系设计 214
　四、其他体系设计 214
　五、配方样品的评价 214
　六、确定配方 216
第三节　臻白精华乳配方设计 217
　一、美白功效体系设计 217
　二、乳化体系设计 217
　三、增稠体系设计 220
　四、其他体系设计 220
　五、配方样品的评价 220
　六、确定配方 221
第四节　防晒乳液（SPF30）配方设计 221
　一、功效体系设计 221
　二、乳化体系设计 222
　三、增稠体系设计 225
　四、配方微调优化 226
　五、其他体系的设计 227
　六、配方样品的评价与比对 227
　七、配方确定 228

11 第十一章
化妆品功效植物原料及法规发展趋势   Page 230

第一节　化妆品植物原料现状及发展趋势 231

一、化妆品功效植物原料发展现状   231

二、中医药理论与技术在化妆品植物

    原料中的应用   234

三、生物技术在化妆品植物原料中的应用   237

第二节   中国化妆品法规的现状及发展趋势   241

一、中国化妆品主要法律法规及相关文件   241

二、中国化妆品法律法规的发展趋势   245

三、美白化妆品纳入特殊用途化妆品管理   249

四、中国化妆品法规发展趋势展望   250

五、法规对于化妆品配方设计的影响   251

参考文献   253

第一章

Chapter 1

化妆品配方设计概述

　　所谓化妆品配方设计，就是根据产品的性能要求和工艺条件，通过试验、优化、评价，合理地选用原料，并确定各种原料的用量配比关系。

　　化妆品是以涂抹、喷洒或其他类似方法散布于人体表面任何部位（表皮、毛发、指趾甲、口唇等）或者口腔黏膜、牙齿，以达到清洁、消除不良气味、护肤、美容和修饰目的的产品。

　　化妆品配方设计，就是根据化妆品的性能要求和工艺条件，通过试验、优化、评价，合理地选用原料，并确定各种原料的用量配比关系。

　　目前，从事化妆品设计的配方师水平参差不齐，有的经过专业系统培训，有的还是师父带徒弟的配料工，这样导致在工厂生产过程中，容易出现很多问题。据不完全统计，全国每年化妆品生产厂在生产过程中，因配方设计不合理因素而导致的产品质量问题的损失有数亿元之多。这不但对企业是经济的损失，而且给产品品牌带来诸多的市场负面影响，最重要的是消费者对国产产品失去信心，让消费者认为国产产品无好货，加大了国产品牌市场推广难度。

　　本书中，强调"体系"的概念，从化妆品整体结构体系入手，将化妆品配方结构分为七个模块，包括乳化体系、增稠体系、抗氧化体系、防腐体系、感官修饰体系、功效体系和安全保障体系这七个模块能组合成任何化妆品配方。不同剂型的化妆品配方由七个模块中的部分或全部组成。这样在配方设计时能更简洁，通过模块设计找原料，而不是像以前由多种原料组合配方；在调整配方出现问题时，也可通过模块来分析，这样能更快发现问题和解决问题。

第一节　化妆品配方设计基本要求

　　化妆品配方设计是化妆品配方师最主要的工作。要做好此项工作，化妆品配方师就必须掌握设计的基本要求，了解工作从何处开始，到何处结束。化妆品配方设计基本要求包括以下几方面内容。

1. 对化妆品相关的国家法律法规的掌握

　　《化妆品安全技术规范》明确了规定化妆品一般卫生要求、禁限用原料及检验评价方法，这些内容对配方设计人员有很好的指导作用。例如：在该文件里明确规定设计防晒产品时，紫外线吸收剂使用的最高限量，如二苯酮-3 在化妆品中的最大使用量为 10%。因此，配方设计时，使用该原料就必须按低于 10%的量进行添加。

2. 对化妆品原料及其性质的掌握

　　化妆品原料是构成化妆品的基本要素。配方师必须掌握至少 1000 种原料的分类、物性、功效、在配方中的作用及使用量。例如：对甘油的掌握应包括的内容见表 1-1。

　　应该强调的是：不同厂家的原料特性有所不同，在使用过程中应找到相同点和不同点。

表 1-1　原料（甘油）信息表

产品名称 （或商品名）	INCI 名称	外　观	结构简式	特性及应用	建议使用量
甘油	Glycerin 甘油	透明黏稠液体	$CH_2OHCHOHCH_2OH$	润滑、保湿	0.5%～20%

3．对设计目标化妆品的要求的掌握

每设计一款化妆品前，必须明确设计此款产品的目的和要求。要求包括国家法律法规、国家标准、行业标准。有特殊需要，可制定企业标准。以设计目标产品信息表举例，见表 1-2。

表 1-2　设计目标产品信息表

	目标产品名称		
要求分类	信息要求明细	摘要	备注
市场目标 信息要求	产品卖点（概念点）		
	产品价格定位		
	产品销售区域		
	产品目标人群		
	产品市场其他要求		
信息目标	产品剂型		
	产品外观色泽要求		
	产品其他技术标准		
	产品原料成品		
	产品包装容器		
	产品功效要求		
	产品技术的其他要求		

4．对化妆品配方结构的理解和掌握

无论化妆品是哪种剂型、有何种要求，化妆品配方均由基本模块构成。基本模块包括：乳化体系、功效体系、增稠体系、抗氧化体系、防腐体系、感官修饰体系和安全保障体系七个模块。

乳化体系是以乳化剂、油脂原料和基础水相原料为主体，构成乳化型产品的基本框架，其设计是否合理，直接影响到产品的稳定性。这一模块是构成膏霜和乳液的基质的主体。膏霜和乳液的外观及稳定性均由这个模块所决定，也是化妆品科学研究的主要内容。

功效体系是以功效添加剂原料为主体，以达到设计产品功效为目的，其设计是否合理，直接影响到产品的使用效果，通过产品功效评价结果表现。

增稠体系是以增稠剂和黏度调节剂原料为主体,以达到调节产品黏度为目的,其设计是否合理直接影响产品的感观效果。

抗氧化体系是以抗氧化剂原料为主体,以防止产品中易氧化原料的变质,提高产品的保质期。

防腐体系是以防腐剂原料为主体,以防止产品微生物污染和产品二次污染而引起的产品变质,延长产品的保质期。

感观修饰体系是以香精和色素原料为主体,以改善产品感观特性,提高产品的外观吸引力,给消费者以感观享受,激发消费者的购买欲望。

安全保障体系以抗敏原料为主体,可降低消费者使用风险,对配方安全性具有重大意义。

对于不同剂型和特点的产品,要求的模块有所不同。膏霜和乳液要求需要七个模块,而水剂体系要求需要其中五个模块。化妆品产品与模块及原料对应表见表1-3。

表1-3　化妆品产品与模块及原料对应表

体系 ＼ 产品类型	洗护类产品（洗发水）	保湿类产品（保湿霜）	美白类产品（美白爽肤）	原料举例
功效体系	洗涤清洁体系	保湿体系	美白体系	HA、熊果苷
乳化体系		●		SS、SSE、A6、A25
增稠体系	●	●		Carbopol940、HEC
抗氧化体系	●	●	●	BHT
防腐体系	●	●	●	尼泊金甲酯、2-苯氧乙醇
感官修饰体系	●	●	●	香精、色素
安全保障体系	●	●	●	抗敏止痒剂

注：●表示该类产品有此模块。

5. 对化妆品试验工艺熟悉

有了设计好的模块体系配方,要做成化妆品产品,必须通过一定的试验工艺才能得以实现。化妆品工艺主要是一个混合过程,包括均质乳化和搅拌。对于均质乳化工艺,必须对均质的转速了解;对试验搅拌过程中的搅拌速度了解。

依据多年的试验经验,相对同一配方,不同工艺条件对产品的感观指标和稳定性影响较大。所以,技术开发人员应熟悉试验工艺,确保开发的顺利进行。

6. 对实验样品的评价方法掌握

当试验样品做好后,必须通过一系列的评价,来检验设计的产品是否达到要求。产品的评价包括：感观评价、理化指标评价、稳定性评价、卫生指标评价、功效评价及安全性评价。评价的要求一般要严于国家相关标准，评价内容见表1-4。

表1-4 化妆品样品评价表

序号	评价名称	评价内容	评价方法
1	感观评价	（1）外观 （2）香气 （3）色泽 （4）涂展性	可参见化妆品标准中的方法
2	理化指标评价	（1）耐寒 （2）耐热 （3）pH值 （4）黏度 （5）离心试验 （6）微观结构照片	可参见化妆品标准中的方法 图片比较
3	稳定性评价	（1）热寒循环7周次试验 （2）外观稳定性（外观、色泽、香气） （3）理化指标稳定性（pH值、离心实验、黏度） （4）活性成分的稳定 （5）微观结构的稳定性	48～-15℃ 参见感观评价 参见理化指标评价 活性成分分析 微观结构照片对比
4	卫生指标评价	（1）防腐挑战试验 （2）汞、砷、铅含量测试	参见卫生规范（2015版）
5	功效评价	（1）九类特殊用途产品（包括：防晒、祛斑、除臭、健美、染发、育发、脱毛、烫发及美乳） （2）美白、保湿、去皱、抗衰老、祛痘	参见后续功效评价介绍
6	安全性评价	（1）毒理学评价 （2）人体斑贴试验 （3）人体使用试验	参见卫生规范（2015版）

7. 严谨实验室工作方法

化妆品配方技术有很强的经验性，部分现象并不能通过科学理论翔实地解释，是科学理论加试验的结合体，所以在试验过程中现象和经验的积累非常重要，必须对其进行总结，反过来用理论进行解释。因此，必须注意以下工作方式和方法。

（1）原料样品和资料规范管理　在配制化妆品的试验中，技术开发人员必须明确使用的原料名称和原料厂家。在前面，已经阐述了不同的厂家生产同种原料时，部分性质并不完全相同。因此，技术开发人员必须对原料资料和样品进行规范管理。原料资料可以分厂家或分品种进行管理，并建立档案。原料资料档案可以按表1-5的格式建立。原料样品应该建立样品档案和样品标识明细管理，原料样品档案可按表1-6格式建立。样品标签可参考见图1-1。

表 1-5 原料资料档案表

序号	收到资料日期	原料供应商	生产厂家	资料名称	内容摘要	备 注
1						
2						
3						
4						
5						
6						
7						

表 1-6 原料样品档案表

序号	收到（或更新）样品日期	原料供应商	生产厂家	原料名称	特性	批号	数量	备 注
1								
2								
3								
4								
5								
6								
7								

【原料名称】	【批 号】
【厂 家】	【收到日期】

图 1-1 样品标签

（2）试验过程现象详细记录 对化妆品配制试验的各过程都必须详细记录，包括称取原料名称、厂家、原料实际量、配制的详细过程，完成配制时的感官评价、稳定性考察记录等。

（3）试验样品客观评价 对试验样品配制完后必须要客观评价。若刚配制，外观立即出现破乳、沉淀等不稳定现象，需查明可能原因，做出翔实记录后，可将样品进行处理；若外观无问题时，可做初步的感官评价。待稳定性考察完毕时，再做全面的评价。

（4）试验结果总结和归纳 对所有的试验要及时总结和归纳，在归纳过程中找到问题，总结经验。

遵守以上实验室工作方法，才能有效快速完成开发工作。完成步骤（2）～（4）的各项工作，填好化妆品开发试验记录表（表 1-7）。

表 1-7 化妆品开发试验记录表

试验批号：　　　　　　　　　　　　　　　　　　　　　　　　日期：

序号	原料名称	计划添加量	实际添加量	生产厂家	备注

试验工艺

外观		黏度		pH 值	

现象记录

初步评价

稳定性考察

记录时间	耐　寒	耐　热	记录时间	冷热循环

综合评价、因素分析及结论

第二节　化妆品配方剖析

化妆品配方设计技术为一经验性很强的技术，对配方进行剖析过程就是经验的总结和新方法的摸索过程，是提高化妆品配方设计水平的有效途径。通过对配方的全面剖析，找到配方的模块体系的优点和缺点。在确定样品优缺点后，能快速对配方进行调整，加快开发速度。

化妆品配方剖析的一般方法包括：感官分析、结构分析、成分分析。这三个方法基本能涵盖所有配方的剖析。

图 1-2 表示了样品、配方剖析和配方相互间的联系。

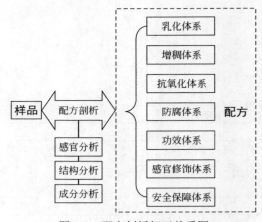

图 1-2　配方剖析相互关系图

一、化妆品感官分析

化妆品感官指的是化妆品给消费者的直观感受，包括包装美观（这与产品包装设计相关，在此处不作讨论）、色、香、亮泽度、涂抹性及用后的舒适度等，也就是产品给消费者的第一感受，是决定消费者第一次购买的直接因素。

化妆品感官分析就是通过专业的仪器和手段，对化妆品的感官进行客观和量化评价，是化妆品配方剖析的重要方法之一，其主要作用是将样品通过感官分析找到与配方中的感官修饰体系、乳化体系及增稠体系的联系。若感官指标达不到要求，将对三个体系中的一个或多个体系进行调整，以达到配方设计目标。感观剖析样品及配方关系如图 1-3 所示。感官分析手段包括：感官测评和流变性测定。

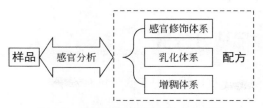

图 1-3　感观剖析样品及配方关系图

1. 感官测评

主要通过对特定主观指标进行评分。评分项目见表 1-8。

表 1-8　感观评价记录表

样品编号	香　气	颜　色	外　观	挑出性	油腻感	总计分值
001						
002						
003						

2. 流变性测定

流变学测量参数包括黏度、屈服值、流变曲线类型（黏度-剪切应力、黏度-剪切速率、剪切应力-剪切速率、黏度-剪切时间）、触变性、弹性和动态黏弹谱（蠕变柔量、复数剪切模量、储能模量、耗能模量）等。

 ## 二、化妆品的结构分析

对于通过乳化过程制得的化妆品，乳化体的微观结构能反映产品的稳定性。不同结构乳化体系，从其微观结构也有所不同，见图 1-4。

化妆品结构分析手段主要是电子显微镜。电子显微镜通过拍摄，图像直接可存入计算机。图 1-5 为电子显微镜拍摄的膏霜的微观结构。

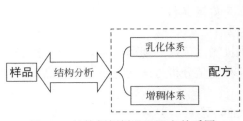

图 1-4　结构剖析样品及配方关系图

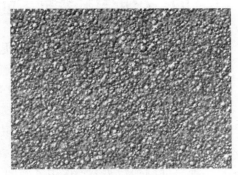

图 1-5　膏霜微观结构图

三、化妆品成分分析

化妆品成分分析就是对化妆品中的成分进行定性和定量的确定，主要通过分析仪器手段来实现。

随着分析技术的不断发展，HPLC、IR、GC-MS 和 NMR 也逐渐应用到化妆品的分析中来。目前，卫生部已经公布了多种成分检测的标准方法。在《化妆品安全技术规范》（2015 版）的第四章，对化妆品中的防晒剂、防腐剂、着色剂、染色剂、禁用组分、限用组分等分析提供了翔实的检测方法。

化妆品成分分析能有效判定化妆品配方中的各成分及其含量，能有效剖析功效体系、防腐体系、抗氧化体系及感官修饰体系等。因此，化妆品成分分析在配方剖析中的作用见图 1-6。

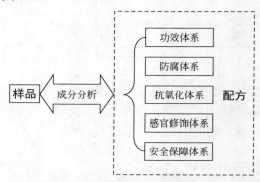

图 1-6　成分剖析样品及配方关系图

虽然卫生部检测机构已经将限用原料和禁用原料的检测方法标准化，但化妆品的原料品种数量巨大，目前还没有办法将所有的检测方法固定下来，所以，化妆品成分分析剖析配方的方法要走的路还很漫长。

 ## 四、化妆品配方剖析的特点

随着技术的进步和消费者要求的提高，化妆品配方剖析水平也得到长足的进步，为化妆品配方技术发展和提高创造了良好的条件。

1．由估计推测向精确定量化和定性化发展

以前，化妆品配方剖析主要靠感官来推测，依据外观属性和以往的实践经验来做，这样只能是估计推测。而随着定性和定量分析方法的进步，化妆品配方剖析的方法逐渐向定性和定量分析发展。

2．由监管部门和科研机构使用逐渐向企业转移

在国内，促进化妆品配方剖析（成分分析）发展主要是监管部门为了监管企

业乱用原料，危害消费者，而投入大量科研力量，制定了完整的分析方法。现在，很多化妆品行业的巨头，为了严控产品质量和加快新产品开发速度，将配方剖析方法应用于质量控制部门和技术开发部门。

3. 在企业内部，由质量管理部门向技术开发部门转移

化妆品行业巨头为了开发更多的新产品，赢得更多的消费者，现已将配方剖析全面应用于技术开发部门，促进新产品快速开发。

第三节　化妆品配方调整

化妆品配方调整也是配方优化的过程。在此优化过程中，配方设计人员必须掌握优化调整的方法以及促使调整的因素和原因，然后才能有针对性地进行调整。

 ## 一、化妆品配方调整的方法

化妆品配方调整方法可以帮助配方设计人员解决如何着手调整配方问题，具体方法如下。

1. 对不同模块的调整

在开发产品的过程中，配方师对试验样品进行阶段性评价时，如发现样品有某些缺陷，首先要分析导致这项缺陷的是哪个模块。

例如：膏霜外观粗糙，不够细腻，这可能主要由于乳化体系设计不够合理，这时我们需要对乳化体系模块进行分析，对其进行调整。

2. 对使用原料品种的调整

在对模块进行调整时，首先考虑构成该体系的各种原料在品种选择上是否合理，根据原料的特性，找到不合理的原因，再对原料的品种进行调整。

例如：还以乳化体系为例，在配方设计时，选用了 A6 和 A25 作为乳化剂，其乳化能力强，但其做出的膏霜肤感比较油腻，如果做清爽型膏霜就不太适合，这样就必须对这个乳化剂体系进行调整，选用 SS 和 SSE 乳化剂就比较合适。

3. 对使用量的调整

原料品种确定后，依据原料特性确定各原料的使用量。如果某一体系由不同的原料构成，在保证产品各项指标符合要求的前提下，必须对该体系原料用量进行优化，一则降低原料成本，二则优化体系的合理性。

例如：还以乳化体系为例，A6 和 A25 一般在配方中的用量为 2.0%～2.5%（质量分数），若油脂比例较小，可以将其用量降低，如果油脂比例较大时，还可适当提高其用量。

二、促使配方调整的因素

化妆品配方的设计和完善，其实是一个逐步完成的过程，促使配方调整有诸多的因素，主要包括以下几方面。

1．对感观评价未达到要求

化妆品的感官很重要，这是产品的"卖相"，是给消费者的直接第一感受。如果感官评价未达到要求，很难激起消费者第一次购买欲望，这样，即使产品的效果再好，也难以启动销售。

例如：化妆品的香型不能让消费者接受，配方设计人员就必须对产品香型进行调整。

2．对稳定性评价未达到要求

产品的稳定性是化妆品质量的重要体现，若产品不稳定，上市后，不久就将"大量退货"，产品从市场"旅游一圈"，重新返回仓库，企业的损失就不言而喻。因此，配方设计人员开发过程中需严格考察产品的稳定性，即使产品的外观和使用效果优异，若稳定性未达到标准，也必须对配方进行调整。

例如：化妆品膏霜的耐热稳定性不够，配方设计人员就必须对配方的乳化体系和增稠体系进行调整，以确保产品的稳定性。

3．对功效评价未达到要求

化妆品的功效评价结果直接与化妆品的二次销售（消费者再次购买产品）相联系。如果化妆品上市后不能产生二次销售，这个产品也就不具有生命力，将很快被市场淘汰。

随着化妆品的发展，国内已有很多机构建立了化妆品功效评价体系。但目前，很多企业不具备功效评价的条件。如果要开发功效优良的化妆品，企业必须加大投入，与具有功效评价的机构建立密切的合作，提升产品开发水平，确保在激烈的市场竞争中立于不败之地。

例如：在开发美白产品时，如果美白功效未达到要求时，必须对美白功效体系进行调整。

4．对安全性评价未达到要求

化妆品的安全性非常重要，这也是化妆品质量的重要体现，经常体现在产品的致敏性上。

在实际开发过程中，经常出现安全性与功效性相冲突的现象。这就要求开发人员在保证产品安全性的前提下，提高产品的功效，这也是技术创造价值的体现。

例如：产品出现过敏率高时，配方设计人员必须考虑刺激原料的优选问题，并选用能抑制原料刺激性的添加剂，即通常要加入安全保障体系。

5．原料成本未达到要求

　　化妆品开发与市场紧密相连。市场人员在策划产品上市过程中，对产品定位和定价非常明确，这也就要求产品的成本要达到要求。

　　例如：市场策划一款洗发水售价为 10 元/200g，根据市场推广费用、各项其他费用及利润要求，计算出原料成本 10 元/kg。这时，就要求开发人员要以此为目标，进行配方设计，如果原料成本高于 10 元/kg，就必须对配方进行调整。

6．未达到客户特定的其他要求

　　随着化妆品行业的发展，行业分工细化，有的公司专业从事销售，有的公司专业从事化妆品的生产和开发。从事专业生产和开发的公司按照从事销售的专业公司的要求，为其"量身定制"产品，这就是通常讲的 ODM 合作模式。在这个合作过程中，销售公司根据市场特定情况，向生产公司提出要求，生产公司再进行开发。

　　例如：如果开发的产品未达到销售公司的要求，配方设计人员就必须对配方进行调整，以满足客户的需要。

7．生产设备改变

　　同一化妆品配方，在不同设备上进行生产，结果可能不一样。

　　这一点，W/O 型的产品表现尤为明显。W/O 型产品一般在激烈搅拌状态下进行生产，搅拌的速度和桨叶的形状与生产的产品稳定性密切相关，因此，在不同的设备上进行生产，配方有可能需要进行调整。

 三、化妆品配方调整举例

　　随着化妆品原料的发展，促进化妆品的肤感和外观不断提升。例如，20 世纪80 年代，用于生产膏霜的乳化剂品种有限，多数是一些阴离子型乳化剂，如 K_{12}、脂肪酸皂等乳化剂，这类乳化剂刺激性比较大。随着化妆品原料进步，目前，生产高档膏霜常选用蔗糖酯作乳化剂，从而降低产品的刺激性，符合生产更温和的各类护肤品的要求，提高化妆品的质量。

第二章

Chapter **2**

乳化体系设计

　　乳化体系设计是膏霜乳液等化妆品配方设计中最关键的环节，乳化体系的优劣直接影响到产品的稳定性、外观及肤感，进而影响到产品的品质和价位等。本章主要内容包括乳化体系类型、主要原料、体系设计和评价方法等。

乳化体系设计主要是主体原料的选择和配置，形成乳剂化妆品最初的档次和形态。这是化妆品配方设计的基础，对整个配方的设计起着导向作用。

基础原料能够根据各种化妆品的类别和要求，赋予产品基础架构的主要成分，体现化妆品的剂型。

配方设计就是把主体原料和各种辅料配合在一起，组成一个多组分的体系，其中每一个组分都起到一定的作用。

乳化体（emulsion）是一种多相分散体系，它是由一种液体以极小的液滴形式分散在另一种与其不相混溶的液体中所构成的，其分散度比典型的憎液溶胶低得多，分散相粒子直径一般在 0.1～10μm 之间，有的属于粗分散体系，甚至用肉眼即可观察到其中的分散相粒子。它是热力学不稳定的多相分散体系，有一定的动力稳定性，在界面电性质和聚结不稳定性等方面与胶体分散体系极为相似，故将它纳入胶体与界面化学研究领域。乳化体同样存在巨大的相间界面，所以界面对它们的形成和应用起着重要的作用。

第一节　乳化体基本类型

一、两种基本类型

乳化体中以液珠或其他形式被分散的一相，称为分散相（或称内相、不连续相）；另一相是连成一片的，称为分散介质（或称外相、连续相）。常见的乳化体一相是水或水溶液（水相），另一相是与水不相混溶的相（有机相，通称"油相"）。外相为"水"，内相为"油"的乳化体叫作水包油型乳化体，以 O/W 表示。外相为"油"，内相为"水"的乳化体则称为油包水型乳化体，以 W/O 表示。两种乳化体基本类型示意图见图 2-1。

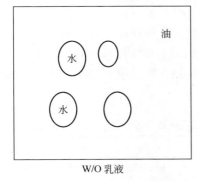
W/O 乳液

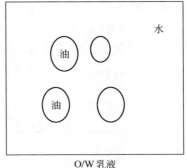
O/W 乳液

图 2-1　两种乳化体基本类型的示意图

O/W 型和 W/O 型乳化体单纯从外观很难加以区别。两种类型乳化体常用的鉴别方法有如下几种。

（1）稀释法　乳化体容易被外相（分散介质）稀释，而不容易被内相稀释。因此，用水或油对乳化体作稀释试验。容易分散于水的乳化体为 O/W 型乳化体；反之，不容易分散于水，而容易分散于油的乳化体为 W/O 型乳化体。

（2）电导法　水的电导强于一般油类的电导。如对乳化体进行电导测量，导电性好的且与水相电导相近的即为 O/W 型；导电性差的且与油相电导相近的即为 W/O 型。可用电导仪或简单电路进行测量。

（3）染色法　将少量油溶性染料（如苏丹红Ⅲ）和水溶性染料（如甲基蓝或甲基橙）分别撒于乳化体中，如果油溶性染料不扩散溶开，而水溶性染料扩散溶开，可认为乳化体的外相为水相，乳化体为 O/W 型。如果情况相反，则为 W/O 型乳化体。

（4）滤纸润湿法　将乳液滴在滤纸上，如果是 O/W 型乳化体，液滴迅速铺开，在中心留下小油滴；相反，如果是 W/O 型乳化体，则液滴不铺展。如滤纸事先浸有质量分数为 20% 的 $CoCl_2$ 溶液，试验前干燥滤纸，如果滴上乳化体是 O/W 型乳化体，液滴周围立即变成紫色；如果是 W/O 型乳化体颜色不变，仍为蓝色。但此法对于某些易在滤纸上铺展的油（如苯、环己烷和甲苯等）所形成的乳化体不适用。

此外，还有其他方法可判定乳化体的类型，如利用油、水的折射率不同的光学方法；还有可从乳化体所使用的乳化剂来进行判定等。总之，可利用乳化体的油相与水相对电、光、药剂等不同的物理、化学特性来予以判定。

二、乳化体的一般性质

乳化体基本上是不稳定的体系，一部分是粗分散体，一部分是胶体。乳化体的性质具有粗分散体和胶体的规律特点。

1．乳化体的外观

一般乳化体的外观常呈乳白不透明液状，这种外观与分散相质点的大小有密切的关系。根据经验，可以把分散相液珠的大小与乳化体外观的关系列于表 2-1 中。一般乳化体分散相的直径范围 0.1～10μm。其实很少有乳化体的液珠直径小于 0.25μm。

表 2-1　分散相和乳化体外观

分散相粒径	乳化体外观	分散相粒径	乳化体外观
>1μm	乳白色乳化体	0.05～0.1μm	灰色半透明乳化体
0.1～1μm	蓝白色乳化体	<0.05μm	透明体

由于分散相与分散介质的折射率一般不同，光照射在分散质点上可以发生折射、反射、散射等现象。当液珠直径大于入射光的波长时，主要发生光的反射，也可能有少量的折射和吸收。当液珠直径远远小于入射光的波长时，则光可以完全透过，或部分被吸收，体系表现为透明状。介于上述两种情况之间，体系呈半透明状。一般可见光波长范围为 0.4～0.8μm，因此，乳化体中光反射比较显著，呈不透明乳白状。

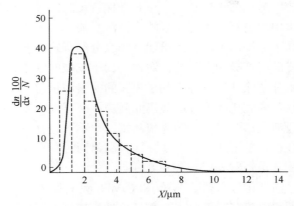

图 2-2　油酸钠稳定的黏性石蜡油在水中的液状分散相粒径分布

一种乳化体中的液珠（分散相）大小并不是完全均匀的，一般是各种大小皆有，而且有一定的分布，图 2-2 即为油酸钠稳定的黏性石蜡油在水中的液状分散相粒径分布。乳化体基本上是不稳定的体系，它的液珠大小分布随时间的变化关系常被用于衡量乳化体稳定性。一般是从小质点比较多的分布变为大质点较多的分布，即分布曲线的最大峰向质点变大的方向移动，并且分布曲线变得更分散。但在某些情况下，乳化体的质点大小分布会变得更为集中，即质点虽然随时间变得越来越大，但却变得较为均匀。

2．黏度

乳化体系作为一种流体，黏度是其重要的宏观性质之一。对于化妆品乳化体来说，黏度是其产品控制的重要指标，只有符合规定的黏度要求并且在规定的时间内保持黏度不变的化妆品，方可上市。当分散相的浓度不大时，乳化体的黏度主要由分散介质来决定，分散相对黏度的影响较小。当分散相的浓度较大时，乳化体的黏度影响因素较为复杂，涉及一系列的流变特性问题。

3．乳化体的电性质

乳化体的电性质主要是电导率，其电导率主要取决于乳化体连续相的性质，O/W 型乳化体的电导率比 W/O 型乳化体大。此种性质常被用于辨别乳化体的类型，研究乳化体的转型过程，判断 O/W 乳化过程是否完成（即电导率恒定不变）。乳化体分散相质点在电场中移动（即电泳），可以提供与乳化体稳定性有关的质点带电的情况。

三、乳化体在化妆品中的应用

为皮肤补充水分和提供营养是化妆品最基本、最主要的作用。若将水直接涂于皮肤表面，则很难被皮肤吸收，而且很快就会蒸发掉，无法为皮肤提供足够的水分，无法保证皮肤适宜的水分含量，不利于保持皮肤的柔润和健康。同时，许多营养性成分在水中的溶解性不好，只能将其溶于油中，才能被皮肤吸收利用。相反，如果在皮肤上直接涂上油膜，虽能抑制水分的蒸发，但显得过分油腻，且过多的油会阻碍皮肤的呼吸和正常的代谢，不利于皮肤的健康。由此可见，单独地在皮肤上喷洒水分或涂抹油分都不利于皮肤的保湿和正常生理功能的进行。既含有油分又含有水分的乳化体恰好能解决此问题：既可以给皮肤补充水分，又可以在皮肤表面形成油膜，防止水分的过快蒸发，也不致过分油腻，且配制乳化体时添加有表面活性剂，易于冲洗。大部分化妆品是同时含有油和水的乳化体，如雪花膏、冷霜、润肤霜、营养霜和各种乳液等。

应用于化妆品的乳化体主要是 W/O 和 O/W 的两种基本类型。两种不同的类型会给肌肤带来不同的感官特点。O/W 型乳化体有较好的铺展性，使用时不会感到油腻，有清新感觉，但净洗效果和润肤作用方面不如 W/O 型乳化体。W/O 型乳化体具有光滑的外观、高效的净洗效果和优良的润滑作用，但油腻感较强，有时还会感到发黏。

第二节　乳化体的稳定性

一、乳化体的絮凝、凝聚、分层和破乳

乳化体不稳定性可有几种表现方式：絮凝（flocculation）、聚结（coalescence）、分层（creaming 或 sedimentation）、破乳（deemulsication）和变型（inversion）。每个过程皆代表一种不同的情况。在某些情况下它们可能是相关的（图 2-3），例如乳化体完全破乳之前可先絮凝、聚结和分层，或分层与变型同时发生。各种不稳定形式的作用机理是不同的。

1. 絮凝

乳化体中分散相的液滴聚集成团，形成液滴的簇［称为絮凝（flocs）］，这个过程称为絮凝作用。一般情况下，絮凝物的液滴大小和分布没有明显变化，不会发生液滴的聚结。絮凝作用是由于液滴之间的吸引力引起的，这种作用往往较弱，

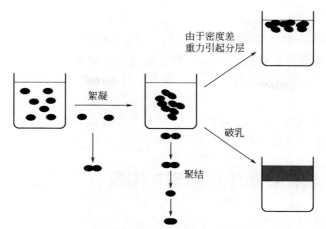

由于密度差
重力引起分层

絮凝

破乳

聚结

图 2-3　乳化体几种不稳定性的表现

因而絮凝过程也可能是可逆过程，搅动可使絮凝物重新分散。引起液滴之间聚集的范德华力和液滴带电后产生的对聚集起阻碍作用的双电层斥力之间的平衡决定絮凝过程的速度和可逆程度。对于某一给定的体系，存在一个临界液滴浓度（或相体积分数），低于该临界浓度时，乳化体对于絮凝作用是稳定的；高于该临界浓度时，乳化体更倾向于絮凝。如果絮凝物与介质间的密度差足够大，则可能使乳化体分层加速。如果乳化体浓度较大，它的黏度会因絮凝而显著地增加。

2．聚结

若絮凝物的液滴发生凝并，其中的小液滴的液膜被破坏，形变成较大的液珠，这一过程称为聚结（图 2-3）。聚结是个不可逆过程，它会导致液滴数目的减少和乳液的完全破坏——油水分离。聚结作用改变了液滴的大小分布。絮凝是聚结的前奏，而聚结则是乳化体被破坏的直接原因。

聚结过程是较复杂的，包括在絮凝物中液滴之间连续相薄的液膜消失的过程。一般需要考虑液-液膜体系中的作用力和液膜厚度等局部变化的动力学因素。

3．分层

由于油相和水相密度不同。在重力作用下液滴将上浮或下沉，在乳化体中建立起平衡的液滴浓度梯度，这一过程称为分层（图 2-3）。虽然分层使乳化体的均匀性遭到破坏，但乳化体并未真正被破坏。往往液滴密集地排列在体系的一端（上层或下层），分成两层，一层中分散相比原来多，而另一层以连续相为主，分散相浓度较低。例如，牛奶分层后是上浓下稀，上层的浓乳化体称为奶油，此层中乳脂（分散相）含量远比下层多，上、下层中乳脂的体积分数比约为 35%：8%。一般情况下，分层过程液滴大小和分布不改变，只是建立平衡液滴浓度梯度。由于重力作用引起的分层，其沉降速度与内外相的密度差、外相的黏度、液滴大小等因素有关。分层作用的起因是外力场的作用，除重力外，还有静电力和离心力。

4．破乳

乳化体是一种热力学不稳定的体系，最终平衡应该是油水分离，分层（如水层和油层），破乳是其必然的结果。但要实现完全破乳也是不容易的。破乳（图2-3）与分层或变型可以同时发生，一般乳化体至破乳要经过絮凝或聚结过程。

5．变型

乳化体由于乳化条件改变可由 W/O 转变成 O/W 型，或由 O/W 转变成 W/O 型，这过程称为变型。变型是乳化过程重要的现象，它对乳化体的稳定性有很大的影响。

二、乳化体稳定性的影响因素

1．影响乳化体稳定性的因素

（1）相的添加顺序　水加至油-乳化剂中，可得到 W/O 型乳化体；油加至水-相同乳化剂中可能产生 O/W 型乳化体，但最终形成哪一种类型的乳化体，是否会发生变型取决于体系亲水-亲油平衡值（HLB 值）。

（2）界面膜的性质　在乳化体中分散液滴总是不停地运动，相互碰撞。如果在碰撞时，乳化体中相互碰撞的液滴的界面膜被破坏，两液滴将会聚结形成较大的液滴，结果使体系的自由能下降。若这样的聚结过程继续下去，被分散相会从乳化体分离出来，发生"破乳"。因而，界面膜的机械强度是决定乳化体的主要因素。

（3）分散相液滴的带电情况　当分散相液滴吸附了带电离子，就会使液滴表面带电，形成双层，减少液滴接近的频率和液滴接近接触面导致液滴聚结的概率。

（4）位阻稳定作用　位阻稳定作用（stericstabilization，也称空间稳定作用）是指分散液或乳化体的不连续相表面吸附高分子聚合物，形成高分子吸附层阻止分散粒子或液滴间的聚结，使分散液或乳化体稳定的作用。

（5）连续相的黏度、两相密度大小、液滴大小和分布　外相黏度增加，扩散系数减小，沉降速度下降，有利于乳化体稳定性的增加。两相密度差减小，沉降速度下降，这也有利于乳化体的稳定。液滴大小的影响较复杂，但是，大量实验结果表明，液滴越小，乳化体越稳定；液滴大小分布均匀的乳化体较具有相同平均粒径的宽分布的乳化体稳定。

（6）相体积比　乳化体的被分散相体积增加，界面膜越来越膨胀，才可把被分散相包围住。界面膜变薄，体系的不稳定性增加。若被分散相的体积超过连续相的体积，O/W 或 W/O 型乳化体会越来越不如其反相的乳化体（即 O/W 或 W/O 型乳化体）稳定，除非乳化剂的亲水-亲油平衡值限制该体系只能形成某一种类型的乳化体，否则，乳化体就会发生变型。

（7）体系的温度　温度变化会引起乳化体一些性质和状态的变化，其中包括：两相间的界面张力，界面膜的性质和黏度，乳化剂在两相的相对溶解度，液相的蒸气压和黏度，被分散粒子的热运功等。因而，温度的变化对乳化体的稳定性有很大的影响，它可能会使乳化体变型或引起破乳。乳化剂的溶解度随温度变化而变化，乳化体的稳定性也随之改变。在接近乳化体系的相转变温度时，乳化剂发挥最大的功效。任何危及界面的因素都会使乳液的稳定性下降，如温度上升、蒸气压升高、分子蒸发、分子的蒸气流通过界面都会使乳化体稳定性降低。

（8）固体的稳定作用　固体粉末可起着乳化剂的作用，使乳化体稳定，如蒙脱土、二氧化硅、金属氢氧化物等粉末可稳定 O/W 型乳化体；石墨、炭黑等可稳定 W/O 型乳化体。显然，这是由于聚集于界面的粉末形成了坚固、稳定的界面膜，使乳化体稳定。

（9）电解质和其他添加物　离子表面活性剂稳定的 O/W 型乳化体，添加强电解质后，降低了分散粒子的电势，增强了表面活性剂离子和反离子之间的相互作用，因而使其亲水性减弱，O/W 型会转变为 W/O 型乳化体。添加脂肪醇或脂肪酸，它们会与表面活性剂结合，成为更亲油性的乳化剂。

在 O/W 型乳化体向 W/O 型乳化体转变过程中，必须除去分散油滴的电荷，然后，由原有的界面膜形成相互交联牢固的凝聚膜（图 2-4）。根据此机理，O/W 型乳化体中的带电膜被中和，油滴倾向于聚结形成连续相。截留的水被界面膜包围，重新组合成结实不带电膜、稳定的、不规则形状的水液滴，形成 W/O 型乳化体。

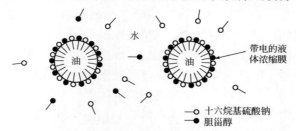

(a) 表面带负电荷的十六烷基硫酸钠和胆甾醇稳定的O/W型乳化体

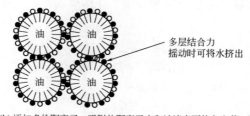

(b) 添加多价阳离子，吸附的阳离子中和油滴表面的负电荷，油滴聚结，界面膜重新组合，形成不规则的水滴

(c) 油滴聚结形成连续相，O/W→W/O变型过程完成

图 2-4　O/W 的转型机理

2．提高乳化体稳定性的方法

综合以上乳化体稳定性的影响因素不难看出，提高乳化体的稳定性可以从以下五个方面考虑：①降低油-水的界面张力，乳化剂的加入会吸附在界面上从而降低其界面张力，使乳化体处于较稳定的状态；②形成坚韧的界面膜，例如蛋白质类的乳化剂就是在分散液滴表面上形成一层机械保护膜，阻碍液滴破坏；③液滴带电，产生静电斥力；④分散相具有较高的分散度和较小的体积分数；⑤分散介质具有较高的黏度，以减慢分散相聚结的速率，例如羧甲基纤维素加入 O/W 型乳化体中能提高其稳定性。

第三节　乳化体基本原料

 一、油相原料

1．油相原料的作用

油性原料在化妆品中所起的作用可以归纳为以下几个方面。

（1）屏障作用　在皮肤上形成疏水薄膜，抑制皮肤水分蒸发，防止皮肤干裂，防止来自外界的物理、化学的刺激，保护皮肤。

（2）滋润作用　赋予皮肤及毛发柔软、润滑、弹性和光泽。

（3）清洁作用　根据相似相溶的原理可使皮肤表面的油性污垢更易于清洗。

（4）溶剂作用　作为营养、调理物质的载体更易于皮肤对营养物质的吸收。

（5）乳化作用　高级脂肪酸、脂肪醇、磷脂是化妆品的主要乳化剂。

（6）固化作用　使化妆品的性能和质量更加稳定。

其中，油相原料最基本最重要的功能，就是滋润肌肤的作用，故又称润肤剂。

2．油相原料的分类

（1）按状态分（常温）　分为固体油、液体油、半固体。

$$
油相原料\begin{cases}固体油：硬脂酸、混醇、蜡类等\\半固体油：凡士林、牛油树脂\\液体油：白油、IPM、二甲基硅油\end{cases}
$$

（2）按来源分　可分为天然来源、化学合成。

$$
油相原料\begin{cases}天然来源\begin{cases}植物来源：霍霍巴油、牛油树脂、橄榄油\\动物来源：羊毛脂、貂油\\矿物性油质：凡士林、白油、石蜡\end{cases}\\化学合成：酯类、硅油、硅蜡\end{cases}
$$

（3）按化学成分分类　可分为烃类（碳氢化合物）、甘油三酸酯、硅氧烷、合成酯类。

表 2-2 总结了不同化学成分的油脂的特点。

表 2-2　不同化学成分的油脂的特点

油相原料	特点
碳氢化合物（烃类）	成本经济，容易铺展成透明的成膜，有多种不同的铺展性和肤感
甘油三酸酯	天然植物提取油，含多种甘油三酸酯
硅氧烷	极低的表面张力，更好的铺展性和成膜性
合成酯类	能赋予很好的润滑性和不油腻的、令人愉悦的肤感，可用于降低油类物质的油腻性

（4）按肤感来分　可分为轻质、中质和重质。

轻质——快速铺展，更多的湿润感，更少的涂抹时间和更稀薄的肤感。

中质——长时间的铺展，更多的涂抹时间，厚实的肤感。

厚重——更长时间的铺展，更长的涂抹时间，更强的黏性和更厚实的肤感。

（5）按铺展性来分　可分为迅速铺展的油脂、缓慢铺展的油脂。表 2-3 介绍了部分润肤剂的相关性质。

表 2-3　润肤剂按铺展性的分类以及相关性质

项目	迅速铺展的润肤剂	缓慢铺展的润肤剂
渗透吸收	迅速渗入	长时间渗入的性质
油腻感	低油腻感	高油腻感
整体肤感	光滑、清新、干爽的肤感	不光滑、高油腻的肤感
感觉	清新的	沉重的
	润滑的	拖延的
滞留感	短时间的残留润肤感	润肤感滞留持久

3.化妆品常用油相原料

油相原料主要包括天然油相原料和合成油相原料两大类，主要指油脂、蜡类、烃类、脂肪酸、脂肪醇和酯类等，是化妆品的一类主要原料。表 2-4 列举了化妆品常用的油相原料。

（1）油脂　油脂是油和脂的总称，油脂包括植物性油脂和动物性油脂。油脂主要成分为脂肪酸和甘油组成的脂肪酸甘油酯。

植物性油脂分三类：干性油、半干性油和不干性油。干性油如亚麻仁油、葵花籽油；半干性油如棉籽油、大豆油、芝麻油；不干性油如橄榄油、椰子油、蓖麻油等。用于化妆品的油脂多为半干性油，干性油几乎不用于化妆品原料。常用的油脂有：橄榄油、椰子油、蓖麻油、棉籽油、大豆油、芝麻油、杏仁油、花生油、玉米油、米糠油、茶籽油、沙棘油、鳄梨油、石栗子油、欧洲坚果油、胡桃油、可可油等。

动物性油脂用于化妆品的有水貂油、蛋黄油、羊毛脂油、卵磷脂等，动物性油脂一般包括高度不饱和脂肪酸和脂肪酸，它们和植物性油脂相比，其色泽、气味等较差，在具体使用时应注意防腐问题。水貂油具有较好的亲和性，易被皮肤吸收，用后滑爽而不腻，性能优异，故在营养霜、润肤霜、发油、洗发水、唇膏及防晒霜等化妆品中得到广泛应用。蛋黄油含油脂、磷脂、卵磷脂以及维生素 A、维生素 D、维生素 E 等，可作唇膏类化妆品的油脂原料。羊毛脂油对皮肤亲和性、渗透性、扩散性较好，润滑柔软性好，易被皮肤吸收，对皮肤安全无刺激；主要作用于无水油膏、乳液、发油以及浴油等。卵磷脂是从蛋黄、大豆和谷物中提取的，具有乳化、抗氧化、滋润皮肤的功效，是一种良好的天然乳化剂，常用于润肤膏霜和油中。

油脂的理化常数被用以表征油脂的物理化学性质，它同时决定了油脂的特性及质量。无论是乳化型的化妆品，还是非乳化型的化妆品，油脂的物理化学性质对于化妆品的配方设计和生产过程都有着重要的作用。油脂的油性、表面活性、熔点和凝固点、黏度及其温度变化的特性、固-液和液-固的相变特性等对产品的质量和稳定性来说都是极为重要的。

① 熔点和凝固点　固体油脂转化成液体时的温度叫作油脂的熔点。液体油脂凝结成固体时的温度叫作油脂的凝固点。熔点和凝固点是油脂和蜡类物质的一个重要性质，在化妆品配方设计时，事先能了解其熔点和凝固点，对产品的工艺条件选择、质量管理和将产品的季节性变化控制在最小范围内都非常重要。熔点不仅赋予产品以稠度，还影响使用时的铺展性和皮肤感觉。低熔点的脂肪酸必然会影响分子间的凝聚力和黏性，影响皮肤的感觉。

② 相对密度　它是指在同温度的条件下，一定体积的物料（油脂）的质量和同体积水的质量之比。一般规定温度为 25℃。

油脂的相对密度与相对分子质量和黏度成正比，与油脂的温度成反比。油脂的相对分子质量越小或不饱和程度越高，则相对密度越大。

③ 酸价　又称为酸值，它的定义是中和 1g 脂肪酸所需要的氢氧化钾的质量（mg）。油脂的酸价是指中和 1g 油脂中的游离脂肪酸，所需氢氧化钾的质量（mg）。脂肪酸的酸值与它的相对分子质量成反比，可用下式表示：

$$脂肪酸的酸值 = \frac{65100}{M}$$

式中，M 为脂肪酸的相对分子质量。

油脂的酸价代表了油脂中游离脂肪酸的含量。油脂存放时间较久后，就会水解，产生部分游离脂肪酸，故酸价也标志着油脂的新鲜程度。油脂酸价越高表示它腐败越厉害，越不新鲜，质量越差。一般新鲜的油脂酸价应在 1 以下。

④ 油性　油性是油脂最值得注意的特性之一，即形成润滑薄膜的能力。它与油脂表面张力和油脂对某种界面（如皮肤）的界面张力有关。

⑤ 黏度　黏度是分子间内摩擦的一个量度，黏度系数 η，定义为在单位距离的两个平行层之间，维持单位速度差时，每单位面积上所需要的力。油脂之所以

具有较高的黏度，主要由于其油脂中长链分子间的吸引力所致。通常，油脂的黏度随着其不饱和度的增加而略有减少，随氢化程度的增加会稍有增加。在饱和度相同的条件下，含相对分子质量低的脂肪酸的油脂黏度稍低。蓖麻油之所以具有很大的黏度，主要是由于含有较多蓖麻醇酸，易形成分子间氢键。除了蓖麻油外，一般油脂的黏度在数量级上没有差别。脂肪油类黏度随温度的变化较矿物油小。黏度与油性有关，它是影响化妆品质量的重要因素，关系到铺展性和黏性等与化妆品感观质量及商品价值有密切关系的特性。铺展性就是一定量物质所能展开的面积，对化妆品来说意味着在皮肤表面上铺展时所受到的阻力。

⑥ 稠度　稠度是浓分散性的流变性质。化妆品稠度不仅与使用原料直接相关，而且生产过程的温度、搅拌条件和陈化时间等也会影响产品的稠度。

⑦ 皂化值与不皂化物　苛性碱与中性油脂，苛性碱与脂肪酸或碱金属碳酸盐与脂肪酸反应生成肥皂的过程称为皂化。皂化值是指皂化 1g 油脂所需要的氢氧化钾的质量（mg）。皂化值表明油脂中脂肪酸含量的多少，因此，同样量的油脂中，脂肪酸相对分子质量大的，其皂化值就小，脂肪酸相对分子质量小的，其皂化值就大。依据皂化值可以算出油脂的平均相对分子质量。

⑧ 碘值　油脂的碘值是指每 100g 油脂能吸收碘的质量（g）。油脂的碘值表明油脂的不饱和程度，碘值越高，不饱和程度越大。可以依据碘值的大小对油脂进行分类：碘值<100 的油脂，称为不干油；碘值在 100~130 的油脂，称为半干油脂；碘值>130 的油脂称为干性油。依据碘值可以判断氢化过程中油脂饱和所需的氢量。有时碘值也可以用来判定油脂或脂肪酸混合物的定量组成。碘值高的油脂，含有较多的不饱和键，在空气中易被氧化，即易于腐败。

（2）蜡类　蜡类是高碳脂肪酸和高碳脂肪醇构成的酯。这种酯在化妆品中起到稳定性、调节黏稠度、减少油腻感等作用。主要应用于化妆品的蜡类有：棕榈蜡、小烛树蜡、霍霍巴蜡、木蜡、羊毛脂、蜂蜡等。

棕榈蜡精致产品为白色或淡黄色脆硬固体，具有令人愉悦的气味。主要成分为蜡酸蜂花醇酯和蜡酸蜡酯。棕榈蜡在化妆品中主要提高蜡酯的熔点，增加硬度、韧性和光泽，也有降低黏性、塑性和结晶的倾向。主要用于唇膏、睫毛膏、脱毛蜡等制品。

小烛树蜡是一种淡黄色半透明或者不透明的固体。精致产品有光泽和芳香气味，略带黏性。主要成分为碳水化合物、蜡酯、高级脂肪酸、高级醇等。应用于唇膏等化妆品中。

霍霍巴蜡是一种透明无臭的浅黄色液体，主要为十二碳以上脂肪酸和脂肪醇构成的蜡酯。其特点是不易氧化和酸败、无毒、无刺激，易于被皮肤吸收，具有良好的保湿作用。广泛应用于润肤膏、面霜、香波、头发调理剂、唇膏、指甲油、婴儿护肤用品以及清洁剂等用品中。

木蜡又称日本蜡，为淡奶色蜡状物，具有酸涩气味，不硬，具有韧性、可延展和黏性。其主要成分为棕榈酸的甘油三酯，为植物性脂肪或高熔性脂肪。易于与蜂蜡、可可脂和其他甘油三酯配伍，易被碱皂化形成乳液。用于乳液和膏霜类化妆品中。

蜂蜡又称蜜蜡，它具有熔点高的特点，因此自古为冷霜原料，还是制造发蜡、胭脂、唇膏、眼影棒、睫毛膏等美容修饰类化妆品的原料。此外，它具有抗细菌、真菌、愈合创伤的功能，还用在香波、洗发剂、高效去头屑洗发剂等化妆品中。

羊毛脂是羊的皮质腺分泌物，为黄色半透明油性的黏稠软膏状半固体。有有水以及无水之分。主要成分为各种脂肪酸与脂肪醇的酯，属于熔点蜡。它具有较好的乳化、润湿和渗透作用。具有柔软皮肤、防止脱脂和防止皮肤皲裂的功能，可以和多种原料配伍，是一种良好的化妆品原料。广泛用于护肤膏霜、防晒制品以及护发用品中，也用于香皂、唇膏等美容化妆品中。

（3）烃类　烃是指来源于天然的矿物精加工而得到的一类碳水化合物。它们的沸点高，多在 300℃ 以上，无动植物油脂的皂化价与酸价。按其性质和结构，可分为脂肪烃、脂环烃和芳香烃三大类。在化妆品中，主要是利用其溶剂作用，用来防止皮肤表面水分的蒸发，提高化妆品的保湿效果。通常用于化妆品的烃类有液体石蜡、固体石蜡、微晶石蜡、地蜡、凡士林等。

液体石蜡又称白油或者蜡油，是一种无色透明、无味、无臭的黏稠液体，广泛用于发油、发蜡、发乳、雪花膏、冷霜、剃须膏等化妆品中。

凡士林又称矿物脂，为白色和淡黄色均匀膏状物，主要为 $C_{16} \sim C_{32}$ 高碳烷烃和高碳烯烃的混合物，具有无味、无臭、化学惰性好、黏附性好、价格低廉、亲油性和高密度等特点。用于护肤膏霜、发用类、美容修饰类等化妆品，如：清洁霜、美容霜、发蜡、唇膏、眼影膏、睫毛膏以及染发膏等。在医药行业还作为软膏基质或者含药物化妆品的重要成分。

固体石蜡由于对皮肤无不良反应，主要作为发蜡、香脂、胭脂膏、唇膏等油脂原料。

地蜡在化妆品中分为两个等级，一级品熔点在 74~78℃，主要作为乳液制品的原料；二级品熔点在 66~68℃，主要作为发蜡等的重要原料。

（4）合成油相原料　指由各种油脂或原料经过加工合成的改性油脂和蜡，不仅组成和原料油脂相似，保持其优点，而且在纯度、物理形状、化学稳定性、微生物稳定性、对皮肤的刺激性和皮肤吸收性等方面都有明显的改善和提高，因此，已广泛用于各类化妆品中。常用的合成油脂原料有：角鲨烷、羊毛脂衍生物、聚硅氧烷、脂肪酸、脂肪醇、脂肪酸脂等。

角鲨烷为深海纹鲨鱼肝油中取得的角鲨烯加氢反应制得，为无色透明、无味、无臭、无毒的油状液体，主要成分为肉豆蔻酸、肉豆蔻酯、角鲨烯、角鲨烷等。角鲨烷具有良好的渗透性、润滑性和安全性，常常被用于各类膏霜类、乳液、化妆水、口红、护发素、眼线膏等高级化妆品中。

羊毛脂衍生物为一系列羊毛脂的衍生物，包括：羊毛醇、羊毛脂酸、纯羊毛蜡、乙酸化羊毛蜡、乙酰化羊毛醇、聚氧乙烯氢化羊毛脂等。羊毛醇为淡黄色至浅棕色蜡状固体，略有气味，不溶于水，比羊毛脂要好，广泛用于婴儿制品、干性皮肤护肤品、膏霜、乳液等化妆品中。羊毛脂酸对皮肤具有良好的滋润作用，常用于剃须膏。纯羊毛蜡有较好的稳定性，易于吸收，润肤较好，故此，主要用于乳化制品，如膏霜和油膏。乙酰化羊毛蜡性能温和，安全可靠，在乳液、膏霜类护肤产品和防晒化妆品中常常使用，与矿物油混合，用于婴儿油、浴液、唇膏、发油和发胶等化妆品。聚氧乙烯氢化羊毛脂是氢化羊毛脂与环氧乙烷加成反应制得的乳白色带微气味的蜡状固体，稳定性高，吸水性好，适于烫发剂、双氧水油膏等，还用于唇膏、护发素和各种膏霜及其乳液制品。

聚硅氧烷又称硅油或硅酮，它与其衍生物是化妆品的一种优质原料，具有生理惰性和良好的化学稳定性，无臭、无毒，对皮肤无刺激性，有良好的护肤功能，具有润滑性能，抗紫外线辐射作用，透气性好，对香精香料有缓释放作用，抗静电性好，具有明显的防尘功能；稳定性高，不影响与其他成分配伍。常用的有聚二甲基硅氧烷、聚甲基苯基硅氧烷、环状聚硅氧烷等。聚二甲基硅氧烷由于具有较好的柔软性，在化妆品中常取代传统的油性原料（如石蜡、凡士林等）来制造膏霜类、乳液、唇膏、眼影膏、睫毛膏、香波等化妆品。聚甲基苯基硅氧烷为无色或浅黄色透明液体，对皮肤渗透性好，用后肤感良好，可增加皮肤的柔软性，加深头发的颜色，保持自然光泽，常用在高级护肤制品以及美容化妆品中。环状聚硅氧烷黏稠度低，挥发性好，主要用于膏霜类、乳液、浴油、香波、古龙水、棒状化妆品、抑汗产品等化妆品中。

（5）脂肪酸、脂肪醇和相应的酯　作为化妆品原料的脂肪酸有多种，如月桂酸、肉豆蔻酸、棕榈酸、硬脂酸、异硬脂酸、油脂等。脂肪酸为化妆品的原料，主要和氢氧化钾或三乙醇胺等合并作用，生成肥皂作为乳化剂。月桂酸又称十二烷酸，为白色结晶蜡状固体，在化妆品中，一般将月桂酸和氢氧化钠、氢氧化钾或三乙醇胺中和生成肥皂，作为制造化妆品的乳化剂和分散剂，它起泡性好，泡沫稳定，主要用于香波、洗面乳及剃须膏等制品。肉豆蔻酸和月桂酸应用范围一样，主要用作洗面奶及剃须膏的原料。棕榈酸为膏霜类、乳液、表面活性剂、油脂的原料。硬脂酸、油脂是膏霜类、发乳、化妆水、唇膏以及表面活性剂的原料。

脂肪醇作为油脂原料，主要为 $C_{12} \sim C_{18}$ 的高级脂肪醇，如月桂醇、鲸醇、硬脂醇等作为保湿剂；丙二醇、丙三醇、山梨醇等可以作为黏度调节剂、定性剂和香料的溶剂在化妆品中使用。月桂醇很少直接用在化妆品中，多用作表面活性剂；鲸醇作为膏霜、乳液的基本油脂原料，广泛应用于化妆品中。硬脂醇是制备膏霜、乳液的基本原料，与十六醇匹配使用于唇膏产品的生产。

表 2-4　化妆品常用油相原料

商品名	INCI 名称（英文）	INCI 名称（中文）	简　介
Aldo MCT (GTCC)	Caprylic/Capric Triglyceride	辛酸/癸酸三甘油酯	是化妆品、食品及香精用中度碳链油脂。能提高产品的耐寒稳定性，配方相容性好，是香精中的极佳溶剂。纯植物来源，具有价格优势。推荐用量≥2%
合成角鲨烷	Squalane	角鲨烷	护肤、保湿、渗透性中等
Lanette 22	Behenyl Alcohol	山嵛醇	固体润肤赋脂剂，滋润皮肤，肤质滑爽，优秀的黏度稳定性，可在头发上成膜，增亮头发；彩妆产品中有滋润、助溶、分散色素的作用；用作黏度调节剂
Myritol 318	Caprylic/Capric Triglyceride	辛酸/癸酸三甘油酯	完全饱和，植物油的取代物，有更细腻的滋润性，与皮肤有很好的相容性，不易玷污衣物，对防晒剂和粉体有较好的分散性
Myritol 331	PEG-9 Cocoglycerides	PEG-9 椰油基甘油酯类	饱和油脂，中等的铺展性，适用所有护肤产品，对结晶型防晒剂有极佳的溶解性能，提高产品的 SPF 值
Cetiol CC	Dicaprylyl Carbonate	碳酸二辛酯	非常干爽的肤感和良好的铺展性，透气性好，可与挥发性硅油媲美；在防晒品中能溶解和分散防晒剂使产品感觉清爽，提高 SPF 值；极佳的皮肤相容性，低刺激性
Cetiol SN	Cetyl Isononanoate	鲸蜡醇异壬酸酯	中等极性异构油脂，适用于 W/O 类产品，改善肤感、不油腻；中等赋脂能力使皮肤产生柔软、舒适、滑爽的感觉；高氧化稳定性，能形成抗水膜
RMT	Castoryl Maleate	蓖麻油基马来酸酯类	可形成类似神经酰胺的脂质体结构，为皮肤提供长久保湿功效；皮肤亲和性好，可作为赋脂剂、长效保湿剂；极佳的皮肤安全性。适用于沐浴露、洗面奶、护发调理剂、保湿护肤霜等
Cetiol S	Diethylhexylcyclohexane	二乙基己基环己烷	通过天然椰子油氢化而成的非极性油，结构与天然角鲨烷相近，中等扩散速度，保湿、柔润皮肤、易吸收、无副作用，适用于高档膏霜、乳露
Cetiol SB45	Hea Butter	牛油树脂	含大量可吸收紫外线的不可皂化物，保护皮肤免受天气和紫外线的侵害、舒缓皮肤刺激、治疗皲裂粗糙皮肤、阻止皱纹产生、保湿、柔润皮肤、体温融化、涂展性好
Cutina CP	Cetyl Palmitate	鲸蜡醇棕榈酸酯	对膏体的黏度有调节作用的固体油脂，安全性极佳，适用于膏霜、防晒品、儿童用品、医用软膏等安全性要求高的产品
Cegesoft C24	Ethylhexyl Palmitate	棕榈酸乙基己酯	传统 IPM/IPP 的替代产品，更好的皮肤亲和性和更低的刺激性，同时具有很好的铺展性，可有效降低膏体堵塞毛孔的可能性，可分散钛白粉、色粉、防晒剂等，适用于各类膏霜及彩妆配方
IPP	Isoprpyl Palmitate	棕榈酸异丙酯	油性滋润剂，稳定性、铺展性，透气性，皮肤相容性均好。适用于各种护肤、护发、美容化妆品

商品名	INCI 名称（英文）	INCI 名称（中文）	简　介
IPM	Isopropyl Myristate	肉豆蔻酸异丙酯	油性滋润剂，稳定性、铺展性、透气性、皮肤相容性均好。适用于各种护肤、护发、美容化妆品
Isododecane	Isododecane	异十二烷	98%的异构十二烷，很好的溶剂和分散剂，高挥发性，干爽的手感
Isohexadecane	Isohexadecane	异十六烷	非极性异构油脂，分散性极佳，不致黑头粉刺，透气性好
Olive oil	Olive Oil	橄榄油	优良的润滑剂、润肤剂，易被体肤吸收，促进皮肤细胞及毛囊新陈代谢作用，一定的防晒作用，用作按摩油、发油、防晒油、口红和 W/O 香脂等的重要原料
Tea tree oil	Melaleuca Alternifolia (Tea Tree) Leaf Oil	互生叶白千层（MELALEUCA ALTERNIFOLIA）叶油	杀菌、治伤口及虫咬，加速复原，治脚气、皮肤癣、粉刺，去头屑
Macadamia ternifolia	Macadamia Ternifolia Seed Oil	澳洲坚果（MACADAMIA TERNIFOLIA）籽油	具有保湿、修护的作用，给予中度滋润、平滑的肤感，渗透性好，适用于晚间修护膏霜、乳液、按摩油等产品
Mink oil	Mink Oil	貂油	具有极佳的皮肤亲和性、保湿、渗透性，有防晒、防冻、防裂、治疗烫伤、抗老化等作用，在护发产品中可使头发柔软、有光泽和弹性
Triticum vulgare oil	Triticum Vulgare (Wheat) Germ Oil	小麦（TRITICUM VULGARE）胚芽油	优良的润肤剂，含有多种不饱和脂肪酸、天然维生素 E，具有抗衰老、抗氧化作用，有助于充分吸收利用维生素 A，适用于各种化妆品及保健用品
Crodamol AB	$C_{12}\sim C_{15}$ Alkyl Benzoate	$C_{12}\sim C_{15}$ 醇苯甲酸酯	极细腻的柔润性，优良的紫外线吸收剂载体
Cetiol HE	PEG-7 Glyceryl Cocoate	PEG-7 甘油椰油酸酯	亲水性润肤酯，可用于表面活性剂体系作富脂剂，对泡沫影响小，可替代水溶性羊毛脂，用于乳露、个人清洁用品
Greensil ININ	Isononyl Isononanoate	异壬酸异壬酯	与高黏度的硅油有很好的相容性，可以促进其他油脂与硅油的复配性
Stearol LG492	PEG-7 Glyceryl Cocoate	PEG-7 甘油椰油酸酯	亲水性润肤脂，固体润肤剂、赋脂剂
Lumisolve CSA-80	PPG-26 Oleate	PPG-26 油酸酯	独特的润肤剂，促进油脂的铺展性，赋予肌肤丝滑感；在肌肤上形成保护膜，增强肌肤保湿性
Sterol EPA	Ethylhexyl Palmitate	棕榈酸乙基己酯	优秀的润滑剂，可有效降低膏体堵塞毛孔的可能性
Sterol B125	$C_{12}\sim C_{15}$ Alkyl Benzoate	$C_{12}\sim C_{15}$ 醇苯甲酸酯	极细腻的柔润性，优良的紫外线吸收剂载体
Cerephyl RMT	Castoryl Maleate	蓖麻油基马来酸酯类	类似神经酰胺的脂质结构，极佳的安全性，应用于洗去型产品能在皮肤上有效沉积，长效保湿
Crodamol GTCC	Caprylic/Capric Triglyceride	辛酸/癸酸三甘油酯	完全饱和，植物油的取代物，有更细腻的滋润性，与皮肤有很好的相容性

商品名	INCI 名称（英文）	INCI 名称（中文）	简　介
Crodamol SS	Cetyl Esters	合成鲸蜡	润肤剂，改善乳化体系的质地，鲸蜡提取物
Isododecane	Isododecane	异十二烷	挥发性油脂，可以促进其他油脂与硅油的复配性
Isohexadecane	Isohexadecane	异十六烷	不挥发油脂，可以促进其他油脂与硅油复配性，改善铺展性
Isoeicosane	Isoeicosane	异二十烷	可以促进其他油脂与硅油的复配性
Sunflower oil	Sunflower Seed Acid	葵花籽油酸	葵花籽油中的不可皂化物，含有丰富的植物甾醇、生育酚、角鲨烯等成分能够营养滋润肌肤
Crodamol PTIS	Pentaerythrityl Tetraisostearate	季戊四醇四异硬脂酸酯	润肤剂，高度的防水性
Pelemol TISC	Triisostearyl Citrate	三异硬脂酸柠檬酸酯	具有一定的亲水性、乳化性以及润湿性，推荐为颜料润湿剂和分散剂。对提高口红及其他彩妆产品的铺展性和光亮度有很大的帮助
Catemol 220-B	Behenamidopropyl Dimethylamine Behenate	山嵛酰胺丙基二甲胺山嵛酸盐	5%溶在环五甲基硅油中可以制成体温溶解的爽滑的润肤胶，并降低黏感，在油包水产品中可以很好地分散颜料；在发用产品中有效减少静电，有效的头发护理剂，改善干、湿梳性
PECOGEL H-115	VP/Polycarbamyl Polyglycol Ester	VP/聚氨基甲酰聚乙二醇酯	有助于防晒剂、颜料的分散润湿，并且具有优异的肤感，产品具有非常好的抗水性
Pelemol BB	Behenyl Behenate	山嵛醇山嵛酸酯	在低固体油相的情况下给予产品高的黏度和丰富的手感，可作为氢化霍霍巴油的替代品；还可作为各种酯类及氟硅氧烷液体的胶凝剂
Coscap G7-MC	Glycereth-7 Trimethyl Ether	甘油聚醚-7三甲醚	具有完全水溶和完全蓖麻油溶两个特性，可以将水加入比如口红之类的无水体系中，并且能够减小或完全消除卡波胶的黏腻感，在低 pH 值下稳定，能作为一个润肤剂加入水杨酸和其他 AHA 配方中
Pelemol G7A	Glycereth-7 Triacetate	甘油聚醚-7 三乙酸酯	完全水溶的润肤酯，可以使油溶的防晒剂及其油和酯的溶剂，并可有效消除卡波胶的黏腻感
Pelemol DD	Dimer Dilinoleyl Dimer Dilinoleate	二聚亚油醇二聚亚油酸酯	能很好地溶解在蓖麻油以及其他油脂中
Pelemol DP-144B	Dipentaerythrityl etrabehenate/ Polyhydroxystearate	二季戊四醇四山嵛酸酯/聚羟基硬脂酸酯	有很好的保湿性能，并且能使口红在不牺牲霜质感觉、不增加成本的前提下将熔点提高 5℃
Pelemol PHS-8	Polyhydroxystearic Acid	聚羟基硬脂酸	终端含有一个羟基和碳氢键，可以作为颜料的分散剂、润湿剂及涂展剂，液晶促进剂
Pelemol JEC	Triisostearin/Glyceryl Behenate	三异硬脂精/甘油山嵛酸酯	卓越的润滑剂，具有体温溶解的特性
Glovarez 1800	Polyvinyl Stearyl Ether	聚乙烯基硬脂基醚	非离子树脂，在皮肤上可以形成连续的、有光泽的软膜，使用在口红产品中能改善光泽、抗水，推荐用量2%～10%
Pelemol 899	Isononyl Isononanoate/ Ethylhexyl Isononanoate	异壬酸异壬酯/异壬酸乙基己酯	抗水，低黏度的酯，肤感独特、干爽、有弹性感，降低棒状产品黏感，改善涂展性，推荐用量2%～10%

商品名	INCI 名称（英文）	INCI 名称（中文）	简 介
Lenosoft 3P	Isopropyl Palmitate	棕榈酸异丙酯	铺展性好；滑爽不油腻；对皮肤渗透性好；具有乳化作用 建议用量：2%～10%
Lenosoft 8P	Ethylhexyl Palmitate	棕榈酸乙基己酯	铺展性好；滑爽不油腻；对皮肤渗透性好；具有乳化作用 建议用量：2%～10%
Lenosoft 3M	Isopropyl Myristate	肉豆蔻酸异丙酯	铺展性好；滑爽不油腻；对皮肤渗透性好；具有乳化作用 建议用量：2%～10%
Medster CS	Cetyl Stearate	硬脂酸鲸蜡酯	鲸蜡代替品，改善乳剂的结构和稳定性，给予较高的黏度、良好润滑性和浓白的外观
Medster 1215B	C_{12}～C_{15} Alkyl Benzoate	C_{12}～C_{15} 醇苯甲酸酯	不油腻的润肤剂，UV 吸收剂的助溶剂及定香剂
OSU	Diethylhexyl Succinate	琥珀酸二辛酯 琥珀酸二乙基己酯	透气而不油腻的润肤剂、光亮剂、溶剂、增塑剂
Lubrajel Oil	Glyceryl Polymethacrylate/ Propylene Glycol	聚甲基丙烯酸甘油酯（及）丙二醇 PVA/MA	良好的保湿剂，似硅油的润肤性，给予丝般的感觉
Lubrajel CG	Glyceryl Polymethacrylate/ Propylene Glycol	聚甘油基甲基丙烯酸酯（和）丙二醇	优良的保湿剂，pH 值与皮肤相近，增加产品流变性
IPP	Isopropyl Palmitate	棕榈酸异丙酯	优良的润肤性、涂布性及渗透性
IPM	Isopropyl Myristate	肉豆蔻酸异丙酯	优良的润肤性、涂布性及渗透性
Neobee M-5（GTCC）	Caprylic/Capric Triglyceride	辛酸/癸酸三甘油酯	用于浴油、膏霜、乳液、口红等美容化妆品及香料香精的载体
SB-45	Shea Butter	牛油树脂	优良的润肤性能，用于按摩霜等产品
Jojoba Oil	Synthetic Jojoba Oil	合成霍霍巴油	优良的氧化稳定性、卓越的保湿性及滋润性，不引起粉刺、不刺激皮肤，快速渗透
水溶霍霍巴	PEG=150 Jojoba Oil	PEG-150 霍霍巴油	优良的氧化稳定性、卓越的保湿性及滋润性，不引起粉刺、不刺激皮肤，快速渗透
天然角鲨烷	Squalane	角鲨烷	护肤，保湿，中渗透
合成角鲨烷	Squalane	角鲨烷	护肤，保湿，中渗透
CERAPHYL 424	Myristyl Myristate	肉豆蔻酸十四烷酯	柔软蜡状固体，在体温时熔化，能在多种化妆品乳液中给予丰富而柔软的肤感。能减少低油乳液中的水质感，增加乳液黏度
CERAPHYL 375	Isostearyl Neopentanoate	新戊酸异十八醇酯	暗黄色液体，颜料分散剂。可用于眼部化妆品，提高颜料铺展性，也作为润肤剂使用
CERAPHYL 368	Octyl Palmitate	棕榈酸辛酯	白色液体，用于防晒产品中提供不油腻感觉的高级油脂。它不改变防晒剂的吸收波段。并且可以帮助二苯甲酮-3 溶解
Q2-1501 硅油	Cyclomethicone/ Dimethiconol	聚二甲基环状硅氧烷/聚二甲基硅氧烷醇	功效：增加其他活性物的亲和性，并赋予皮肤滑爽感，改善铺展性并增加美感、安全，不刺激皮肤。应用广泛，可用于护发素、护手乳液、化妆品和护肤霜。建议用量：1%～10%

第二章 乳化体系设计

商品名	INCI 名称（英文）	INCI 名称（中文）	简　介
DC345 硅油	Cyclomethicone	环状聚二甲基硅氧烷	柔软，丝般的调理效果，优异的铺展性 没有油腻感，具有挥发性，可作为活性物载体；与多种其他个人护理配方原料相容，具有化学惰性，不影响活性物的有效性
Q2-1403 硅油	Dimethicone/ Dimethiconol	聚二甲基硅氧烷/聚二甲基硅氧烷醇	增加其他活性物的亲和性，并赋予皮肤滑爽感 改善铺展性并增加美感，安全，不刺激皮肤 可用于护发素、护手乳液、化妆品和护肤霜
200 硅油	Dimethicone	聚二甲基硅氧烷	无色、无味，无毒、无刺激性；具有抗氧化性；不堵塞毛孔；抗霉菌和细菌；对热稳定；防皂化 可有效保护皮肤，质地柔软，柔软，润滑，具有优良的防水和抗水性，可降低黏腻感，改进涂抹性 建议用量：0.1%～5%
556 化妆品级硅油	Triphenyl Trimethicone	苯基三甲基硅氧烷	不油腻，易涂抹，透气性高，相容性好。赋予头发柔软及光亮度，提高抗水性，柔软并保护肌肤 建议用量：1%～10%
593 硅油	Dimethicone/Trimethyl- siloxysi Licate	聚二甲基硅氧烷（和）三甲基硅烷氧基硅酸酯	抗水性强，优异的铺展性 赋予皮肤光滑柔软的感觉，赋予皮肤干爽感
1411 硅油	Dimethiconol/ Cyclomethicone	环二甲基硅氧烷醇/聚二甲基硅氧烷醇	强烈的调理性能，清澈纯净的美学感觉，在头发上亮度显著，让头发如丝一般柔顺光滑，改善干、湿梳理性，即时消除头发缠结，防止头发开叉 建议用量：1%～10%
Q2-1503 硅油	Dimethicone/ Dimethiconol	聚二甲基硅氧烷/聚二甲基硅氧烷醇	增加其他活性物的亲和性并赋予皮肤滑爽感；改善铺展性并增加美感；安全，不刺激皮肤

脂肪酸酯多为高级脂肪酸与低相对分子质量的一元醇酯化生成。其与油脂有互溶性，且黏度低，延展性好，对皮肤渗透性好，在化妆品中应用较广。硬脂酸丁酯是指甲油、唇膏的原料；肉豆蔻酸异丙酯、棕榈酸异丙酯可用在护发、护肤以及美容化妆品中；硬脂酸异辛酯主要用在膏霜制品中。

二、乳化剂

合格的乳化剂应满足以下的条件。

（1）在所应用的体系中具有较好的表面活性，产生低的界面张力。该乳化剂有趋集于界面的倾向，而不留存于界面两边的体相中。因而，要求乳化剂的亲水基和亲油基部分有恰当的平衡，这样使两体相的结构产生不等程度的变形。在任何一体相中不得有过大的溶解性。

（2）在界面上必须通过自身的吸附或其他被吸附的分子形成结实的吸附膜。从分子结构的要求而言，界面上的分子之间要有较大的侧向相互作用力。即：在 O/W 型乳化体中，界面膜上的亲油基应有较强的侧向相互作用；在 W/O 型乳化体中，界面膜上的亲水基有较强的侧向相互作用。

（3）乳化剂必须能以一定的速度迁移至界面。使乳化过程中体系的界面张力能及时降至较低值。一种特定的乳化剂向界面迁移的速度，与其在乳化前添加于油相或水相中有关。

1. 乳化剂的分类

（1）根据来源和状态来分　可分为合成表面活性剂、高聚物乳化剂、天然产物、固体粉末。

① 合成表面活性剂　这类表面活性剂目前应用得最多，如前所述，它又可分成阴离子型、阳离子型、非离子型和两性离子型四大类。阴离子型表面活性剂应用普遍，非离子型表面活性剂因为具有不怕硬水、不受介质 pH 值的限制等优点，近年来发展很快。

② 高聚物乳化剂　天然的动植物胶、合成的聚乙烯醇等可看作高聚物乳化剂。这些化合物的相对分子质量大，在界面上不能整齐排列，虽然降低界面张力不多，但它们能被吸附在油-水界面上，既可以改进界面膜的力学性质，又能增加分散相和分散介质的亲和力，因而提高了乳化体的稳定性。常用的高聚物乳化剂有聚乙烯醇、羧甲基纤维素钠盐以及聚醚型非离子表面活性物质等。其中有些相对分子质量很大，能提高 O/W 型乳化体水相的黏度，增加乳化体的稳定性。

③ 天然产物　磷脂类（如卵磷脂）、植物胶（如阿拉伯胶）、动物胶（如明胶）。纤维素、木质素、海藻胶类（如藻朊酸钠）等可作 O/W 型乳化体的乳化剂。羊毛脂和固醇类（如脂固醇）等可作 W/O 型乳化体的乳化剂。天然乳化剂的乳化性能较差，使用时常需与其他乳化剂配合。天然乳化剂的缺点是价格较高、易水解，而且对酸碱度敏感。天然乳化剂由于具有对人体无毒甚至有益的优点，在人造食品乳化体和药物乳剂中得到了广泛应用。

④ 固体粉末　一般情况下，用固体粉末稳定的乳化体液滴较粗，但相当稳定。常用的有黏土（主要是蒙脱土）、二氧化硅、金属氢氧化物、炭黑、石墨、碳酸钙等。

（2）根据分子结构分　可分为阴离子型乳化剂、阳离子型乳化剂、非离子型乳化剂。

（3）根据形成乳化体的性质来分　可分为 W/O 型乳化剂和 O/W 型乳化剂。

2. 乳化剂的 HLB 值

表面活性剂的分子都是两亲性分子，含有亲水基团与亲油基团。表面活性剂分子中亲水和亲油的这两个基团的大小和力量的平衡，决定了该分子的综合亲和情况。HLB 值就是用以表示表面活性剂分子内部平衡后整个分子的综合倾向是亲油还是亲水，以及其亲和的程度。即：HLB 值是衡量表面活性剂分子亲油亲水性相对强度的一种数值量度。

以石蜡的 HLB=0，油酸的 HLB=1，油酸钾的 HLB=20，十二烷基硫酸钠的 HLB=40 作为标准。其他表面活性剂的 HLB 值通过乳化实验对比乳化效果，分别确定其 HLB 值，处于 0～40 之间。HLB 值越小，表示分子的亲油性越强；HLB 值越大，则亲水性越强。

不同 HLB 值的表面活性剂有不同的用途。由表 2-5 可以看出，作为 O/W 型乳化体的乳化剂其 HLB 值常在 8～18 之间；作为 W/O 型乳化体的乳化剂其 HLB 值常在 3～6 之间。

表 2-5　HLB 值及其应用

HLB 值范围	用途
3～6	W/O 乳化剂
7～9	润湿剂
8～18	O/W 乳化剂
13～15	洗涤剂
15～18	增溶剂

因此，乳化剂的 HLB 值，作为乳化剂的一个重要性质，如何才能得到呢?通常有三种方法。

（1）查找工具书　很多工具书中列有表面活性剂的 HLB 值。表 2-6 列出了部分表面活性剂的 HLB 值。

表 2-6　表面活性剂的类型和 HLB 值

名称	类型	HLB 值
油酸	非离子型	1
羊毛脂醇	非离子型	1
乙酰化蔗糖双酯	非离子型	1
乙二醇硬脂酸双酯	非离子型	1.3
乙酰化单甘油酯	非离子型	1.5
失水山梨醇-油酸酯	非离子型	1.8
甘油双油酸酯	非离子型	1.8
失水山梨醇三硬脂酸酯	非离子型	2.1
乙二醇单硬脂酸酯	非离子型	2.9
蔗糖双硬脂酸酯	非离子型	3
十甘油十油酸酯	非离子型	3
丙二醇单硬脂酸酯	非离子型	3.4
甘油单油酸酯	非离子型	3.4
二甘油倍半油酸酯	非离子型	3.5

名称	类型	HLB 值
失水山梨醇倍半油酸酯	非离子型	3.7
甘油单硬脂酸酯	非离子型	3.8
乙酰化单甘油酯（硬脂酸酯）	非离子型	3.8
十甘油八油酸酯	非离子型	4
失水山梨醇单油酸酯	非离子型	4.3
丙二醇单月桂酸酯	非离子型	4.5
高相对分子质量脂肪胺混合物	阳离子型	4.5
PEG（1.5）壬基酚醚	非离子型	4.6
失水山梨醇单硬脂酸酯	非离子型	4.7
PEG（2）油醇醚	非离子型	4.9
PEG（2）硬脂醇醚	非离子型	4.9
PEG 山梨醇蜂蜡衍生物	非离子型	5
PEG200 双硬脂酸酯	非离子型	5
硬脂酰乳酰乳酸钙	非离子型	5.1
甘油单月桂酸酯	非离子型	5.2
PEG（2）辛醇醚	非离子型	5.3
α-硬脂酰乳酸钠	阴离子型	5.7
十甘油四油酸酯	非离子型	6
PEG300 双月桂酸酯	非离子型	6.3
失水山梨醇单棕榈酸酯	非离子型	6.7
二甲基硬脂酰胺	非离子型	7
PEG400 双硬脂酸酯	非离子型	7.2
高相对分子质量胺类混合物	阳离子型	7.5
PEG（5）羊毛脂醇（醚）	非离子型	7.7
直链醇聚乙二醇醚	非离子型	7.7
PEG 辛基酚醚	非离子型	7.8
豆油卵磷脂	非离子型	8
二乙酰化酒石酸单甘油酯	非离子型	8
PEG（4）硬脂酸（单酯）	非离子型	8
硬脂酰乳酰乳酸钠	阴离子型	8.3
PEG（4）壬基酚醚	非离子型	8.9
十二烷基苯磺酸钙	阴离子型	9
羊毛脂肪酸异丙酯	非离子型	9
PEG（4）十三烷基醚	非离子型	9.3
PEG（4）月桂醇醚	非离子型	9.5
PPG/PEG 缩合物	非离子型	9.5
PEG（5）失水山梨醇单油酸酯	非离子型	10

名称	类型	HLB 值
PEG（40）失水山梨醇六油酸酯	非离子型	10.2
PEG400 二月桂酸酯	非离子型	10.4
PEG（5）壬基酚醚	非离子型	10.5
PEG（20）失水山梨醇三硬脂酸酯	非离子型	10.5
PEG/PEG 缩合物	非离子型	10.6
PEG（6）壬基酚醚	非离子型	10.9
甘油单硬脂酸酯-自乳化型	阴离子型	11
PEG（20）羊毛脂（醚和酯）	非离子型	11
PEG（20）失水山梨醇三油酸酯	非离子型	11
PEG（50）山梨醇六油酸酯	非离子型	11.4
PEG（6）十三烷醇醚	非离子型	11.4
PEG400 单硬脂酸酯	非离子型	11.7
烷基芳香基磺酸钠	阴离子型	11.7
三乙醇胺油酸皂	阴离子型	112
PEG（8）壬基酚醚	非离子型	12.3
PEG（10）硬脂醇醚	非离子型	12.4
PEG（8）十三烷醇醚	非离子型	12.7
PPG/PEG 缩合物	非离子型	12.7
PEG（8）月桂酸单酯	非离子型	12.8
PEG（10）十六醇醚	非离子型	12.9
乙酰化 PEG（10）羊毛脂	非离子型	13
PEG（20）甘油单硬脂酸酯	非离子型	13.1
PEG400 单月桂酸酯	非离子型	13.1
PEG（16）羊毛脂醇（醚）	非离子型	13.2
PEG（4）失水山梨醇单月桂酸酯	非离子型	13.3
PEG（10）壬基酚醚	非离子型	13.3
PEG（15）牛油脂肪酸（醚）	非离子型	13.4
PEG（10）辛基酚醚	非离子型	13.6
PEG600 单硬脂酸酯	非离子型	13.6
PPG/PEG 缩合物	非离子型	13.8
叔胺：PEG 脂肪胺	阳离子型	13.9
PEG（24）胆甾醇	非离子型	14
PEG（14）壬基酚醚	非离子型	14.4
PEG（12）月桂醇醚	非离子型	14.5
PEG（20）失水山梨醇单硬脂酸酯	非离子型	14.9
蔗糖单月桂酸酯	非离子型	15
乙酰化 PEG（9）羊毛脂	非离子型	15

名称	类型	HLB 值
PEG（20）硬脂醇醚	非离子型	15.3
PEG1000 单油酸酯	非离子型	15.4
PEG（20）牛油脂肪酸	阳离子型	15.5
PEG（20）失水山梨醇单棕榈酸酯	非离子型	15.6
PEG（20）十六醇醚	非离子型	15.7
PEG（25）丙二醇单硬脂酸酯	非离子型	16
PEG（20）壬基酚醚	非离子型	16
PEG（1000）单月桂酸酯	非离子型	16.5
PPG/PEG 缩合物	非离子型	16.8
PEG（20）失水山梨醇单月桂酸酯	非离子型	16.9
PEG（23）月桂醇醚	非离子型	16.9
PEG（40）硬脂酸单酯	非离子型	16.9
PEG（50）羊毛脂（醚和酯）	非离子型	17
PEG（25）豆油醇	非离子型	17
PEG（30）壬基酚醚	非离子型	17.1
PEG4000 二硬脂酸酯	非离子型	17.3
PEG（50）硬脂酸单酯	非离子型	17.9
油酸钠	阴离子型	18
PEG（70）二壬基酚醚	非离子型	18
PEG（20）蓖麻油（醚和酯）	非离子型	18
PPG/PEG 缩合物	非离子型	18.7
油酸钾	阴离子型	20
非离子型-十六烷基-非离子型-乙基吗啉乙基硫酸酯（质量分数为 35%）78-21-7	阳离子型	30
月桂醇硫酸酯铵盐	阳离子型	30
月桂醇硫酸酯三乙醇胺盐	阴离子型	34
烷基硫酸酯钠盐	阴离子型	40

（2）计算

① 用皂化酯和酸值来计算

对于非离子表面活性剂，特别是对于多数多元醇脂肪酸酯，可使用下式：

$$HLB = 20\left(1 - \frac{S}{A}\right) \tag{2-1}$$

式中，S 表示酯的皂化值；A 表示酯的酸值。这两个数值，在实验室中可以进行测定，产品技术指标材料也会给出相应的数值。

例如：甘油硬脂酸单酯（GMS），S=161，A=198

$$HLB = 20\left(1 - \frac{161}{198}\right) = 3.8 \tag{2-2}$$

② 用含环氧乙烷和多元醇的质量分数计算

若非离子表面活性剂中含有环氧乙烷和多元醇基团，则可采取下式计算：

$$HLB=(E+P)/5 \tag{2-3}$$

式中，E 为非离子表面活性剂中环氧乙烷（C_2H_2O）的质量百分数的数值；P 为多元醇的质量百分数的数值。此式主要用于蜂蜡和羊毛脂的衍生物，这类衍生物酸值和皂化值不易测定，用式（2-3）较方便，例如：聚氧乙烯失水山梨醇羊毛脂的衍生物（如商品名 Atlas-1441），$E=65.1$，$P=6.7$。

$$HLB 值=(65.1+6.7)/5=14。$$

对于只有聚氧乙烯 $\text{—}(C_2H_4O)_n\text{—}$ 为亲水基的酯或醚类，可用下式：

$$HLB=E/5 \tag{2-4}$$

式中，E 为含 $\text{—}(C_2H_4O)_n\text{—}$ 基的质量百分数的数值。

例如，PEG-10 月桂醇醚，总相对分子质量 $M_r=625$，10 个 PEG 的相对分子质量为 $44\times10=440$，$E=440/625=70.4\%$，HLB 值 $=70.4/5=14.1$。

此方法适用于非离子表面活性剂，不适用于离子表面活性剂，含氮或含硫的表面活性剂和聚氧乙烯-聚氧丙烯嵌链的聚合物。这些表面活性剂的 HLB 值只能用实验测定。

③ 利用临界胶束浓度（cmc）计算

临界胶束浓度（cmc）是表面活性剂的重要参数，可由文献或手册中查到。乳化剂的 HLB 值可通过 cmc 利用如下公式进行计算：

$$HLB = 7 + 4.02\lg\frac{1}{cmc} \tag{2-5}$$

例如：脂肪酸钠的 $cmc=0.0001\text{mol/L}$，则 HLB 值 $=23$。可适用于阴离子表面活性剂。

④ 利用 HLB 基团数计算

表面活性剂结构可分解为一些基团，每个基团对 HLB 值均有确定的贡献，将 HLB 值作为结构因数的总和来处理。可根据下式计算：

$$HLB=7+\sum 亲水的基团数-\sum 亲油的基团数 \tag{2-6}$$

由已知实验结果可得到各种基团的 HLB 数值，称其为 HLB 基团数。一些 HLB 基团数列于表 2-7 中。

（3）实验测定　测定 HLB 值的方法较多，有乳化法、临界胶束浓度法、水数值及浊点法、色谱法、介电常数法等。这里主要介绍一种简单的测定方法：将质量分数为 5% 的未知 HLB 值乳化剂分散在质量分数为 15% 的已知所需 HLB 值的油相中，油相是通过以适当比例混合的粗松节油（所需 HLB=10）和棉籽油（所需 HLB=6）配制成具有不同所需 HLB 值的油相，然后加入质量分数为 80% 的水，用均质器在最小速度下均质 1min，于制备 12h 和 24h 后比较一系列样品的稳定性，稳定性最好的样品的乳化剂（未知 HLB 值）的 HLB 值大致等于油相所需的 HLB

值，混合油的 HLB 值按各组成油分的加权平均求得。

表2-7　一些基团的 HLB 计算值

亲水基的基团数		亲油基的基团数	
—SO$_4$Na	+38.7	—CH$_3$	−0.475
—COOK	+21.1	—CH$_2$—	−0.475
—COONa	+19.1	=CH$_2$	−0.475
—SO$_3$Na	+11.0	*2—CH	−0.475
—N— （叔胺）	+9.4	—CF$_3$	−0.870
—COO— （酯）	+2.4	—CF$_2$	−0.870
酯 （失水山梨醇）	+6.8	C$_8$H$_6$—	−1.662
—COOH	+2.1	（CH$_2$CH$_2$CH$_2$O）	−0.15
—OH （自由）	+1.9	CH$_2$CH$_2$OH	
—OH （失水由梨醇）	+0.5	CH$_3$	−0.15
—O— （醚）	+1.3		
—CH$_2$CH$_2$O—	+3.3		

3. 化妆品常用乳化剂

化妆品中常用的乳化剂很多，特别是随着科技不断进步，新的乳化剂不断涌现。表 2-8 列出了目前市场上常见的乳化剂。

表2-8　化妆品常用乳化剂

商品名	中文名	英文名	产品介绍	HLB 值
Glucate™ SS	甲基葡萄糖倍半硬脂酸酯	Methyl Glucose Sesquistearate	甲基葡萄糖苷倍半硬脂酸酯（TC-SS）与甲基葡萄糖苷倍半硬脂酸酯聚氧乙烯（20）醚（TC-SS-E 20）是性能独特的非离子乳化剂，是葡萄糖苷衍生物的系列品种之一。TC-SS 具有油包水乳化活性，而 TC-SS-E 20 是一种水包油乳化剂，二者合并使用，会产生高质量的乳化作用，其性能优越于其他普通乳化剂：在低浓度时即能提供有效的乳化作用和稳定性；对乳化体系提供显著的黏度，减少增黏剂的使用；是完全安全、温和的表面活性剂。皮肤接触试验证明无刺激性或致敏性，对眼睛的刺激极低；可生物降解，对环境安全	6
Glucamate™ SSE-20	PEG-20 甲基葡萄糖苷倍半硬脂酸酯	PEG-20 Methyl Glucose Sesquistearate		15

商 品 名	中文名	英文名	产 品 介 绍	HLB 值
Brij72	硬脂醇聚醚-2	Steareth-2	蜡状，常用的乳化剂之一，化妆品及药用软膏的油包水乳化剂，通常与 Brij 721 乳化剂配合使用，加量为：1%～3%	3
Brij 721	硬脂醇聚醚-21	Steareth-21	O/W 乳化剂，适合于高油相膏霜，如按摩膏	15.5
S2	鲸蜡硬脂醇醚-2	Ceteareth-2	性能优越的 O/W 乳化剂，通常和 VILPOS21 配合使用，生产稳定，细腻，光亮的膏霜和乳液	
S21	鲸蜡硬脂醇醚-21	Ceteareth-21	高效 O/W 乳化剂，能有效乳化极性油脂，在宽广的 pH 值范围内可以生产稳定的膏霜，可以容忍高电解质和高乙醇含量，产品稳定，膏体外观细腻光亮	15.8
Eumulgin® BA25	二十二醇醚-25	PEG-25 Behenyl alcohol	O/W 非离子乳化剂，液晶体系，分子结构稳定，长效保湿，对颜料，粉体具有极好分散能力，适用于高档化妆品	
OLIVEM® 400	PEG-7 橄榄油羧酸钠	Sodium PEG-7 Olive Oil Carboxylate	阴离子乳化剂	10.7
OLIVEM® 800	鲸蜡硬脂醇醚-6 橄榄油酯		O/W 低黏度体系乳化剂	
OLIVEM® 1000	鲸蜡硬脂基橄榄油酯/山梨醇橄榄油酯	Cetearyl Olivate/Sorbitan Olivate	O/W 体系液晶型自乳化剂	
ABIL EM90	Hydrogenated Cetyl Olive Esters	氢化的鲸蜡醇橄榄油酯类	W/O 型乳化剂	5
DEHYMULSHRE-7	PEG-7 氢化蓖麻油	Hydrogenated Castor Oil	W/O 型乳化剂，结构稳定，溶解性好，最高可包住 70%的水分，无油腻感觉。	5～7
RH40	PEG-40 蓖麻油	PEG-40 Castor Oil	蓖麻油聚烃氧酯 40 主要是：作为水不溶性药物或其他脂溶性药物的增溶剂和乳化剂应用在半固体剂液体制剂中	14～16
ABIL CARE 85	二甲基硅氧烷共聚物；辛酸/癸酸三甘油脂	PPG-16/16Dimethicone; Caprylic/Capric Triglyceride	O/W 化妆品喷雾，乳液，膏霜用硅油乳化剂，使肌肤有如同天鹅绒般丝质感觉，具有长时间顺滑肌肤的功效与化妆品用油脂有广泛的兼容性，制成的胶体可在 pH5.5～9.0 之间保持稳定	10
Dehymuls® PGPH	聚甘油-2 二聚羟基硬脂酸酯	Polyglyceryl-2 Dipolyhydroxystearate	W/O 乳化剂，乳化能力强，低温稳定性好，不油腻，用于油包水膏霜，乳液，粉底	
PROLIPID® 141	甘油硬脂酸酯/山嵛醇/棕榈酸/硬脂酸/卵磷脂/月桂醇/肉豆蔻醇/鲸蜡醇	Glyceryl Stearate/Behenyl Alcohol/Palmitic Acid/Stearic Acid/Lecithin/Lauryl Alcohol/Myristyl Alcohol/Cetyl Alcohol	易与水起乳化作用，为油包水型乳化剂。但因其本身有很强的乳化性能，故亦可作为水包油型乳化剂。对功效成分具有很好的承载，助渗作用	

商品名	中文名	英文名	产品介绍	HLB 值
吐温-80	聚氧乙烯（20）失水山梨醇油酸酯	Tween-80	O/W 乳化剂，增溶剂，保湿分散剂，特别适用于浴油	15
吐温-20	聚氧乙烯（20）失水山梨醇月桂酸酯	Tween-20	O/W 乳化剂，增溶剂，保湿分散剂，特别适用于浴油	16.7
单甘酯	甘油硬脂酸酯	Glyceryl Stearate	工业产品通常为微黄色蜡样固体或片状，除含有单酯外，尚含有少量的二酯及三酯，无味、无臭、无毒。易与水起乳化作用，为油包水型乳化剂。但因其本身有很强的乳化性能，故亦可作为水包油型乳化剂	3.6～4.0
TC65、A165、S165	单硬脂酸甘油酯和聚乙二醇（100）硬脂酸酯	Glyceryl Monostearate	O/W 乳化剂，广泛用于抗汗剂、护发剂的膏霜和乳液	
Cutina® PES	季戊四醇二硬脂酸酯	Pentaerythrityl Distearate	具有很好的助乳化作用，同时对油相有很好的增稠作用	
Emulgade® PL68/50	十六十八烷基葡糖苷/十六十八醇	Cetearyl Glucoside/Cetearyl Alcohol	O/W 型天然乳化剂，可制作 O/W 液晶型乳化制品，外观亮度高且柔软的霜体，乳化配方具有高耐热/冷性（-25℃，+50℃），为植物来源成分，且为 Sugar base 结构，亲肤性佳且性质更温和。若欲增强乳化产品的稳定性，可酌量加入些结构促进胶体，可制作各类型皮肤保养霜及乳液；特别是液晶配方，制作轻爽型乳化制品	9.3
TEGD Care CG90	鲸蜡硬脂基葡糖苷	Cetearyl Glucoside	O/W 型天然乳化剂，可制作 O/W 液晶型乳化制品，外观亮度高且柔软的霜体可使用单一乳化剂，为植物来源成分，且为 Sugar base 结构，亲肤性佳且性质更温和，若欲增强乳化产品的稳定性，可酌量加入些结构促进胶体，可制作各类型皮肤保养霜及乳液；特别是液晶配方，制作轻爽型乳化制品	
Amphisol	鲸蜡醇磷酸酯 DEA 盐	DEA-Cetyl Phosphate	O/W 型温和的阴离子型乳化剂/稳定剂，易操作成型适合 pH 值 3～9 宽范围体系及防晒体系	
Amphisol A	鲸蜡醇磷酸酯	Cetyl Phosphat	类皮肤磷脂结构的 O/W 型的温和阴离子型乳化剂/稳定剂，可以乳化各种酯类成分、硅油及防晒剂，易操作成型。适合 pH 值 3～9 宽范围体系及防晒体系	
AMPHISOL® K	鲸蜡醇磷酸酯钾	Potassium Cetyl Phosphate	O/W 型温和的阴离子型乳化剂/稳定剂，易操作成型。适合 pH 值 3～9 宽范围体系及防晒体系	
Arlacel P135	PEG-30 二聚羟基硬脂酸酯	PEG-30 Dipolyhydroxystearate	W/O 乳化剂，乳化能力强，用于油包水膏霜、乳液、粉底	5～6

续表

商品名	中文名	英文名	产品介绍	HLB 值
EUMULGIN B2	鲸蜡硬脂醇聚醚-20	Ceteareth-20	O/W 型乳化剂，基于鲸蜡醇、油醇的衍生物，在较宽 pH 范围内稳定，作为乳化剂和增溶剂被广泛应用于各类护肤，和发用品配方中常与 Eumulgin VL75 复配用，片状外观易于操作	15.7
EUMULGIN VL-75	月桂基葡糖苷/聚甘油-2 二聚羟基硬脂酸酯/甘油	Lauryl Glucoside/Polyglyceryl-2 Dipolyhydroxystearate/Glycerin	O/W 型非离子乳化剂，冷配型	
EmulgadePL 68/50	鲸蜡硬脂基葡糖苷/鲸蜡硬脂醇	Cetearyl Glucoside/Cetearyl Alcohol	一种性能优越的 O/W 型液晶型天然乳化剂，自乳化和自稠化的非离子乳化剂，植物来源，不含 EO 基团，可完全生物降解	9.3
HR-S1	月桂醇磷酸酯钾	Potassium Lauryl Phosphate	无色至浅黄色透明黏稠液体，pH 值 7.0～8.5，活性物含量 30%±2%。性能：具有抗静电、乳化、柔软等性能，是一种无刺激性阴离子表面活性剂	
Pemulen TR-1/TR-2	丙烯酸/C_{10}～C_{30} 烷基丙烯酸酯交联共聚物		自乳化型产品，可稳定 30%的油相，用量为 0.2%～0.4%	
Cutina GMS	甘油硬脂酸酯	Glyceryl Stearate	O/W 助乳化剂	3.8
EumulginO5/O10	油醇醚 PEG-5/PEG-10		O/W 乳化剂，冷烫精、浴油、低泡型产品	12.4
HostaphatKL340N	三（月桂醇聚醚-4）磷酸酯	Trilaureth-4 Phosphate	O/W 乳化剂，可用冷配法乳化石蜡及酯类性油	
EumulginHRE 40/60	PEG-60 氢化蓖麻油	PEG-60 Hydrogenated Castor Oil		18.7
	PEG-40 氢化蓖麻油	PEG-40 Hydrogenated Castor Oil	水/乙醇体系、香精、部分油脂助溶剂，O/W 非离子乳化剂	17
Cutina E24	PEG-20 硬脂酸甘油酯		O/W 型乳化剂，易于操作，广泛应用于医用软膏和化妆品中	14
Emulgade PL68/50	鲸蜡硬脂基葡糖苷/鲸蜡硬脂醇	Cetearyl Glucoside/Cetearyl Alcohol	植物来源的液晶型天然乳化剂，对活性物成分有缓释作用，不含 EO，刺激性低，良好的生物降解性，无需考虑油脂的极性和分子量。适用于眼霜、婴儿产品、抗过敏产品及高 SPF 值的防晒产品	9.3
Lanette E	鲸蜡硬脂基磺酸钠		O/W 型阴离子型乳化剂，可用于制造膏霜、乳液	
Lameform TGI	聚甘油-3 二异硬脂酸酯	Polyglyceryl-3 Diisostearate	W/O 型非离子乳化蜡。适合无水彩妆、防水防晒产品、婴儿护肤品	4

三、水相原料

化妆品中水相原料很多，见表 2-9，有保湿剂、水溶性增稠剂、防腐剂、螯合剂以及其他水溶性活性物等。这里只介绍一些水相中最常用的基本原料，其他部分的原料在其他章节中会有较为详细的介绍。

表 2-9　乳化体水相常见组分

成　分	作　用	原料举例
保湿剂	能防止油/水型乳化体的干缩	甘油、山梨醇、丙二醇和一些水溶性保湿剂
水相增稠剂	增稠和稳定油/水型乳化体，手用霜中起到阻隔剂的功能	卡波树脂、纤维素、海藻酸钠、黄蓍树胶、硅酸镁铝胶等
电解质		硫酸镁、硫代乙醇酸铵、铝盐
防腐剂	抑菌，防腐	咪唑烷基脲、三氯酚等
水溶性营养活性物质	营养改善肌肤	水解蛋白、人参浸出液、珍珠粉水解液、蜂王浆、水溶性维生素及各种酶制剂
螯合剂	螯合二价离子	EDTA-2Na，EDTA-4Na

1．水

水是化妆品的重要原料，是一种优良的溶剂，水的质量对化妆品产品的质量有重要的影响。化妆品所用的水，要求水质纯净、无色、无味，且不含钙、镁等金属离子，无杂质。天然水或自来水中皆含有一定量的杂质、无机盐类及某些可溶性有机物等，水里溶解的无机盐在水中以离子状态存在，常见的离子有钙、镁、钾、钠、铁、铜等阳离子和氯离子、硫酸根、碳酸根等阴离子。天然水或自来水必须经过处理方可用于化妆品。现在常用的处理方法是用离子交换树脂进行离子交换使硬水软化，而得到去离子水。

2．EDTA

化妆品中常用的 EDTA 类化合物有 EDTA-2Na 和 EDTA-4Na 两种，主要是作为螯合剂，与水中的或其他原料带入的少量的 Ca^{2+}、Mg^{2+}发生螯合反应，消除二价离子对化妆品基质体系的影响。同时，EDTA 螯合剂的加入，对防腐体系、抗氧化体系有一定的协同增效作用。

3．保湿剂

甘油、丙二醇、丁二醇等作为高效的小分子保湿剂，一般来说在化妆品配方中是必须添加的，一方面，它们具有非常好的保湿效果，价格也相对便宜；另一方面，它们对乳化体具有很重要的作用，可有效防止 O/W 型乳化体的干缩。

4．其他成分

其他成分有水相增稠剂、水溶性活性物和防腐剂等。

第四节 乳化体体系设计

理想的化妆品乳化体应满足如下要求：①较好的稳定性，体系本身要稳定，要耐受 3 年保质期限，能经受不同地区、不同温度环境的影响，能经受使用过程中的涂抹影响等；②具有较高的安全性，对皮肤安全无刺激；③能提供良好的外观，作为化妆品来说，必须具有良好的外观，才能满足消费者的视觉需要；④能提供良好的肤感；⑤作为基质体系要具有一定的功效添加剂承载能力，具有一定的耐离子性。

化妆品乳化体配方设计步骤见图 2-5。

图 2-5 乳化体系设计流程图

一、明确目标要求

乳化体系在设计时，首先要明确产品设计的目标要求，目标要求决定了乳化体设计的方向。产品目标要求具体涉及多个方面，例如功效、状态、肤感、价位、产品使用人群等，都将会成为我们乳化体配方设计中的重要依据。

二、乳化剂类型的确定

乳化体主要有两种类型，如果再考虑状态，主要有四种剂型，见表 2-10。

表 2-10 不同乳化体剂型的特点

剂 型	剂型的特点
O/W 膏霜	外观稠厚，肤感清爽，滋润性稍差
W/O 膏霜	外观稠厚，肤感油腻，滋润性佳
O/W 乳液	外观稀薄，肤感清爽，滋润性稍差
W/O 乳液	外观稀薄，肤感油腻，滋润性佳

根据类型特点，结合产品要求，确定合适的剂型。另外，功效对剂型的选择也有影响，例如祛痘印的护肤产品，选用 O/W 乳液，肤感清爽，比较合适。

三、水相、油相的确定

1. 油相原料

乳化体化妆品相对于其他类型的护肤化妆品来说，含有油性润肤剂是其最大的特点。保护滋润肌肤，有效修护皮肤的脂质层油脂膜。产品的特性及其最终效果和油相的组分也有密切的关系。W/O 型乳化体产品的稠度主要决定于油相的熔点，所以油相的熔点一般不超过 37℃；而 O/W 型乳化体产品的油相熔点可远远超过 37℃。另外乳化剂和生产方法也能改变油相的物理特性并最终表现在产品的性质上。矿油是在许多膏霜中最常用的、作为油相主要载体的原料，在某些产品中也应用它本身的特点，在清洁霜中作为类脂物的溶剂，在发膏中作为光亮剂和定形剂，肉豆蔻酸异丙酯等液体酯类适用于作为非油腻性膏霜的油相载体。蜡类用于油相的增稠，促进封闭膜的形成和留下一层非油腻性膜。硬脂酸锂和硬脂酸镁等金属皂在 150～170℃时分散于矿油中，可使矿油增稠形成类似凡士林的凝胶。亲油胶性黏土分散于油中能形成触变性的半固体。矿油中也可加入 12-羟基硬脂酸使其凝胶化。油相也是香料、防腐剂和色素以及某些活性物质如雌激素，维生素 A、维生素 D 和维生素 E 等的溶剂，颜料也可分散在油相中。相对来说油相中的配伍禁忌要较水相少得多。

2. 油相乳化所需 HLB 值

对于指定的油，乳化存在一个最佳 HLB 值，乳化剂的 HLB 值为此值时乳化效果最好。即：此 HLB 值就是油相所需 HLB 值。

该 HLB 值可利用一对已知 HLB 值的乳化剂，一个亲水，另一个亲油，将两者按不同比例混合，用混合乳化剂制备一系列乳化体，找出乳化效果最好的混合乳化剂，其 HLB 值便是该油相所需的 HLB 值。另外，还有一种简单的确定被乳化油所需 HLB 值的方法：目测油滴在不同 HLB 值乳化剂水溶液表面的铺展情况，当乳化剂 HLB 值很大时油完全铺展，随着 HLB 值减小，铺展变得困难，直至在某一 HLB 值乳化剂溶液上油刚好不展开时，此乳化剂的 HLB 值近似为乳化油相所需的 HLB 值。这种方法操作简便，所得结果有一定参考价值。

表 2-11、表 2-12 列出了乳化各种油所需的 HLB 值。

另外，油相往往不是一种油，而是多种油的混合物，混合油相的 HLB 值具有加和性，可根据查的 HLB 值和各种油在油相中的百分含量求得乳化混合油相所需的 HLB 值。例如混合油相含烷烃矿物油 60%，肉豆蔻酸异丙酯 40%，它们各自的所需 HLB 值分别为：10，12。则乳化混合油所需 HLB 值=10×60%+12×40%=10.8。

表 2-11　乳化各种油所需的 HLB 值（O/W 型）

油　相	HLB 值	油　相	HLB 值
脂肪酸类		油和脂类	
二聚酸	14	芳烃矿物油	12
月桂酸	15	烷烃矿物油	10
亚油酸	16	凡士林	7～8
油酸	17	棕榈油	7
蓖麻油酸	16	石蜡油	14
硬脂酸	17	霍霍巴油	6～7
异硬脂酸	15～16	可可脂	6
脂肪醇类		羊毛油	9
癸醇	15	菜籽油	7
异癸醇	14	松油	16
月桂醇	14	葵花籽油	7
十三烷醇	14	豆油	6
鲸蜡醇	12～16	貂油	5～9
硬脂醇	15～16	蓖麻油	14
油醇	14	玉米油	8
酯类		棉籽油	6
乙酸癸酯	11	无水羊毛脂	10～12
苯甲酸乙酯	13	蜡类	
肉豆蔻酸异丙酯	12	石蜡	10
棕榈酸异丙酯	12	聚乙烯蜡	15
甘油单硬脂酸酯	13	聚乙烯（四聚体）	14
邻苯二甲酸二辛酯	13	蜂蜡	9～12
己二酸二异丙酯	14	微晶蜡	8～10
有机硅类		巴西棕榈蜡	15
二甲基硅氧烷	9		
甲基苯基硅烷	12		
环状硅氧烷	7～8		

表 2-12　乳化各种油所需的 HLB 值（W/O 型）

油　相	HLB 值	油　相	HLB 值
蜂蜡	4～6	硬脂醇	7
硬脂酸	6	石蜡	4
棉籽油	5	羊毛脂	8
矿物油	4～6	凡士林	4～5

3．水相原料

在乳化体化妆品中，水相是许多有效成分的载体。作为水溶性滋润物的各种保湿剂，如甘油、山梨醇、丙二醇和一些水溶性保湿剂等，能防止 O/W 型乳化体的干缩；作为水相增稠剂的亲水胶体，如纤维素胶、海藻酸钠、鹿角菜胶、黄蓍树胶、羧基聚甲烯化合物、硅酸镁铝胶等，能使 O/W 型乳化体增稠和稳定，在保护性手用霜中起到阻隔剂的功能；各种电解质，如抑汗霜中的铝盐、卷发液中的硫代乙醇酸铵和在 W/O 型乳化体中作为稳定剂的硫酸镁等，都是溶解于水中的；许多防腐剂和杀菌剂，如咪唑烷基脲、季铵盐、氯化酚类和对羟基苯甲酸酯等也是水相中的一种组分；此外还有营养霜中的一些活性物质，如水解蛋白、人参浸出液、珍珠粉水解液、蜂王浆、水溶性维生素及各种酶制剂等。如前所述，在水相中存在这些成分时，要十分注意各种物质在水相中的化学相容性，因为许多物质很易在水溶液中相互反应，甚至失去效果。

4．两相的比例

从粒度相同的密排六方球体的几何学考虑，乳化体中分散相的均匀球粒的最大容量可占 74%，在 O/W 型乳化体中可以含有最多 74%的油相；而 W/O 型乳化体中可以含有最多 74%的水相。也就是说，内相可以小于 1%，而外相必须大于 26%。但是，在凝胶乳化体系中，由于分散相可以形成不规则内相，内相的比例可超过 74%，有的可以做到 90%以上。

油水两相的比例，由多种因素来确定。从剂型方面来看，一般来说油包水型乳化体中油相的比例较水包油型乳化体的高；从产品功能来看，不同的功能，产品中油水相的比例会有所不同。一般手用霜，油相的比例约为 7%，而供严重开裂用的手用霜，油相的比例往往高达 25%；在北方适用的乳液，通常要比在南方适用的油相的比例要高；不同年龄段的人适用的乳化体的油相比例会有明显不同，年轻人比较喜欢含油量较少的清爽型的乳化体（膏霜或乳液），而中老年人则喜欢用油相比例高的乳化体（膏霜或乳液）；即便是同一个人，由于使用部位的不同，对乳化体的油相比例诉求也不一样。作为配方师来说，根据产品不同的诉求，对乳化体的油水相的比例做出准确合理的判断，进而，开发出有针对性的具有明确市场定位的乳化体产品（膏霜或乳液）。

 ## 四、乳化剂的确定

1．乳化剂选择原则

从乳化剂的亲水-亲油性平衡的角度，可确定下列选择乳化剂的一般原则：①油溶性的乳化剂倾向形成 W/O 型乳化体；②油溶性的表面活性剂与水溶性表面活性剂的混合物产生的乳化体的质量和稳定性都优于单一表面活性剂产生的乳化体；③油相的极性越大，乳化剂应是更亲水的；被乳化的油越是非极性，乳化剂应是更亲油的。

在实际应用中，化妆品和其他日化制品的乳化体是较复杂的，这些乳化体的配制，除了按照上述的一般原则和从亲水-亲油平衡、界面膜吸附等物理化学原理选择乳化剂外，作为乳化体的最终产品还应该考虑下列性质：①乳化体的类型（O/W 或 W/O 型）；②原料和添加剂的配伍性；③感观性质（消费者认可的性质，如油腻、润滑和柔软等肤感）；④物理性质（如黏度、涂抹分散性、触变性和吸收快慢等）；⑤产品对皮肤的刺激性和使用的安全性等。

2. 乳化剂 HLB 值的加和性和乳化剂的复配

在实际配方中，往往使用两种或两种以上的乳化剂。不同 HLB 值的乳化剂结合使用，其混合后的 HLB 值同混合油相所需 HLB 值一样，具有加和性。即：乳化剂 a 和乳化剂 b 按一定比例混合后的 $HLB_{混}$ 可通过下式计算得出：

$$HLB_{混} = HLB_a \cdot A\% + HLB_b \cdot B\% \qquad (2-7)$$

式中，$HLB_{混}$、HLB_a 和 HLB_b 分别为混合体系、乳化剂 a 和 b 的 HLB 值。$A\%$ 和 $B\%$ 分别为乳化剂 a 和 b 在混合物中所占的质量分数。

例如 50%Span-20（HLB=8.6）与 50%Tween-20（HLB=16.7）组成的混合乳化剂。此混合物的 HLB 值=8.6×50%+16.7×50%=12.65。

3. 筛选乳化剂举例

（1）计算油相所需 HLB 值　按照已有的资料估算油相所需的 HLB 值。表 2-13 列出了某一油相基质所需的 HLB 值计算方法。

表 2-13　油相基质所需 HLB 值的计算

组　分	油相组成（质量分数）/%	所需 HLB 值
蜂蜡	5	0.05×9=0.45
十六醇	10	0.10×15.5=1.55
硬脂酸	5	0.05×9=0.45
棕榈酸异丙酯	40	0.40×11.5=4.60
白油	30	0.3×10=3.00
油相所需 HLB 值		10.05

油相所需 HLB 值约为 10.05。

（2）初选乳化剂　根据油相所需 HLB 值，初步选出几组乳化剂，每一组可以是单一乳化剂，也可以是两种以上乳化剂组成的混合乳化剂。再根据乳化剂（组）HLB 值与油相相近，计算乳化油相所需的 HLB 值的乳化剂体系中各组成的比例。

计算方法以 HLB 值为 10 的吐温-60（HLB 值 15）和司盘-60（HLB 值 5）乳化剂时为例进行说明：设吐温-60 在混合乳化剂中的质量分数为 $w\%$，则 5(1−$w\%$)+15×$w\%$=10，解之得 $w\%$=50%。则吐温-60 在混合乳化剂中的质量分数为 50%，司盘-60 在混合乳化剂中的质量分数为 1−50%=50%。

表 2-14 列出 HLB 值约为 10 的一些乳化剂对。这些体系的 HLB 值都能满足表 2-14 所列油相基质的要求。

表 2-14　一些 HLB 值约为 10 的乳化剂对

亲水性乳化剂（HA）	HLB 值	亲油性乳化剂（LA）	HLB 值	HA/LA
硬脂酸三乙醇胺	20	硬脂酸	1.0	1：1
硬脂酸三乙醇胺	20	甘油硬脂酸酯	3.8	2：3
十六醇三乙酸钠盐	30	十六醇	1.3	3：7
吐温-60	15	十六醇醚-2	5.0	1：1
吐温-60	15	司盘-60	5.0	1：1

再对以上几组混合乳化剂进行乳化试验，初步选定乳化剂体系。

（3）用量的调整　对选定的乳化剂对进行用量确定，设定用量梯度试验，稳定性好用量较低的即为所需用量。

五、乳化体系调整

乳液产品配方的组成是多样和复杂的，除主要基体的成分外，还含有各种功能添加剂、香精、防腐剂和着色剂等。这些添加的组分，特别是一些活性剂，对基质的稳定性、物理性质和感官性质都有很大的影响。需要进行产品的实际配方试验，对配方各组成成分进行调整。调整配方是一项较复杂的工作，也是最终产品成败的关键，如果调整之处过多，则整个配方需要重新设计。这项工作经验性的成分较大。

调整工作主要包括如下几方面。

1．HLB 值的调整

一些添加物对 HLB 值有影响，其中主要包括脂肪醇、脂肪酸和无机盐。长链脂肪醇，如十六醇、月桂醇、胆甾醇、聚乙二醇、聚乙二醇醚等有机极性化合物，它们可以改进乳液的透明度或贮存稳定性。同时，长链脂肪醇是油溶性极性化合物。它可与界面膜上的乳化剂分子形成"复合物"，形成牢固的混合界面膜。如十六醇硫酸钠盐加十六醇、十二烷基酸酯钠盐加月桂醇或胆甾醇，均可获得液滴极细、稳定的乳液。短链脂肪醇，如辛醇，在短链非离子乳化剂中 $C_8H_{17}(EO)_6$-OH 中可使非离子全部自水相转入油相中，能影响乳化剂在乳液中的相分配。阴离子乳化剂若为脂肪酸皂，则需加脂肪酸以调整 HLB 值，一般为对应的脂肪酸，如三乙醇胺油酸皂用油酸。此外，对阴离子乳化剂来说，与其对应的阳离子乳液的类型也有影响，加入多价离子（如钙、镁和铝等），则容易将乳化剂转为油溶性的乳化剂，使 HLB 值调低。

2．黏度的调节

黏度的调节主要是增加外相的稠度，常用的增稠剂有水溶性聚合物、无机盐和长链的脂肪醇。水溶性聚合物的种类很多，使用时应注意配伍性。使用无机盐增稠时用量应合适，过量时可能产生盐析作用。

3．pH 值调节

用作 pH 值调节剂的碱类有各种胺、醇胺和醇酰胺，常用中和碱有三乙醇胺（TEA）和 2-氨基-2-甲基-丙醇（AMP），有时，也可使用 NaOH 和 KOH。酸类有柠檬酸、硼酸和脂肪酸。pH 值的调节不仅是控制产品 pH 值范围，而且有时对产品黏度也有较大的影响。

六、乳化体稳定性测试

乳化体系确定之后，必须对产品的稳定性进行最后的测试。乳液制品应该按照不同的等级标准进行耐热和耐寒试验（即冰冻-熔化试验，48℃、24h 转入-5～15℃、24h），以及离心考验（2000r/min、3000r/min、4000r/min 旋转 30min，不分层）。

配方师在实际的配方设计过程中，根据具体的产品特点和开发要求，对乳化剂稳定性的考查强度一般都高于行业标准。

第五节　乳化体在制备过程中的注意事项

乳化体作为热力学不稳定体系，配方设计完成后，生产制备条件也会影响着乳化体的稳定性。

一、乳化设备

制备乳化体的机械设备主要是乳化机，它是一种使油、水两相混合均匀的乳化设备，目前乳化机的类型主要有三种：乳化搅拌机、胶体磨和均质器。乳化机的类型及结构、性能等与乳化体微粒的大小（分散性）及乳化体的质量（稳定性）有很大的关系。与搅拌式乳化机相比，胶体磨和均质器是较好的乳化设备。近年来乳化机械有很大的进步，如真空乳化机制备出的乳化体的分散性和稳定性极佳。

不同的乳化设备，对应的制备生产工艺不同。实验室中的制备工艺和工厂实际的生产工艺是不完全相同的，比如实验室中乳化过程一般都没有抽真空的环节，实际生产设备中都有真空设备，于是就有了真空乳化的环节，制备出来的乳化体外观就很不同。同一个配方在一套设备上能够顺利地生产出来，当换成另外不同的生产设备时，可能就难以完成生产。乳化设备的容积、搅拌桨、转速、均质器的处理能力及功率大小，都会直接影响着乳化体的品质和稳定性。因此，当既定的配方在由实验室转到工厂大生产或更换生产设备时，必须通过严格的中试实验重新制定生产工艺。

 ## 二、乳化时间

乳化时间也对乳化体的质量有影响，而乳化时间的确定，要根据油相、水相的容积比，两相的黏度及生成乳化体的黏度，乳化剂的种类及用量，还有乳化温度来确定。乳化时间的多少与乳化设备的效率紧密相连，为使体系进行充分的乳化，可依据经验和实验来确定乳化时间。一般而言，如用均质器（3000r/min）进行乳化，仅需用 3～10min。

 ## 三、乳化温度

乳化温度对乳化体有很大的影响，但对温度并无严格的限制，当油、水两相均为液体时，在室温下借助搅拌，就可达到乳化。一般情况下，乳化温度取决于两相中所含有高熔点物质之熔点温度，同时还要考虑乳化剂种类及油相与水相的溶解度等因素。此外，两相之温度需保持相同，尤其是对含有较高熔点（70℃以上）的蜡、脂油相成分，进行乳化时，勿将低温的水相加入，以防止在未乳化前而将蜡、脂结晶析出，造成块状或粗糙不匀乳化体。一般来说，在进行乳化时，油、水两相的温度皆可控制在 75～85℃之间，如油相中有高熔点的蜡等成分，则此时乳化温度就要高一些。另外，在乳化过程中如黏度增加很大，影响搅拌，则可适当提高一些乳化温度。若使用的乳化剂具有一定的转相温度，则乳化温度也最好选在转相温度左右。

乳化温度对乳化体微粒大小有时亦有影响。如一般用脂肪酸皂阴离子乳化剂作乳化剂，用初生皂法进行乳化时，乳化温度控制在 80℃时，乳化体微粒大小约 1.8～2μm，如若在 60℃进行乳化时，这时微粒大小约为 6μm，而当用非离子乳化剂进行乳化时，乳化温度对微粒大小影响较弱。

 ## 四、搅拌速度

乳化设备对乳化有很大影响的原因之一是搅拌速度对乳化的影响。搅拌速度适中可以使油相与水相充分地混合，搅拌速度过低，显然达不到充分混合的目的，但搅拌速度过高，会将气泡带入体系，使之成为三相体系，而使乳化体不稳定，同时也会影响到乳化体的外观。

第六节　化妆品乳化体系评价方法

 一、稳定性评价

1．耐热试验

（1）仪器

① 温度计：分度值 0.5℃，1 支。

② 恒温培养箱：灵敏度±1℃，1 台。

（2）操作　取试样分别倒入 2 支 ϕ20mm×120mm 的试管内，使液面高度约 80mm，塞上干净的软木塞。把一支待检的试管置于预先调节至规定温度±1℃的恒温培养箱内，经 24h 后取出，恢复室温后与另一试管的试样进行目测比较。

2．耐寒试验

（1）仪器

① 温度计：分度值 0.5℃，1 支。

② 冰箱：灵敏度±2℃，1 台。

（2）操作　取试样分别倒入 2 支 ϕ20mm×120mm 的试管内，使液面高度约 80mm，塞上干净的软木塞。把一支待检的试管置于预先调节至规定温度±2℃的冰箱内，经 24h 后取出，恢复室温后与另一试管的试样进行目测比较。

3．耐热耐寒交替试验

做完耐热试验（或耐寒试验），接着做耐寒试验（或耐热试验），这样称为一个冷热循环，如此反复，直至所测样品出现油水分层、色泽变化或渗油等现象。记录循环数。

4．离心试验

（1）仪器

① 离心机：1 台。

② 离心管：刻度 10mL，2 支。

③ 电热恒温培养箱：灵敏度±1℃，1 台。

④ 温度计：分度值 0.5℃，1 支。

（2）操作　于离心管中注入试样约三分之二高度并装实，用软木塞塞好。然后放入预先调节到(38±1)℃的电热恒温培养箱内，保温 1h 后，立即移入离心机调整到 2000r/min 的离心速度，旋转 30min 取出观察。

二、pH 值的测定

1. 方法提要

　　以玻璃电极为指示电极，饱和甘汞电极为参比电极，同时插入被测溶液中组成一个电池。此电池产生的电位差（E）与被测溶液的 pH 值有关，它们之间的关系符合能斯特方程式：

$$E = E_0 + 0.059\lg[H^+]（25℃）$$
$$E = E_0 - 0.059pH$$

式中，E_0 为常数。

　　在 25℃时，每单位 pH 值相当于 59.1mV 电位差。即电位差每改变 59.1mV，溶液中的 pH 值相应改变 1 个单位。可在仪器上直接读出 pH 值。

2. 试剂

　　（1）苯二甲酸氢钾标准缓冲溶液　称取在 105℃烘干 2h 的苯二甲酸氢钾（$KHC_8H_4O_4$）10.12g 溶于水中，并稀释至 1L，贮存于塑料瓶中。此溶液在 20℃时，pH 值为 4.0。

　　（2）磷酸盐标准缓冲溶液　称取在 105℃烘干 2h 的磷酸二氢钾（KH_2PO_4）3.40g 和磷酸氢二钠（Na_2HPO_4）3.55g，溶于水中，并稀释至 1L，贮存于塑料瓶中。此溶液在 20℃时，pH 值为 6.88。

　　（3）硼酸钠标准缓冲溶液　称取四硼酸钠（$NaB_4O_7 \cdot 10H_2O$）3.81g，溶于水中，稀释至 1L，储存于塑料瓶中。此溶液 20℃时，pH 值为 9.22。

　　注意：试剂除另有说明外，均为优级纯试剂。所用水指不含 CO_2 的去离子水。

3. 仪器

　　（1）精密酸度计。

　　（2）复合电极或玻璃电极和甘汞电极。

　　（3）磁力搅拌器（附有加温控制功能）。

　　（4）烧杯，50mL。

4. 分析步骤

　　（1）样品预处理

　　① 稀释法　称取样品 1 份（精确至 0.1g），加不含 CO_2 的去离子水 10 份，加热至 40℃，并不断搅拌至均匀，冷却至室温，作为待测溶液。如为含油量较高的产品，可加热至 70～80℃，冷却后去油块待用；粉状产品可沉淀过滤后待用。

　　② 直测法（不适用于粉类、油膏类化妆品及油包水型乳化体）　将适量包装容器中的样品放入烧杯中待用或将小包装去盖后直接将电极插入其中。

　　（2）测定

　　① 电极活化　复合电极或玻璃电极在使用前应放入水中浸泡 24h 以上。

② 校准仪器　按仪器出厂说明书，选用与样品 pH 相接近的两种标准缓冲溶液在所规定的温度下进行校准或在温度补偿条件下进行校准。

③ 样品测定　用水洗涤电极，用滤纸吸干后，将电极插入被测样品中，启动搅拌器，待酸度计读数稳定 1min 后，停搅拌器，直接从仪器上读出 pH 值。测试两次，误差范围±0.1，取其平均读数值。测定完毕后，将电极用水冲洗干净，其中玻璃电极浸在水中备用。

三、微观快速评价

在乳化体形成后经过 48h 老化，然后用显微镜观察其分散相粒径情况，可以有助于判定乳化体乳化效果情况。主要关注三个方面：粒径的大小、粒径均匀度（分布）和规则程度。如果粒径越小、越均匀（分布越窄）、越规则（主要为球状），说明乳化越好，反之越差。

图 2-6（a）和图 2-6（b）是两个乳化体的微观粒径照片，从两张图片显示，后者明显比前者乳化效果好。

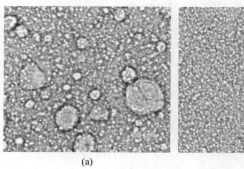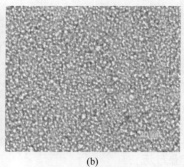

(a)　　　　　　　　　　　　　　(b)

图 2-6　乳化体的显微镜照片

四、感官评价

1. 护肤类膏霜、乳液的感官评价内容（评价表见表 2-15）

铺展性：产品在涂抹过程中是否容易铺展，是否会起白条。

渗透性（吸收效果）：产品在使用过程中，其中的油脂和活性成分等是否容易渗透进皮肤中。

滋润性：产品是否赋予皮肤滋润感。

油腻性：产品在使用过程中有无过度的油腻感。

粘起感：用手指头将膏体挑起时的难易程度及此时膏体的形状。

直接使用性：产品在使用时以上各性能指标的情况。

表 2-15　乳化体感官评价表

评价人姓名	年龄	性别	皮肤类型		测试时间	

样品编号	1	2	3	4	5	6
吸收效果						
涂展性						
滋润效果						
细腻性						
黏稠度						
清爽度						
粘起感						
总评						

注：1. 每项的评价实行打分制：很好 9～10 分；较好 7～8 分；一般 5～6 分；较差 3～4 分；很差 1～2 分。
2. 总评为各项得分的平均值。

后期使用性：产品在使用 10min 以后以上各性能指标的情况。

2. 志愿者的选择

（1）人数　不得少于 30 人。

（2）年龄 20～50 岁，健康人群，性别不限。应尽可能涵盖不同地域、不同肤质。

（3）对志愿者进行基础感觉测试（或识别力试验），以判别其是否具有正确的感觉辨别能力。如提供三个样品，其中有两个是完全一样的，要求志愿者正确辨别出不同的一个。

（4）对志愿者进行专门的培训，包括有关化妆品使用方面的训练，以便按照规定方法正确使用样品，并统一评定尺度进行感觉评估。

3. 基本评价方法

（1）设计感觉评价表。内容应能涵盖需要测试的所有项目。

（2）将需要进行评价的原料或产品，给志愿者按照规定方法进行试用。

（3）志愿者根据使用时及使用后的感觉，填写相对应的功效性感觉评价表。

注意：受试者所有感觉均用数字来表示。试用过程采取双盲形式，即每个志愿者既不知道产品的真实信息，也不了解其他志愿者的感受，研究过程均独立进行。

（4）将所有数据汇总，进行统计分析，获得受试产品的最终评价。

第二章　乳化体系设计

第三章

Chapter **3**

增稠体系设计

　　增稠体系设计是化妆品配方设计的重要组成部分之一，展示给使用者以视觉、触觉感受，对化妆品的稳定性也起到关键作用。主要通过筛选不同的增稠剂并进行合理复配设计，调节化妆品的黏度和流动性，以保证化妆品的稳定性和其他方面的综合感官，增加产品的属性和质感。

增稠体系是指在化妆品配方中，由一个或多个增稠剂组成，以达到改善化妆品外观和提高稳定性目的的原料组。增稠体系设计是化妆品配方设计的重要组成部分之一，不同的增稠体系对最终产品的影响不同，这种影响不单单体现在产品的稳定性和外观上，它对产品的使用感觉以及产品功效性能也会有很大的影响，好的增稠体系对最终产品的生产、储运、使用、成本等诸多方面都会有积极的作用。

增稠剂是增稠体系中非常重要的部分，早期的增稠剂主要是为了提高产品的稠度，随着科技的发展，带有不同附属功能的增稠剂纷纷出现，从增加产品的稳定性、改善产品使用感觉到改善产品的外观，甚至作为乳化体系来实现新剂型。现在市场上用于化妆品的增稠剂种类很多，品种更是繁杂，这就给化妆品配方师设计增稠体系带来挑战。

目前，化妆品配方师对增稠体系的理解不一样，往往会根据产品的特性或者添加的主要功效原料等为依据来选择适合的增稠体系，这样看似符合开发产品的一般规律，其实不然。详细了解不同增稠剂的特性、掌握相互之间的配伍关系，不但能有效地降低生产成本，更能在产品开发过程中起到事半功倍的效果。

第一节 增稠机理

增稠剂的品种很多，其增稠的机理各不相同，主要分为以下几类：链缠绕增稠机理、氢键结合增稠机理、双重中和增稠机理、无机盐水合增稠机理、油相熔点增稠机理。

链缠绕增稠机理是指高分子聚合物链拓扑化的相互作用形成缠结网格而达到的增稠作用。一般的高分子聚合物都由此增稠机理进行增稠。分子量越大，增稠效果越明显。

氢键结合增稠机理是指高分子聚合物上的官能团具有相互之间形成氢键的能力，当在溶液中，官能团之间形成氢键，增加了分子间的作用力，以达到增稠的效果。增稠效果的强弱，与官能团形成氢键强弱有关。

中和增稠机理是指将 Carbopol 等酸性树脂转变成适当的盐使溶液增稠。酸性树脂粉末状态下，分子卷曲得很紧，其增稠能力受到限制。分散在水中时，其分子进行水合作用产生一定的伸展，产生一定增稠力。若用各种碱类，使其分子离子化并沿聚合物的主链产生负电荷，同性的负电荷之间的斥力促使分子进一步伸直展开，以达到进一步增稠的作用。

双重中和增稠机理是指用无机碱和有机碱对 Carbopol 等酸性树脂进行中和增稠。双重中和生成在水中和油中都可溶性的盐，被无机碱中和的那部分分子可溶于水相，与有机碱中和的那部分分子则可溶于油相。高分子聚合物能在水相和油相之间起到桥梁作用，对稳定乳化体有极佳的帮助。NaOH 与 PEG15-椰子基胺为最为普遍使用的双重中和剂。

无机盐水合增稠机理是指具有片状结构的无机盐通过水合作用，形成"纸盒式间格"，以达到增稠的作用。其形成作用，主要经过以下几个阶段：

（1）水合作用　水分子被片晶表面存在的阳离子吸引，表面上的负电荷变得更为突出；

（2）溶胀　水合阳离子一般聚集在一起，迫使带负电荷的片晶分开；

（3）双电层的形成　当水合时，阳离子由片晶表面扩散，形成双电层；

（4）片晶的分离　水合片晶带负电荷的面相互排斥；

（5）结构的形成　当体系达到平衡时，片晶形成"纸盒式间格"，达到增稠的目的。

油相熔点增稠机理是指在油相中通过溶胀作用，以达到增稠的目的。

第二节　增稠原料

一、化妆品增稠剂原料分类

增稠剂是指具有改变化妆品流变特性的原料，又称流变特性添加剂。据此，可分为三大类：水相增稠剂、油相增稠剂及降黏剂。

（1）水相增稠剂　是指用于增加化妆品水相黏度的原料。这类原料具有的增加水相黏度的能力与其水溶性和亲水性质有关。包括水溶性聚合物，如：聚丙烯酸聚合物、羟乙基纤维素、硅酸铝镁和其他改性或互配的聚合物等。

（2）油相增稠剂　是指用于增加或改变化妆品油相黏度的原料。这类原料具有的增加油相黏度的能力与其自身结构特性有关。包括脂肪酸盐、长链脂肪醇、长链脂肪酸酯、蜡类、氢化油脂、聚二甲基硅氧烷和一些油溶聚合物等。

（3）降黏剂　是指用于降低化妆品黏度，以增加产品流动性的原料。其作用机理相对复杂，其效率与浓度有关，并视不同类型而异。包括无机盐、有机酸盐、硅油、硅酮及乙醇等。

二、水相增稠剂

1. 水相增稠剂共性

水相增稠剂具有以下共性：在结构上，高分子长链具有亲水性；在稀浓度下，浓度与黏度成正比例关系，主要是聚合物分子间作用很少或没有所致；在高浓度下，一般表现为非牛顿流体特性；在溶液中，分子间相互吸附作用；在分散液中，具有空间相互作用，具有稳定体系之功能；与表面活性剂互配使用，能提高和改善其功能。

2. 水相增稠剂必须具备的条件

（1）安全无毒　这是化妆品原料的最基本要求。用于化妆品的水溶性聚合物，经过毒理学的检验，证实是无毒、安全的，才可在市面上销售。一般认为天然水溶性聚合物是比较安全的，但在加工过程中也会引进一些杂质。半合成或合成的水溶性聚合物残存的单体、溶剂或催化剂等不纯物，可能对皮肤带来刺激。

水溶性聚合物制剂由于水分蒸发后能形成一层皮膜，尽管皮膜本身无生理活性，无刺激性，但由于皮膜干后收缩性强，有时会对皮肤产生暂时的物理性刺激作用。皮膜透气性差，会影响皮肤正常的新陈代谢作用，同时，混杂在皮膜上很少量的不纯物，较长时间与皮肤接触也会引起间接的皮肤刺激。一些聚合物在长期使用后，会在皮肤和头发上积累，积累到一定程度就会引起一些毒性。

（2）无色、无异味　化妆品用的水溶性高分子化合物，要求尽可能无色或浅色、无味、无臭。这样便于调色和调香。

（3）溶解性好　水溶性聚合物一般用作增稠剂、成膜剂等。产品大多数是含水体系，其在水中的溶解度、溶解条件和溶液性质是很重要的。与一般无机盐不同，水溶性聚合物溶解时的条件（温度、搅拌速度和加料的方法等）对生成溶液的物理、化学性质有很大的影响。有些水溶性聚合物，只要加入水中，简单地搅拌就能溶解；有些水溶性聚合物需要较长的润湿时间，适当搅拌，才能逐渐溶解。不同水溶性聚合物在溶解时，切变应力对所制得溶液的物理、化学性质的影响不同。

（4）配伍性好　水溶性聚合物在配方中常与其他制剂和不同的水溶性聚合物复配使用，一些水溶性聚合物是不能复配的，混合后会产生沉淀。对盐的容忍度也是其匹配性的反映。

（5）质量稳定　大多数天然水溶性聚合物可赋予产品良好的触感，但由于原料产地的气候条件、培植方法和收获的季节不同，造成质量和成分的较大波动，或在贮存过程中发生变质，配制的化妆品长时间放置，有时也要发生变化。这些都是由于其本身成分不匀和聚合物的特性造成的，还有细菌、酶等微生物，以及光、温度、湿度等外部环境也会加速变化的发生。

因此，用于化妆品的水溶性聚合物要成分恒定，放置长时间也稳定不变。对于天然水溶性聚合物达到这个要求是比较困难的，而合成水溶性聚合物在这方面是比较好的。一般情况下，无论是天然或合成水溶性聚合物都要注意在贮存时防腐、防霉和防止氧化变质等问题。

3. 常用的水相增稠剂

水溶性聚合物增稠剂可根据其来源和聚合物的结构特性进行分类，包括：有机天然聚合物、有机半合成聚合物、有机合成聚合物及无机水溶性聚合物这四大类，详细分类见图 3-1。

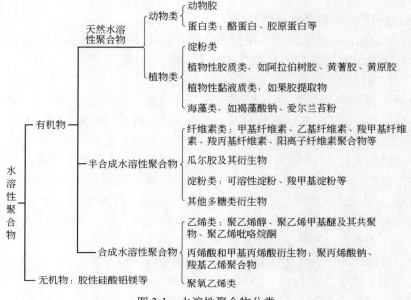

图 3-1　水溶性聚合物分类

（1）有机天然聚合物　有机天然聚合物是指以植物或动物为原料，通过物理或化学方法提取的水溶性聚合物。这类原料常见的有胶原蛋白类和聚多糖类聚合物。胶原蛋白类聚合物是由动物的皮或植物的蛋白经过水解、分离和纯化而制成的；聚多糖类聚合物是由树木或果壳渗出液、种子、叶或茎经过提取或精制而成的。

这类聚合物产品毒性小，使用安全，原料可以再生，所以在化妆品行业中得到较为广泛的使用。常用的有机天然聚合物见表 3-1。

表 3-1　常用有机天然聚合物

名　称	INCI 名称	应用范围
瓜尔豆胶	瓜尔豆胶（guargum）	主要用作黏合剂、乳液稳定剂和含水制品的增稠剂
黄原胶	黄原胶（xanthangum）	主要用作膏霜、乳液和牙膏的增稠剂、稳定剂、悬浮剂、乳化剂和泡沫增强剂。特别有利于保持其温度稳定性和在较宽 pH 值范围的稳定性
明胶	明胶（gelatin）	主要应用于膏霜、乳液和牙膏的增稠剂、保湿剂、稳定剂、乳化剂和皮肤保护剂、抗刺激剂等

（2）有机半合成水溶性聚合物　有机半合成水溶性聚合物是指由天然水溶性聚合物为原料，通过化学改性而制成的水溶性聚合物。

这类聚合物具有天然聚合物和合成聚合物的优点。产品毒性小，使用安全，原料可以再生，所以在化妆品行业中的使用较为广泛。在国外，这类产品技术很成熟。而国内，近年发展较快，但与国外还有较大的差距。

这类原料品种较多，主要包括：羧甲基纤维素、羟乙基纤维素、羟丙基纤维素、羟乙基乙基纤维素、甲基纤维素、季铵化羟乙基纤维素、羟丙基淀粉磷酸酯和瓜尔豆胶羟丙基三甲基氯化铵等。常用有机半合成水溶性聚合物见表3-2。

表3-2　常用有机半合成水溶性聚合物

名　称	INCI 名称	应用范围
羟乙基纤维素	羟乙基纤维素（hydroethylcellulose）	主要用作化妆品的增稠剂、保湿剂、稳定剂、乳化剂、薄膜成膜剂、黏结剂和保湿剂等
羟丙基淀粉磷酸酯	羟丙基淀粉磷酸酯（hydroxypropyl starchphosphate）	A.用于粉末型头发漂白制品和染发剂；B.用作膏霜和乳液增稠剂及稳定剂
瓜尔豆胶羟丙基三甲基氯化铵	瓜尔豆胶羟丙基三甲基氯化铵（guar hydroxypropyltrimonium chloride）	主要用作膏霜、乳液和牙膏的增稠剂、保湿剂、稳定剂、乳化剂和皮肤保护剂、抗刺激剂等

（3）有机合成水溶性聚合物　有机合成水溶性聚合物是指由单体聚合而成，单体一般来自石油工业的乙烯型烯烃及其含有羧酸基、羧酸酯基、酰胺基或氨基的衍生物。这类水性聚合物在国内外都是近年来发展得最快的品种。

这类聚合物有以下多种特点：①具有高效和多功能的特性，同样的剂量能比天然聚合物有更好的增稠效果。还能根据应用的需要，进行分子设计，合成多功能的产品；②单体原料组分生产规范，其质量标准容易控制。石油工业可提供多种单体，这就构成了这类聚合物的品种和功能的多样性、产品的均匀性和稳定性、价格的变通性；③有较低的生物耗氧量，这在污水处理方面比较有利。

常用的有机合成水溶性聚合物见表3-3。

表3-3　常用的有机合成水溶性聚合物

名　称	INCI 名称	应用范围
丙烯酸聚合物	丙烯酸聚合物（Carbomer）	Carbopol 树脂在各类化妆品中，如护肤、护发和口腔制品，主要用作高效增稠剂和悬浮剂。能很有效地稳定 O/W 液，持久地使不溶的组分悬浮，改善制品组织结构和外观，改善其流动性，特别适用于透明凝胶类产品
丙烯酸酯/C$_{10}$～C$_{30}$烷基丙烯酸酯聚合物	丙烯酸酯/C$_{10}$～C$_{30}$烷基丙烯酸酯交联聚合物（acrylates/C$_{10}$～C$_{30}$alkyl acrylate crosspolymer）	Pemulen TR 系列主要用作聚合物型乳化剂，可用于润肤乳液、洗面乳、防水防晒乳液、护发素和洗手液等。特别适用于无醇香水和阳离子护肤乳液，可降低阳离子表面活性剂的刺激性，改善产品的外观和用后感。Pemulen TR-1 用于黏度较高的乳液；在 pH=4～5.5 时，可乳化质量分数为 20%的油类。当使用 PemulenTR-1 增稠水时，与 Carbopol 树脂一起使用，可获得较高黏度

名　称	INCI 名称	应用范围
丙烯酸酯/硬脂醇聚氧乙烯醚（20）甲基丙烯酸酯聚合物	丙烯酸（酯）类/硬脂醇聚醚-20 甲基丙烯酸酯共聚物（acrylates/steareth-20 methacrylate copolymer）	主要用于香波、乳液、去头屑香波、淋浴凝胶、泡沫浴、头发定型凝胶、液体皂、无水手用清洁剂和润肤霜等
甘油聚甲基丙烯酸酯聚合物	甘油甲基丙烯酸酯和丙二醇（glyceryl polymethacrylate/propylene glycol）	主要用作保湿剂，流变特性和感官特性改进剂
丙烯酰胺聚合物复配物	聚丙烯酰胺共聚物，C_{13}～C_{14}异烷烃和月桂基聚氧乙烯（7）醚［polyacrylamide (and) C_{13}～C_{14} isoparaffin (and) laureth-7］	SEPIGEL 305 为液态，使用方便，无需中和即可使用；可在很宽 pH 值范围（2～12）内保持稳定性；触感极佳，柔软光滑；在油相中亦有很好的稳定效果；室温下亦可配制膏体、奶液和凝胶；乙醇和一些极性溶剂对黏度影响较小；较广泛地应用于较高档的膏霜（特别含各种活性物，如 AHA 和 BHA）、乳液和凝胶等
甲基葡糖苷聚氧乙烯（120）醚二油酸酯	甲基葡糖苷聚氧乙烯（120）醚二油酸酯（PEG-120 methyl glucose dioleate）	GlucamateDOE-120 主要用作香波和液体皂的增稠剂、乳液的助乳化剂
聚乙烯醇	聚乙烯醇（polyvinyl alcohol）	在化妆品工业中 PVA 主要用作黏合剂、成膜剂、增稠剂、抗再沉积剂和助乳化剂等；可用于配制天然油、脂肪和蜡的稳定乳液，也可配制冷霜、洗涤霜、刮脸霜和面膜等
甲基乙烯基醚/马来酐-癸二烯聚合物	甲基乙烯基醚/马来酐-癸二烯交联聚合物（copolymer of methyl vinyl erher/maleic anhydride-decadiene）	主要用作各类凝胶、膏霜、乳液和水剂的增稠剂，它容易分散，增稠效率比其他高聚物增稠剂高。它不仅可溶于水溶液，而且也可溶于其他溶剂（如乙醇、丙醇和甘油等）。它赋予产品很好的触变性、优良的组织结构和外观以及高的稳定性。其也适用于制造水醇凝胶，如护发和护肤喷雾凝胶
C_{10} 聚氨基甲酰聚乙二醇酯	C_{10} 聚氨基甲酰聚乙二醇酯（C_{10} polycarbamyl polglycol ester）	主要用作增稠剂、稳定剂和悬浮剂，如用于发类制品：烫发剂和护发素；膏霜类制品：医用膏体，美容化妆品，睫毛油膏和含 AHA 膏霜；乳液制品：收缩乳液和止汗液；过氧化物的乳液：抗粉刺乳液（含过氧化苯甲酰），头漂白剂/烫发剂，过氧化氢皮肤消毒剂；此外还可用于阳离子二甲基硅氧烷乳液和防晒用品

（4）无机水溶性聚合物　无机水溶性聚合物是指在水或水-油体系中可分散形成胶体或凝胶的天然或合成的复合硅酸盐。

这类聚合物有很好的悬浮功能、特有的流变性质、良好的温度稳定性、很大的比表面积、对电解质容忍度高、成本低等特点。

常用无机水溶性聚合物见表 3-4，这类原料品种主要包括：硅酸铝镁、水辉石、膨润土、二氧化硅等。

表 3-4　常用无机水溶性聚合物

名　称	INCI 名称	应用范围
水辉石	水辉石（hectorite）	主要应用于增稠剂、悬浮剂稳定乳化体系，具有良好的热稳定性，赋予产品触变性，改善肤感，增强 UV 活性
硅酸铝镁	硅酸铝镁（magnesium aluminum silicate）	主要用作悬浮剂、乳液稳定剂、增稠剂，具有良好的热稳定性，赋予产品触变性，改善肤感
膨润土	膨润土（bentonite）	主要用作悬浮剂，具有触变性和悬浮性。可做乳液稳定剂、压粉类化妆品的黏结剂、湿粉类化妆品的悬浮剂，可赋予产品触变性，并可使气雾剂中活性物均匀输运

 ## 三、油相增稠剂

油相增稠剂是指对油相原料有增稠作用的原料，常用在对油相体系的增稠。这类原料除了熔点比较高的油脂原料以外，还包括三羟基硬脂酸甘油酯和铝/镁氢氧化物硬脂酸络合物。两种原料油相增稠剂见表 3-5。

表 3-5　油相增稠剂

名　称	INCI 名称	应用范围
三羟基硬脂酸甘油酯	三羟基硬脂酸甘油酯（trihydroxystearin）	主要用于棒状制品（唇膏和止汗剂）保持在熔化和静置阶段的均匀性，防止接触时被转移，增加高温的整体性，减少油分迁移；乳液提高 W/O 膏霜的滴点温度，减少脱水收缩，改善乳液稳定性能，冷加工乳化
铝/镁氢氧化物硬脂酸络合物	铝/镁氢氧化物硬脂酸络合物（Al-Mg-hydroxide-stearate）	主要用作 W/O 体系的流变性改进添加剂，稳定性和乳化剂。用于日常护肤膏霜、防晒制品、美容化妆品、湿粉、脱毛剂、止汗剂和隔离霜等

 ## 四、降黏剂

这里不再对降黏剂作详细介绍。降黏的机理往往与增稠机理密切相关，如果某种原料对增黏有负面作用，将可能成为降黏剂。

第三节　增稠体系的设计

 ## 一、增稠体系设计的原则

增稠体系设计应遵循以下几方面原则。

（1）稳定性原则　这是建立增稠体系最重要的目的，也就是保证化妆品的稳定性。若增稠体系设计不能实现产品的稳定性，就失去添加增稠剂的意义。

增稠体系通过三种途径来实现稳定性：改善产品流变特性；增加悬浮力；提高分散性，防止分散体系凝聚。稳定性是否合格主要通过以下方面来体现：化妆品的耐寒、耐热性，不分层，黏度的稳定性，生产、运输的稳定性等。

（2）多种增稠剂复配原则　不管哪种增稠剂都有自身的特点，但也有一些不足，因此，配方师在设计化妆品配方增稠体系时，建议选用不同的增稠体系进行增稠，才能达到优异的效果。

（3）成本最低原则　能达到同等效果的前提下，应选用成本低的增稠体系。当然，也要考虑使用的方便性和降低生产过程能耗作为综合成本计算。

例如：在使用 Carbolpol 作为增稠剂时，Carbolpol 940 使用时不易分散，需提前预制，增加作业时间，从而增加制造成本。若选用 Carbolpol Ultrez 20，可以缩短生产时间，提高劳动效率，降低生产成本。虽然从原料成本上来讲 Carbolpol Ultrez 20 价格比 Carbolpol 940 高，但综合生产成本，还是选用 Carbolpol Ultrez 20 更低，所以选用 Carbolpol Ultrez 20 更为合理。

（4）达到感官要求原则　产品感官表现是通过产品的流变特性来实现。而产品流变特性是通过增稠体系来实现的。产品的感官包括产品肤感、黏腻性、拉丝、膏体柔软性、流动性及稀稠性等方面，这也是设计增稠体系考虑的重要方面。

（5）与包装配套原则　我们在做技术开发时，目的是开发的产品上市，不是纯粹作研究，所以在设计产品时，就必须要考虑内容物包装对内容物的要求。

例如：包装为小口瓶，应考虑黏度低的增稠体系；用泵头的，应考虑设计易剪切变稀的增稠体系。

化妆品配方师在设计化妆品配方的增稠体系时，需准确把握以上五个原则。

二、增稠体系设计及增稠剂的选择

在设计配方的增稠体系时，必须明确选用增稠剂的依据，按此依据进行初步选择，增稠剂选择依据包括以下方面。

（1）不同类型产品增稠体系设计要求见表 3-6。

表 3-6　不同类型产品增稠体系设计要求

序号	产品名称	增稠体系设计依据	选择品种
1	洗面乳	① 增稠体系必须与表面活性剂能很好复配 ② 部分表面活性剂也有增稠的功效	Aculyn 系列、SF-1、Carbolpol Ultrez 20、Carbolpol ETD 2050、GLUCA MATE DOE-120、GLUCAMATE LT、638
2	膏霜（O/W）	① 能形成较大黏度 ② 对内相有很好的悬浮力	Carbolpol 940、Carbolpol U20、Carbolpol Ultrez 21、Carbolpol 934、Carbolpol 980、TR-1、TR-2、EC-1、Cosmedia SP、ATH、Stabylen 30、Veegum、汉生胶、HEC

序号	产品名称	增稠体系设计依据	选择品种
3	膏霜（W/O）	能在油相里面增稠的增稠剂	气相二氧化硅、硅酸铝镁
4	乳液	① 能形成较低黏度 ② 选择节流性比较好的增稠剂 ③ 选择触变性比较好的增稠剂	Carbolpol ETD 2050、Carbolpol Ultrez 20、Carbolpol Ultrez 10、Carbolpol 934、Carbolpol 941、TR-1、TR-2、EC-1、Cosmedia ATH、Stabylen30、汉生胶、HEC
5	啫喱	① 能形成较大黏度 ② 选择透明性好的增稠剂 ③ 具有一定悬浮能力的增稠剂	Carbolpol 940、Carbolpol Ultrez 20、Carbolpol Ultrez 21、Cosmedia SP、AVC
6	爽肤水	① 选择透明性好的增稠剂 ② 有一定的悬浮性，避免某些活性成分析出及沉底	HEC、羟丙基纤维素、透明质酸、Carbolpol 940
7	洗发水	① 增稠体系必须与表面活性剂能很好复配 ② 部分表面活性剂也有增稠的功效	Aculyn 系列、SF-1、638
8	沐浴露	① 增稠体系必须与表面活性剂能很好复配 ② 部分表面活性剂也有增稠的功效	Aculyn 系列、SF-1、638
9	护发素	① 选择在较低 pH 增稠的增稠剂 ② 能与阳离子表面活性剂相配伍	U300、CTH、Carbolpol Ultrez 20、Carbolpol Aqua CC

（2）在不同的 pH 范围内，选用的增稠体系有所不同，具体要求见表 3-7。

表 3-7 不同 pH 范围的增稠体系设计要求

序号	pH	增稠体系设计依据	选择品种
1	小于 4.0	① 能在酸性条件下增稠的增稠剂 ② 选择不用中和的增稠剂	U300、CTH、Carbolpol Aqua CC
2	4.0～10.0	可以选择需要中和的增稠剂	Carbolpol 940、Carbolpol Ultrez 20、Carbolpol Ultrez 21、Carbolpol 934、Carbolpol 980、TR-1、TR-2、EC-1、Cosmedia SP、ATH、Stabylen 30、Carbolpol ETD 2050、Carbolpol 941
3	10.0～12.0	选择在高 pH 下不会变稀的增稠剂	Veegum 系列、Carbolpol 941

（3）不同离子浓度条件下，要求的增稠体系也不一样，见表 3-8。

表 3-8 不同离子浓度下的增稠体系设计要求

序号	离子浓度	增稠体系设计依据	选择品种
1	高离子浓度含量	选择能耐离子的增稠剂	CarbolpolUltrez20、CarbolpolUltrez21、TR-2、EC-1、AVC
2	低离子浓度含量	不用考虑是否耐离子，选择起来比较方便	Carbolpol940、Carbolpol934、Carbolpol980、CosmediaSP、ATH、Stabylen30

（4）不同黏度要求的增稠体系设计要求见表 3-9。

表 3-9　不同黏度要求的增稠体系设计要求

序号	黏度范围/mPa·s	增稠体系设计依据	选择品种
1	500～5000	根据增稠剂的增稠黏度性质及所需含量选择增稠剂（0.5%含量）	Carbolpol 910
2	4000～11000	根据增稠剂的增稠黏度性质及所需含量选择增稠剂（0.5%含量）	Carbolpol 941
3	30000～40000	根据增稠剂的增稠黏度性质及所需含量选择增稠剂（0.5%含量）	Carbolpol 934
4	40000～60000	根据增稠剂的增稠黏度性质及所需含量选择增稠剂（0.5%含量）	Carbolpol 940

（5）不同添加剂对增稠体系也有特殊的要求，见表 3-10。

表 3-10　不同添加剂对增稠体系的设计要求

序号	特殊原料	增稠体系设计依据	选择品种
1	植物提取物	有的植物提取物离子含量较高，选择耐离子的增稠剂	CarbolpolUltrez20，CarbolpolUltrez21，TR-2EC-1，AVC
2	密度比较大的原料	选择悬浮能力好的增稠剂	Veegum

（6）不同感观指标对增稠体系设计要求见表 3-11。

表 3-11　不同感观指标对增稠体系的设计要求

序号	感官特殊要求	增稠体系设计依据	选择品种
1	黏度很大的体系	选择高黏度的增稠剂	Carbolpol940
2	喷雾乳液	① 选择在黏度很稀的体系下能稳定体系的增稠剂 ② 能剪切变稀的增稠剂	Carbolpol910

三、增稠体系的优化

增稠体系的优化是指对设计的增稠体系，在设计指导原则基础上，对体系进行优化组合，以达到设计的要求。

1. 增稠剂品种的优化

（1）几种增稠剂进行复配　不同的增稠剂其作用效果不同，很多增稠剂之间能达到协同作用的效果，既可提高其溶液的黏度，还可提高它们的其他特性。

例如：瓜尔豆胶与黄原胶复配使用，不仅可以提高黏度，还可提高其酸性溶液的稳定性。

（2）不同增稠机理的增稠剂进行复配　不同增稠机理的增稠剂进行复配，能达到很好的效果，这是因为体系在多重增稠机理作用下，能形成更好的稳定体系。利用此方法优化增稠体系，既可提高产品的功效，又能降低成本，符合增稠体系设计原则。

例如：Carbolpol 934 和 HEC 增稠机理完全不同。0.2%Carbolpol 934（用 NaOH 中和）溶液黏度能达到 3080mPa·s，1.5%HEC（Natrosol 250）溶液黏度能达到 13250mPa·s，当 0.2%Carbolpol 934（用 NaOH 中和）和 1.5%HEC（Natrosol 250）互配成溶液时，其黏度能达到 66400mPa·s，从黏度数值能很清楚地看到它们之间的协同作用效果。

（3）选用具有提升产品功能性的增稠剂进行复配　在前面提到的带阳离子官能团的增稠剂，可在设计洗发水配方中选用，其既可增加产品的黏度，又可提高产品的调理性。

例如：设计洗发水的增稠体系时，就可选用 Aculyn 22 和瓜尔胶羟丙基三甲基氯化铵复配增稠体系。其中 Aculyn 22 主要起增稠的作用，瓜尔胶羟丙基三甲基氯化铵既起到增稠的作用，又起到调理头发的作用。这种复配优化，既提高产品的功效，又可降低成本，符合增稠体系设计原则。

2．增稠剂使用量和比例的优化

在使用增稠剂的过程中，要对增稠剂的性能掌握清楚，包括使用量与黏度的关系等诸多方面。

例如：在使用 Carbolpol 940 时，黏度随着浓度增加而增加，当浓度为 0.5%、pH=7.0 时，黏度基本达到最大值，再增加浓度时，黏度增加比较小。所以在需要较大黏度时，优化的配方中 Carbolpol 940 最大使用浓度应选用 0.5%。

另一方面，在使用多种增稠剂复配的增稠体系时，需要对复配增稠体系的原料比例进行优化，以达到设计原则。具体见表 3-12。

表 3-12　复配增稠体系原料配比优化表

有机增稠剂		VENGEL/有机增稠剂质量比
聚丙烯酸酯类	聚丙烯酸酯　Carbomers	（10∶1）～（1∶1） （10∶1）～（1∶1）
纤维素类	羧甲基纤维素钠	（10∶1）～（1∶1）
	羧乙基纤维素	1∶1
	羧丙基纤维素	1∶1
	羧丙基甲基纤维素钠	1∶1
	甲基纤维素	1∶1
天然胶类	黄蓍胶	（10∶1）～（1∶1）
	鹿角菜胶	（10∶1）～（1∶1）
	海藻酸钠	（2∶1）～（1∶1）
	羟丙基瓜尔胶	1∶1
	阿拉伯胶	（4∶1）～（2∶1）
	黄蓍胶	（9∶1）～（2∶1）

以上增稠剂复配，增稠效果最好，所以在配方中选用以上配比来设计增稠体系。

3. 优化增稠体系的试验方法

一般使用两种方法来优化，即对比法和正交法。

（1）对比法　对比法是指通过使用不同增稠剂、同种增稠剂不同浓度或不同增稠剂的不同比例来试验，经过测试结果对比，找到最佳的增稠剂、同种增稠剂浓度或不同增稠剂的不同比例值。

操作方法：在其他条件相同，增稠剂种类、浓度或比例不同的情况下设计配方，进行试验，然后测得试验结果，将结果绘制成图形曲线，通过图形找到最佳值，从而达到优化的目的。

这种方法适用于考察因素少的试验，并且，能快速对增稠体系进行优化。如果考察因素多，就建议使用正交法。

（2）正交法　正交法是指同时考察多种增稠剂、多种浓度来找到最佳增稠体系种类和配比的方法。

操作方法：通过选择不同的增稠剂和不同的浓度作为考察因素来设计正交表，再按照正交表的内容进行试验，再测得试验结果，通过试验结果来找到最佳结果，从而达到优化的目的。

这种方法适用于同时考察多个因素的试验。但试验个数比较多，工作量比较大。

第四节　增稠体系设计注意事项

一、时间的影响

（1）增稠剂的黏度随时间有变化　有些增稠剂的黏度会随着时间的增长，其溶液的黏度降低。如果应用于化妆品中，会直接影响产品的保质期和稳定性。

（2）增稠剂在体系中的稳定性　有些增稠剂在体系中容易降解或与体系中其他原料发生化学反应，导致化妆品的黏度、颜色或其他状态发生变化，从而直接影响化妆品的稳定性。

（3）体系中微生物对增稠剂的降解　有些天然的增稠剂易在微生物的作用下发生降解，从而影响产品的稳定性。

二、原辅料的影响

（1）酸碱对增稠体系的影响　不同的增稠剂对酸碱的影响不一，当 pH 值过低或过高时，就必须选用酸性或碱性增稠剂，才能达到设计效果。

（2）离子浓度对增稠体系的影响　增稠剂的耐离子性能不同，有的能对一价离子有耐受力，有的还能对二价或三价离子有耐受力。在设计增稠体系时都必须予以考虑。

（3）防腐剂对增稠体系的影响　部分防腐剂对增稠剂有很大的破坏作用，与增稠剂不配伍。在设计增稠体系时，也需重点考虑。

 ## 三、活性添加剂对增稠体系的影响

由于活性添加剂的组分复杂，离子浓度大或者密度大，在设计增稠体系时，也需重点考虑。例如，在添加离子浓度大（即电导率高）的活性添加剂时，应考虑添加耐离子型增稠剂，如 CarbopolUltrez20。

 ## 四、香精对增稠体系的影响

香精多为乙醇体系、多元醇体系或油性体系，这些体系都可能给增稠体系带来影响，所以也必须考虑。

 ## 五、工艺的影响

（1）添加温度对增稠体系的影响　部分增稠剂可能在高温条件下出现增稠失效的情况。这类增稠剂一定要注意其添加温度，以保证其增稠效率和稳定性。

（2）在高温存放的时间对增稠体系的影响　部分增稠剂可能在高温情况下出现黏度不可逆现象。这类增稠剂一定要注意其保存温度，以保证其增稠效率和稳定性。

（3）均质剪切应力对增稠体系的影响　有些增稠剂遇强的剪切应力，出现黏度不可逆的特性。那么增稠剂就应该在均质完以后加入。

（4）搅拌装置对增稠体系的影响　由于不同增稠剂的水合难易不同，水合时间和搅拌分散方式有密切相关，搅拌装置的结构直接影响分散方式，所以搅拌装置对增稠体系存在影响，在设计增稠体系和工艺时就必须考虑。

 ## 六、合法性问题

（1）选用的增稠剂品种应符合要求　所选用的增稠剂必须在国家规定范围内，不得超出规定。

（2）选用的增稠剂的级别应符合要求　选用的增稠剂必须是化妆品以上级别。在化妆品中可使用的级别：化妆品级、药用级和食品级。工业级的增稠剂不允许用于化妆品中。

（3）选用的增稠剂检验标准符合要求　像其他原料一样，符合上面两个要求的增稠剂，可以用于化妆品中，但在生产过程中，使用的增稠剂必须符合原料标准的各项指标，否则，可能带来重大的质量问题。

第五节　设计结果评价

化妆品的种类繁多，各种化妆品对流变特性的要求差别较大。从化妆品的开发、生产、灌装过程到使用性能和感观性质都与流变特性有密切的关系，因此，对化妆品的流变特性的评价极其重要。具体在产品开发、生产监控等诸多方面。根据不同阶段，要求的严格性也各不相同，所使用的方法也各不相同。下面就介绍两种不同的测试和评价的方法，包括：感观测试、简易测试。

一、感官测试

感观测试是指通过感观来对样品的流变特性进行测试的方法。主要包括：目视测试和触感测试。这类测试方法能快速进行，不需要仪器，并且不受条件的限制，能有效提高工作效率，降低成本。

1. 目视测试

目测试是通过眼睛观察，对于测试样品简单测试的测试方法。一般适用于试验开发阶段和生产过程中的初步测试阶段，常常是几个样品间的对照和比较时采用此方法，但是不适用于最终评价。

2. 触感测试

触感测试是指通过手对测试样品的触感来进行测试的方法。一般适用于试验开发阶段和生产过程中的初步测试阶段，常常是几个样品间的对照和比较时采用此方法，同样不适用于最终评价。

二、简易测试

简易测试是指通过简易的工具对样品的流变特性进行测试的方法。一般适用于试验开发阶段和生产过程中的初步测试阶段。这类方法可以通过数字来表现出来，在数值表现过程中，必须注明工具的型号、测试条件（如温度等），可作为最终评价。

简易测试方法包括：气泡测试法、杯式测试法及落球测试法等。

第六节 设计举例

一、啫喱配方设计

啫喱是通过增稠剂进行增稠的水剂体系。黏度稳定性是反映产品稳定性的重要指标。因此，增稠剂选择对于体系稳定尤为重要。

增稠剂的黏度稳定性与添加的配方组分密切相关，尤其容易受到离子浓度、pH 值等因素的影响。如配方体系中添加天然提取物，其离子浓度较大，选用的增稠剂必须耐离子性要强，才能达到增稠的效果，保证体系的稳定。

下面以添加芦荟粉的护肤啫喱配方设计为例进行介绍，配方见表 3-13。该配方选用耐离子性增稠剂 CarbopolUltrez20 作为增稠体系。

表 3-13　护肤啫喱配方

原料名称	添加比例/%	作用说明
CarbopolUltrez20	0.70	增稠体系
芦荟粉	0.50	
尿囊素	0.20	
海藻糖	2.00	
燕麦提取物	4.00	
泛醇	0.30	
丙二醇	4.00	
甘油	4.00	
水溶霍霍巴油	0.50	
1%日落黄	0.04	
10%氢氧化钠	1.70	
LiquidGermallplus	0.70	
人参香精	0.025	
增溶剂	0.125	
去离子水	加水至 100	

二、洗发水配方设计

在洗发水配方设计过程中，增稠体系设计主要基于以下目的：一是为一定黏度（6～10Pa·s）的洗发水提供良好的洗涤方便性；二是悬浮部分活性粒子（如去屑剂 ZPT 和硅油）等。从而有效保证洗发水的稳定和使用方便性。

在设计洗发水的增稠体系时，要考虑到添加的相关成分同样有增稠效果，如C14S 和非离子型表面活性剂，其他只起增稠作用的增稠剂的使用量可适量减少。表 3-14 是洗发水配方，体现了增稠体系的设计思想。

表 3-14　洗发水配方

原料名称	添加比例/%	作用说明
C14S	0.20	增稠体系
JR400	0.10	增稠体系
U20	0.30	增稠体系
EDTA	0.10	
6501	2.50	增稠体系
混合醇	0.50	增稠体系
AES 复合铵盐	9.00	
AES	10.00	
TC90	0.50	
CAB	3.00	
DC1785	1.00	
DC7137	3.00	
珠光浆	6.00	
柠檬酸	0.10	
灿烂香精	0.30	
卡松	0.05	
DMDMH	0.30	
去离子水	加水至 100	

第四章

Chapter 4

抗氧化体系设计

由于化妆品体系中原料比较复杂，配方中常含有油脂和其他易被氧化的成分，配方中需要建立完善的抗氧化体系，防止产品因氧化而变质。

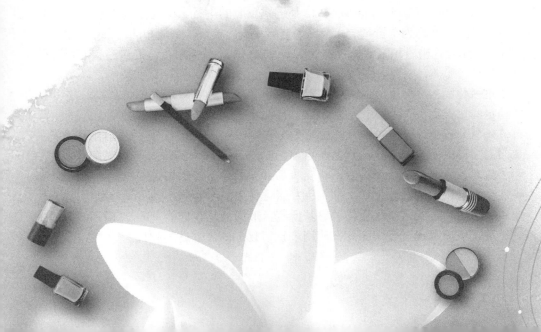

大多数化妆品中都含有各类脂肪、油和其他有机化合物，化妆品在制造、贮存和使用过程中这些物质会变质。引起变质的原因主要是微生物作用和化学作用两个方面，微生物对化妆品的作用，我们将在第五章防腐体系设计中讨论。本章主要讨论化学作用，尤其是氧化作用引起的化妆品变质问题。化妆品中易被氧化的物质主要是动植物油脂中含有的不饱和脂肪酸。

氧化变质主要是光照或与空气中的氧接触引起的氧化作用。通常表现为使产品变酸，但产生有害物质较少，这种变质通常称为酸败。化妆品用抗氧化剂是防止化妆品成分氧化变质（酸败）的一类添加剂。在配方体系中抗氧化添加剂组分体系的作用是防止化妆品的氧化变质，保证产品质量，这个组分体系，我们称之为抗氧化体系。抗氧化体系的存在可有效防止化妆品中不饱和油脂（含有不饱和脂肪酸的油脂）的氧化作用。

第一节　油脂的氧化和抗氧化原理

一、油脂抗氧化原理

油脂中的不饱和酸酯因空气氧化而分解成低分子羰基化合物（醛、酮、酸等），具有特殊气味。油脂的氧化酸败是在光或金属等催化下开始的，具有连续性的特点，称为自动氧化。

油脂的氧化酸败过程，一般认为是按游离基（自由基）链式反应进行的，其反应过程包括链的引发、链的传递与增长和链的终止三个阶段。影响油脂氧化的因素除了油脂的脂肪酸组成外，还有氧气、温度、光照、水分、金属离子和微生物等。其中，氧气是造成酸败的主要因素，氧含量越大，酸败越快。

抗氧剂的作用在于它能抑制自由基链式反应的进行，即阻止链增长阶段的进行。这种抗氧剂称为主抗氧剂，也称为链终止剂。链终止剂能与活性自由基 R·、ROO· 等结合，生成稳定的化合物或低活性自由基，从而阻止链的传递和增长，例如：胺类、酚类、氢醌类化合物等。同时，为了能更好地阻断链式反应，以及阻止分子过氧化物的分解反应，需要加入能够分解过氧化物 ROOH 的抗氧剂，使之生成稳定的化合物，从而阻止链式反应的发展。这类抗氧剂称为辅助抗氧剂，或称为过氧化氢分解剂，它们的作用是能与过氧化氢反应，转变为稳定的非自由基产物，从而消除自由基的来源。属于这一类抗氧剂的有硫醇、硫化物、亚磷酸酯等。

抗氧剂应具有低浓度有效、与化妆品安全共存、对感官无影响、无毒无害等特性。抗氧化剂的功能主要是抑制引发氧化作用的游离基，如抗氧化剂可以迅速地和脂肪游离基或过氧化合物游离基反应，形成稳定、低能量的产物，使脂肪的氧化链式反应不再进行，因此在应用中抗氧化剂的添加越早越好。

一般说来，有效的抗氧剂应该具有以下结构特征：①分子内具有活泼氢原子，而且比被氧化分子的活泼氢原子要更容易脱出，胺类、酚类、氢醌类分子都含有这样的氢原子；②在氨基、羟基所连的苯环上的邻、对位引进一个给电子基团，如烷基、烷氧基等，则可使胺类、酚类等抗氧剂 N—H、O—H 键的极性减弱，容易释放出氢原子，而提高链终止反应的能力；③抗氧自由基的活性要低，以减少对链引发的可能性，但又要有可能参加链终止反应；④随着抗氧剂分子中共轭体系的增大，使抗氧剂的效果提高，因为共轭体系增大，自由基的电子的离域程度就越大，这种自由基就越稳定，而不致成为引发性自由基；⑤抗氧剂本身应难以被氧化，否则它自身受氧化作用而被破坏，起不到应有的抗氧作用；⑥抗氧剂应无色、无臭、无味，不会影响化妆品的质量。另外，无毒、无刺激、无过敏性更是必要的。同时与其他成分相容性好，从而使组分分散均匀而起到抗氧的作用。

 ## 二、常见抗氧化剂

抗氧化剂按化学结构大体上可分为以下 5 类。

（1）酚类　2,6-二叔丁基对甲酚、没食子酸丙酯、去甲二氢愈创木脂酸等、生育酚（维生素 E）及其衍生物。

（2）酮类　叔丁基氢醌等。

（3）胺类　乙醇胺、异羟酸、谷氨酸、酪蛋白及麻仁蛋白、卵磷脂、脑磷脂等。

（4）有机酸、醇及酯　草酸、柠檬酸、酒石酸、丙酸、丙二酸、硫代丙酸、维生素 C 及其衍生物、葡萄糖醛酸、半乳糖醛酸、甘露醇、山梨醇、硫代二丙酸双月桂醇酯、硫代二丙酸双硬脂酸酯等。

（5）无机酸及其盐类　磷酸及其盐类，亚磷酸及其盐类。

上述五类化合物中，前三类抗氧剂主要起主抗氧剂作用，后两类则起辅助抗氧剂作用，单独使用抗氧化效果不明显，但与前三类配合使用，可提高抗氧化的效果。

抗氧化剂按溶解性可分为油溶性和水溶性抗氧化剂，如表 4-1 所示。表 4-2列出了化妆品常用的抗氧化剂。

表4-1　化妆品氧化剂按溶解性分类

水溶性抗氧化剂		
亚硫酸钠 亚硫酸氢钠 焦亚硫酸钠 硫代硫酸钠	丙酮合焦亚硫酸钠 甲醛合次硫酸氢钠 抗坏血酸 异抗坏血酸	硫甘油 硫山梨醇 硫基乙酸 半胱氨酸
油溶性抗氧化剂		
抗坏血酰棕榈酸酯 氢醌 没食子酸丙酯	正二氢愈创酸 2，6-二叔丁基对甲酚（BHT） 叔丁基氢基茴香醚（BHA）	α-生育酚 苯基-α-萘基 卵磷脂

表4-2 化妆品常用抗氧化剂

名称	INCI 名称（中文）	INCI 名称（英文）	属类	简　介	参考用量
丁基羟基茴香醚	丁羟茴醚	BHA	酚类抗氧化剂	为稳定的白色蜡状固体，长期贮存会逐渐变成黄色，略带有石炭酸刺激味，当含有不纯物时，其色、味变化较为迅速。不溶于水，易溶于油脂，对热相对稳定。在化妆品中很少单独使用，常与 BHT 合并使用，与没食子酸丙酯、柠檬酸、丙二醇等配合使用抗氧化效果更佳，常以 20%的 BHA、6%的没食子酸丙酯、4%的柠檬酸与 70%的丙二醇一起混合，作为商品抗氧化剂使用。但它对敏感皮肤仍有些刺激性，且遇铁离子会变色	0.005%～0.02%
二丁基羟基甲苯	丁羟甲苯	BHT	酚类抗氧化剂	为油溶性抗氧剂，BHT 为无臭（或微弱）、无味、无色或白色结晶（或粉末），不溶于水、甘油、丙二醇、碱等，可溶于无水酒精、棉子油、猪油等。BHT 无毒，对光、热稳定，熔点为 68.5～70.5℃，价格低廉，其抗氧效果好，对矿物油脂的抗氧性更好。它是一种很有效的抗氧剂，可单独应用于含有油脂、蜡的化妆品中，BHT 也可与其他抗氧剂合并使用	0.05%～0.01%
没食子酸丙酯	棓酸丙酯	Propyl Gallate	酚类抗氧化剂	没食子酸丙酯为白色或微浅黄色结晶粉末，熔点 146～150℃，无臭，稍有苦味，无毒，易溶于醇和醚，在水中的溶解度约为 0.1%，对热相当稳定，但光线能促进其分解，最大允许浓度为 0.1%（质量分数）。一般与 BHT、BHA 和柠檬酸等复配使用，起增效作用	0.005%～0.15%
生育酚/Tenox	生育酚（维生素 E）	Tocopherol	酚类抗氧化剂	生育酚，又称为维生素 E，为红色至红棕色黏液，略有气味，不溶于水，溶于乙醇、丙酮和植物油。对热和光照均稳定。在自然界中存在于植物种子内。生育酚为人体所不可缺少的一种维生素，对人体有调节性机能作用。同时，也是一种理想的天然抗氧化剂，具有防止油脂及维生素 A 被氧化的作用。经氧化后则失去了维生素 E 功效。它是矿物油脂如白（石）蜡油、凡士林等的最佳抗氧化剂。柠檬酸和抗坏血酸对生育酚的抗氧化作用有增效作用。天然生育酚的抗氧化效果比合成生育酚强，在同样的稳定性条件下，天然生育酚用量只需合成生育酚的一半。生育酚耐热性好，还具有耐酸性，但不耐碱的作用。主要用作食品和高级化妆品的抗氧化剂	0.01%～0.1%
Tenox TBHQ	t-丁基氢醌	TBHQ	醌类抗氧化剂	为白色至淡棕色结晶，稍有气味。TBHQ 的抗氧化效力远比 PG，BHT，BHA 和生育酚强。最高使用限量为 0.02%（质量分数），规定不能与没食子酸丙酯复配使用	0.01%～0.02%

名称	INCI 名称（中文）	INCI 名称（英文）	属类	简　介	参考用量
维生素 C	抗坏血酸（维生素 C）	Ascorbyl Acid	抗坏血酸衍生物	主要用作抗氧化增效剂，终止游离基的氧化过程。与卵磷脂和生育酚复配时，有增效作用。抗坏血酸的生理活性较异抗坏血酸强 20 倍，然而，抗氧化作用异抗坏血酸较强，价格也较低廉，但耐热性差	0.1%～0.5%
维生素 C棕榈酸酯	抗坏血酸二棕榈酸酯	Ascorbyl Dipalmitate	抗坏血酸衍生物	L-抗坏酸酸棕榈酸酯是由 L-抗坏酸酸和棕榈酸酯化而成的一类新型营养性抗氧化剂，不仅保留了 L-抗坏酸酸抗氧化特性，且在动植物油中具有相当的溶解度。L-抗坏酸酸棕榈酸酯是最强脂溶性抗氧化剂之一，具有安全、无毒、高效、耐热等特点，同时还具有乳化性和抑菌活性。是一种非常具有应用前景的抗氧化剂	0.5%～2%
Evanstab	二月桂醇硫代二丙酸酯	Dilauryl Thio-dipropionate	有机酸酯，辅助抗氧化剂	主要用作辅助抗氧化剂	

三、天然抗氧化剂

在化妆品中，天然抗氧化剂的应用也越来越广泛。抑制油脂氧化的天然抗氧化剂根据作用机理可以分为自由基吸收剂、金属离子螯合剂、氧清除剂、单线态氧淬灭剂、氢过氧化物分解剂、紫外线吸收剂以及酶抗氧化剂等。天然抗氧化剂具有安全性高、抗氧化能力强、无副作用、防腐保鲜等特点。常用的天然抗氧化剂主要有以下几大类。

1. 黄酮类化合物

黄酮类化合物通过两种氧化作用机理发挥作用：①螯合金属离子；②充当自由基的接受体。如：黄酮醇和香豆酸可以提供氢原子给过氧化氢自由基，阻断自由基的连锁反应。

黄酮类天然抗氧化剂举例如下。

（1）花生壳萃取物　花生壳萃取物具有抗氧化活性组分 3,4,5,7-四羟基黄酮，是一种自动氧化的自由基抑制剂，其抗氧化活性相当于 BHT（丁羟甲苯），高于生育酚。

（2）甘草提取物　甘草提取物中，甘草查尔酮 A、甘草查尔酮 B 和甘草异黄酮具有较强的清除自由基和抑制酶促氧化的作用。

（3）原花青素　原花青素是目前国际上公认的清除人体内自由基非常有效的天然抗氧化剂。原花青素对油脂体系具有良好的抗氧化作用，对油脂氧化抑制效果显著。卵磷脂和维生素 E 对原花青素有很好的增效作用。尤其与维生素 E 的复配，能将油酸的诱导期延长 14.7 倍，将猪油的诱导期延长 3.6 倍。在抑制脂肪氧合酶活性方面，原花青素与茶多酚有着相同的效果。

（4）其他物质　此外，高良姜中的高良姜精、槐米中的芦丁、牛至草中的芹菜素，以及锦地罗中的槲皮素等均属于黄酮类化合物，它们对油脂的抗氧化能力都相当于 BHT 或高于 BHT。

2．多酚类化合物

多酚类抗氧化剂最常见的为茶多酚类化合物，其抗氧化活性是 BHA（丁羟茴醚）的 2.6 倍，是维生素 E 的 3.6 倍。由于茶多酚是水溶性的，在油脂中的溶解度很低，影响其抗氧化效果，所以常常通过改性使其转变为油溶型，从而增强它的实用性。

3．植物单宁

单宁的抗氧化性与分子结合形式有关。当单宁分子结合单元以可水解的酯键、苷键结合时，分子抗氧化能力强；而当以碳碳键结合时，分子抗氧化能力大大下降。单宁与维生素 C、维生素 E 还具有协同抗氧化作用。单宁的抗氧化机理表现在两个方面：一是通过还原反应降低环境中的氧含量，二是通过作为氢共体释放出氢与环境中的自由基结合，中止自由基引发的连锁反应，从而阻止氧化过程的继续进行。

4．抗氧化肽

抗氧化肽主要来自动植物蛋白和其水解产物。

（1）大豆肽　大豆肽是大豆蛋白经酶促水解后，形成的一定分子量范围的多肽。大豆肽不仅具有较强的抑制自由基反应的能力，还能够抑制脂肪氧合酶的活性。大豆肽对大豆脂肪氧合酶活性的抑制作用可能通过以下途径来实现：①络合酶的活性部位 Fe^{3+}；②与底物竞争酶的活性部位；③与酶分子之间的相互作用而影响或改变酶的空间结构，从而降低酶的活性。

（2）谷胱甘肽　谷胱甘肽是由谷氨酸、半胱氨酸和甘氨酸构成的三肽化合物，简称 GSH。谷胱甘肽的抗氧化作用通过以下途径来实现：①阻断自由基；②结合 H_2O_2；③清除酯类过氧化物。谷胱甘肽分子中有还原态的巯基—SH，因此具有抗氧化性能，能够有效帮助清除自由基，有效防止机体衰老。

5．花色苷类

花色苷类是存在于果蔬中的一些天然色素，具有典型的类黄酮结构，其苷元为花青素，有良好的抗氧化和清除自由基能力。花色苷的抗氧化活性可能通过以下途径来实现：①可与自由基发生抽氢反应，终止自由基链式反应，达到抗氧化的目的；②花色苷还可以通过螯合可作为自由基反应（如 Fenton 反应）催化剂的过渡金属元素（如铁，铜等）来抑制脂质过氧化和其他氧化修饰反应。

第二节 化妆品抗氧化体系的设计

 一、化妆品抗氧化剂复配

化妆品抗氧化体系的要求有：①在较宽广的 pH 值范围内有效，即使是微量或少量的存在，也具有较强的抗氧化作用；②无毒或低毒性，在规定用量范围内可安全使用；③稳定性好，在贮存和加工过程中稳定，不分解、不挥发，能与产品的其他原料配伍，与包装容器不发生任何反应；④在产品被氧化的相（油相和水相）中溶解，本身被氧化后的反应产品应无色、无气味且不会产生沉淀；⑤成本适宜。

1. 两种以上抗氧化剂复配

单一的抗氧化剂要想全部满足上述条件是很困难的，因此，一般采用多种抗氧化剂复配方式。复配抗氧化剂有下列优点：①复配的几个抗氧化剂主剂可以产生协同作用；②便于使用，增强抗氧化剂的溶解度及分散性；③改善应用的效果；④抗氧化剂和增效剂复合于一个成品中以发挥协同作用；⑤减少抗氧化剂的失效倾向。

比如：一般情况下，常把抗坏血酸及其酯类与生育酚合用。当两种抗氧化剂合用时，会明显提高抗氧化效果，这是因为不同的抗氧化剂在不同油脂氧化阶段，能分别中止某个油脂氧化的链锁反应。

2. 抗氧化剂和增效剂复配

有些物质，其本身虽然没有抗氧化作用，但是和抗氧化剂复配后，却能增强抗氧化效果，如酒石酸、柠檬酸、苹果酸、葡萄糖醛酸、乙二胺四乙酸（EDTA）等，特别是增强阻滞自氧化反应的抗氧化剂效力，这些物质通常被称为增效剂。例如用 AOM 法（97.8℃，输送空气）试验橄榄油的稳定性，到达酸败临界点（植物油的过氧化值为 70mmol/kg）的时间，对照组为 6.5h，加 0.02%TBHQ 者为 12.5h，除 TBHQ 外另加 0.01%柠檬酸者为 57h。在 21℃储存橄榄油的结果是对照组 42 天，加 0.02%TBH 的 2 组为 88 天，而另加 0.01%柠檬酸者超过 103天。猪油在室温下达到动物油酸败临界点（过氧化值 20mmol/kg）的时间，对照组为 45 天，加入 0.01 生育酚后可延至 210 天，再加入 0.005%柠檬酸则可延至 294 天。

同时，某些增效剂还能与金属离子作用形成稳定的螯合物（如 EDTA），而使金属离子不能催化氧化反应，对促进氧化的金属离子起钝化作用，从而也达到抑制氧化反应的作用。常见抗氧化增效剂和增效复配见表 4-3。

第四章 抗氧化体系设计

表4-3　常见复配增效体系

抗氧化剂	抗氧化剂（质量分数）/%	增　效　剂
没食子酸丙酯	0.005～0.15	柠檬酸和磷酸
α-生育酚	0.01～0.1	柠檬酸和磷酸
正二氢愈创酸（NDGA）	0.001～0.01	抗坏血酸、柠檬酸、磷酸和BHA
氢醌	0.05～0.1	卵磷脂、柠檬酸、磷酸、BHA、BHT
2，6-二叔丁基对甲酚（BHT）	0.005～0.01	柠檬酸、磷酸、卵磷脂、BHT、NDGA
叔丁基对羟基茴香醚（BHA）	0.01	柠檬酸、磷酸，可加至BHT和BHA质量的2倍

二、化妆品抗氧化体系设计

1．抗氧化剂的筛选和初步用量的确定

　　一种抗氧化剂并不能对所有的油脂都具有明显的抗氧化作用，一般对某一种油脂有突出的作用，而对另一种油脂抗氧化作用较弱。因此配方中筛选抗氧化剂时，首先必须知道配方中的油脂种类，根据每种抗氧化剂的特性，进行针对性筛选。例如，配方中含有动物性油脂，可选用酚类抗氧化剂如愈创树脂和安息香，而不宜选用生育酚，因为愈创树脂和安息香对动物脂肪最有效，生育酚则无效；再如，植物油宜选用柠檬酸、磷酸和抗坏血酸等；抑制白矿油氧化可选用生育酚。

　　根据筛选出来的抗氧化剂的使用浓度范围和配方中相应的油脂的用量，初步确定抗氧化剂的用量。图4-1为抗氧化体系设计流程。

图4-1　抗氧化体系设计流程

2．抗氧化剂的复配组方

　　（1）初步组合　针对配方中的不同油脂选用的抗氧化剂进行合理的组方，如果不同的抗氧化剂之间存在拮抗作用，就需要更换其中一方的抗氧化剂。同时考虑，主抗氧化剂和辅助抗氧化剂的合理搭配和增效的作用。

　　（2）配方稳定性考查　主要是考查组方在产品体系中的稳定情况，以及对产品体系的影响情况。

　　（3）将合理的组合加入产品中，考查抗氧化效果，选出最合理组合。

3．用量确定和体系优化

　　当氧化剂必须进行系列的试验，对多种组合进行试验验证和优化，从而最终确定一个最佳的抗氧化体系。

第三节　生产过程中抗氧化控制

为了保证抗氧化效果，在化妆品的生产过程中要注意以下因素的控制。

1．氧气

氧作为酸败反应底物之一，起着重要的影响，氧含量越大，酸败越快，因此氧气是造成酸败的主要因素，在生产过程、化妆品的使用和贮存过程中都可能接触空气中的氧，因而氧化反应的发生是不可避免的。

2．温度

温度每升高 10℃，酸败反应速度增大 2～4 倍。此外，高温会加速脂肪酸的水解反应，提供了微生物的生长条件，从而加剧酸败，因此低温条件有利于减缓氧化酸败。

3．光照

某些波长的光对氧化有促进作用。例如，在储藏过程中，短波长光线（如紫外光）对油脂氧化的影响较大。所以，避免直接光照或使用有颜色的包装容器可以消除不利波长的光的影响。

4．水分

水分活度对油脂的氧化作用影响很复杂，水分活度特高或特低都会加速酸败，而且较大水分活度还会使微生物的生长旺盛，它们产生的酶，如脂肪酶可水解油脂，而氧化酶则可氧化脂肪酸和甘油酯。因此，过多的水分可能会引起油脂的水解，加速自动氧化反应，也会降低抗氧剂如酚、胺等的活性。

5．金属离子

某些金属离子能使原有的或加入的抗氧剂作用大大降低，还有的金属离子可能成为自动氧化反应的催化剂，大大提高过氧化氢的分解速度，表现出对酸败的强烈促进作用。另外，金属离子的存在，使得抗氧化剂对油脂的抗氧化性能大大降低。如浓度为 $2\mu g/g$ 的 Fe^{3+} 可使酚类和醌类抗氧化剂的抗氧化活性几乎完全丧失。这些金属离子主要有铜、铅、锌、铝、铁、镍等离子。所以，制造化妆品的原料、设备和包装容器等尽量避免使用金属制品或含有金属离子。

6．微生物

霉菌、酵母菌和细菌等微生物都能在油脂性介质中生长，并能将油脂分解为脂肪酸和甘油，然后再进一步分解，加速油脂的酸败。这也是化妆品的原料、生产过程、使用和贮存等要保持无菌条件的重要原因。

第四节 抗氧化体系效果评价

抗氧化体系有效性的评估，就是设计试验测量氧化作用的速度（即直接测量摄取的氧量或分解产物生成量），或诱导期的延长情况。大多数试验是采用紫外辐射或高温人工加速氧化的方法，由于在加速氧化条件下的氧化反应可能有变化，故将该结果外推至化妆品在一般货架贮存的条件，其可靠性是不够的。另外，试验往往是使用纯油脂和油类进行，没有考虑到在配方中可能存在一些会改变体系抗氧化效率的其他物质的影响。尽管如此，加速试验对筛选抗氧化剂体系、对进一步做长期的贮存试验来证实选择的抗氧化剂的效率仍是具有重要参照意义的。

测量氧化作用的通用方法是测定羟值或碘值，由于氧化体系中其他物质的干扰，根据所测结果来评估抗氧化剂的有效性常常会导致错误的判断。在测定过氧化物量时，由于反应机理不是很确定，且可能存在非化学计量比的反应，其结果的可信度也有一定程度的疑问。所测过氧化物的量实际上是未分解的过氧化物的量，并表明过氧化物的生成比过氧化物的分解要快。这样的方法应用于反应最后阶段时，可能测得的过氧化值是较小的，不能反映氧化作用真实情况。

一、过氧化物的测定

测定过氧化物的方法很多，但由于不同的试验方法所得的数据参差不一，甚至同样的试样，在相同的试验条件下，结果的重现性也不能令人满意。一般采用的方法是测定在过氧化物存在时从碘化钾释放出碘的量。且其他官能团的存在不会产生干扰。1mol 的油酸甲酯的过氧化物可释放出 1mol 的碘。Lea's 的方法是在固体碘化钾存在时，在氮的气氛中，样品与冰醋酸和氯仿加热，可测定含量低至 10^{-6}mol 的过氧化物/g 油脂。在冷却条件下，将反应混合物加入质量分数为 5% 的碘化钾溶液中，用 0.001mol/L 硫代硫酸钠滴定。如果要得到重复的结果，使用的溶剂、酸的条件和保护气氛是十分重要的。

二、其他的分析方法

1. 化学方法

（1）Kreis 试验 1mL 的油（或熔化的油）与 1mL 浓盐酸一起摇动 1min，然后，添加 1mL 间苯三酚质量分数为 0.1% 的乙醚溶液，继续摇动 1min。如下层酸液出现紫色或红色，这就表明试样油发生了酸败。其酸败的程度与颜色标准法来测定颜色的深浅成比例。美国油化学家协会委员会建议，使用罗维邦（Lovibond）色调计和玻璃颜色标准法来定颜色的深浅。

（2）测定氧化生成的醛含量　各种测定醛含量的方法都可使用。较简单的方法是用亚硫酸氢钠滴定油脂酸败产生的醛，根据醛的含量来评估酸败的程度。

（3）快速试验法　这种试验法通常称通气法或 Swift 稳定性试验。被试验样品保持在 97.8℃下恒温，通入标准的空气流。随时取样，用感观法或化学分析法评估其酸败的程度，直至其过氧化物量达到给定的标准。在另一些试验中，温度保持在 100℃下，达到给定的酸败过程所需的时间只有上述试验的 40%左右。

2．薄层色谱法

用薄层色谱法可测定叔丁基对羟基茴香醚（BHA）、2,6-二叔丁基对甲酚和没食子酸烷基酯的存在和浓度，通过前后浓度的对比，评估酸败的程度。在测定时，将样品与重氮化对硝基苯胺作用，添加无水硫酸钠，得沉淀产物，然后，用石油醚溶解，最后用乙腈萃取。所得样品，在硅胶色谱板上展开，用石油醚-苯-乙酸作展开剂，再进行测定。这种方法可测定 2μg/g 的 BHA、4μg/g 的 BHT、1μg/g 的没食子酸烷基酯。

3．耗氧量的测定法

使用 Warburg 恒容呼吸计，测定有抗氧化剂和无抗氧化剂样品的耗氧量，可测量出氧化作用的速度和诱导期的长短。大量耗氧量开始的时刻，即表明诱导期的结束。此方法已被应用于测定抗氧化剂效率、过氧化物的浓度、诱导期的长短等。

4．光谱法

紫外光谱分析可用于鉴定不饱和双键，如不饱和共轭体系的脂肪酸在 230～375nm，不饱和双烯在 234nm，不饱和三烯在 268nm 有紫外特征吸收。红外吸收光谱也有一些应用，在氧化过程中空间异构体的变化在 3.0μm、6.0μm 和 10.0μm 谱带上有响应；一些烷基氢过氧化物在 11.4～11.8μm 范围有弱的吸收。

第五章

防腐体系设计

防腐体系设计在化妆品配方设计中极其重要。化妆品防腐剂体系的作用主要是保护产品，使之免受微生物的污染，延长产品的货架寿命；同时，防止消费者因使用受微生物污染的产品而引起可能的感染。防腐体系设计主要是通过合理选用防腐剂并进行正确的复配，以实现对化妆品中微生物的抑制。

防腐体系设计是化妆品配方设计中极其重要的环节，直接影响到产品的保质期和安全性。

第一节 化妆品防腐体系概述

由于化妆品中的原料、添加剂中含有大量的营养物质和水分，这些都是微生物生长、繁殖所必需的碳源、氮源和水，在环境适宜的情况下，即在适宜的温度、湿度等条件下，微生物在化妆品中将会大量生长繁殖，吸收、分解和破坏化妆品中的有效成分。受到微生物作用的化妆品就会发生变质、发霉和腐败。化妆品的变质会导致色、香、味发生变化，质量下降，而且变质时分解的产物会对皮肤产生刺激作用，繁殖的病原菌还会引起人体疾病。

防腐剂是指可以阻止产品内微生物的生长或阻止与产品反应的微生物生长的物质。防腐剂对微生物的作用在于它能选择性地作用于微生物新陈代谢的某个环节，使其生长受到抑制或致死，而对人体细胞无害。重要的是它能在不同情况下抑制最易发生的腐败作用，特别是在一般灭菌作用不充分时仍具有持续性的效果。一般情况下，不同的防腐剂对不同的微生物有不同的抑制效果。

化妆品的防腐体系实际上是由若干种防腐剂（和助剂）按一定比例构建而成。防腐体系的基本要素是防腐剂，但其效能大小又与其用量和使用对象的剂型（液态、粉状、乳状、膏霜状等）特性、组成（是否含碳水化合物、蛋白质、动植物抽提物等）、pH 值、可能污染的微生物种类和数量等密切相关。化妆品防腐剂体系的作用主要是是保护产品，使之免受微生物的污染，延长产品的货架寿命；确保产品的安全性，防止消费者因使用受微生物污染的产品而引起可能的感染。新生的、衰老的和病变的皮肤易受到微生物的感染，在这种情况下，防腐体系也具有防止消费者皮肤上的细菌引起感染的作用。

第二节 化妆品防腐体系设计

 一、化妆品防腐剂防腐原理和影响因素

1. 化妆品防腐剂的防腐原理

防腐剂不但抑制细菌、霉菌和酵母菌的新陈代谢，而且影响其生长和繁殖。防腐剂主要从以下几个方面发挥作用。

（1）破坏微生物细胞壁或抑制微生物细胞壁的形成 防腐剂破坏细胞壁的结

构，使细胞壁破裂或失去其保护作用，从而抑制微生物生长以至死亡。防腐剂抑制微生物细胞壁的形成是通过阻碍形成细胞壁的物质的合成来实现，如有的防腐剂可抑制构成细胞壁的重要组分肽聚糖的合成，有的可阻碍细胞壁中几丁质的合成等。

（2）影响细胞膜的功能　防腐剂破坏细胞膜，可使细胞呼吸窒息和新陈代谢紊乱，损伤的细胞膜导致细胞物质的泄漏而使微生物致死。

（3）抑制蛋白质合成和致使蛋白质改性　防腐剂在透过细胞膜后与细胞内的酶或蛋白质发生作用，通过干扰蛋白质的合成或使之变性，致使细菌死亡。

总的看来，防腐剂可能会抑制一些酶的反应，或者抑制微生物细胞中酶的合成，这些过程可能抑制细胞中基础代谢的酶系，或者抑制细胞重要成分的合成，如蛋白质合成和核酸的合成。

2．化妆品防腐剂的影响因素

防腐剂防腐功效的发挥有许多影响因素，主要因素如下。

（1）pH 值　一般来说，细菌繁殖较佳的 pH 值范围是弱碱性，而霉菌和酵母菌在酸性 pH 值范围内易繁殖；但也有一些微生物在极端的 pH 值条件下生长。例如假单胞菌可在低至 pH=1.5 的条件下生长，黑曲霉素在 pH 值 10.5 的介质中很容易繁殖，在 pH 值 2～11 范围内都会有一种或数种细菌可能生长。理想的防腐体系应该在这样的 pH 值范围内不会失活。实际上很多防腐剂在酸性 pH 值范围的活性比在碱性 pH 范围的活性大。

① pH 值影响有机酸类防腐剂的解离　有机弱酸类防腐剂的活性取决于解离的含量，在产品的 pH 值小于防腐剂的 pK_a 时，pH 值的改变对防腐剂的活性影响较小，随着 pH 值的增加（pH>pK_a），防腐剂的最低抑制浓度 MIC 越小，抑菌效果越好。一些作为防腐剂的弱酸的解离常数见表 5-1。

表 5-1　一些作防腐剂的弱酸的解离常数（K_a）

名称	K_a	名称	K_a
亚硫酸	1.70×10^{-2}	苯甲酸	6.30×10^{-5}
o-氯代苯甲酸	1.20×10^{-3}	p-羟基苯甲酸	3.00×10^{-5}
水杨酸	1.06×10^{-3}	山梨酸	1.73×10^{-5}
甲酸	1.80×10^{-4}	丙酸	1.40×10^{-5}
p-氯代苯甲酸	1.05×10^{-4}	脱氢乙酸	5.30×10^{-6}

② pH 值对防腐剂稳定性的影响　2-溴-2-硝基-1,3-丙二醇（Bronopol，布罗波尔）在 pH=4 时十分稳定；在 pH=6 时其活性只能保持 1 年，pH=7 时其活性只有几个月。某些防腐剂分解时释放甲醛，其活性依赖于其不稳定性。六亚甲基四胺必须在 pH<7 的情况下才释放出甲醛。

（2）吸附-配位

① 固体粒子表面吸附　悬浮于介质中的固体粒子具有较大的比表面，固体

粒子和防腐剂之间存在吸附-配位作用，会引起防腐剂的活性损失。

② 凝胶的影响 水溶性聚合物对大多数防腐剂的活性都有不同程度影响。这些水溶性聚合物容易形成凝胶。表 5-2 总结了各种水溶性高分子对 p-羟基苯甲酸甲酯的结合程度。

表 5-2 在不同水溶性聚合物中对羟基苯甲酸酯的结合度

聚合物 （2g/100mL）	对羟基苯甲酸甲酯		对羟基苯甲酸丙酯	
	游离量/%	结合量/%	游离量/%	结合量/%
明胶	92	8	89	11
甲基纤维素	91	9	87	13
聚乙二醇（Corbowax×4000）	84	16	81	19
聚乙烯吡咯烷酮（PVP）	78	22	64	36
聚乙烯醇硬脂酸酯（Myrj52）	55	45	16	84

研究表明黄蓍胶是三氯叔丁醇、对羟基苯甲酸甲酯和氯苄乙胺抗菌活性的有效中和剂，而它对酚类、醋酸苯类的失效作用较小。一般认为甲基纤维素衍生物不会和防腐剂发生明显的络合作用。

（3）加溶-配位 防腐剂的活性主要取决于游离的（即未结合的）防腐剂的浓度。在各类化妆品和洗涤用品中，都使用表面活性剂作为加溶和乳化剂。这些表面活性剂与防腐剂之间的加溶-配位作用会影响到防腐剂的活性。表 5-3 列出了对羟基苯甲酸酯（甲酯和丙酯）在不同的水溶性聚合物中的结合情况。

表 5-3 在不同水溶液聚合物中对羟基苯甲酸酯的结合度

聚合物（2g/mL）	对羟基苯甲酸甲酯		对羟基苯甲酸丙酯	
	游离量/%	结合量/%	游离量/%	结合量/%
吐温-20	43	57	14	86
吐温-80	43	57	10	90

皂类和阴离子表面活性剂对防腐剂的作用不大，但加溶作用使防腐剂进入表面活性剂形成的球型或层型的胶胞中，使水中的防腐剂浓度下降。在临界胶束浓度以下，防腐剂的活性影响不大；在临界胶束浓度以上，其活性会减小。

非离子表面活性剂与防腐剂的相互作用远大于皂基和阴离子表面活性剂。由于加溶-配位作用，体系中游离的防腐剂含量减少，体系中防腐剂的总量和游离防腐剂含量之比 R 值成为该体系的防腐剂的增量系数，即在非离子表面活性剂体系中要保持原有的防腐作用，应添加防腐剂量的倍数。

$$R = 所需防腐剂的总浓度/所需游离防腐剂的浓度$$

表 5-4 中列出了部分防腐剂在不同的非离子表面活性剂体系中的增量系数。由此我们可以估算出在相应的非离子表面活性剂体系中的防腐剂的用量。

例如：一般情况下，对羟基苯甲酸甲酯抑制微生物生长的最低浓度（MIC）

为 0.08%（质量分数），如果在质量分数 5%的吐温-80 存在的条件下，根据表 5-4 查得 R 值为 4.5，$R \times 0.08\% = 4.5 \times 0.08\% = 0.36\%$，即对羟基苯甲酸甲酯的 MIC 应增至 0.36%。

表 5-4　非离子表面活性剂存在时，某些防腐剂总浓度与游离浓度的近似比值（ R ）

防腐剂	2% 吐温	5% 吐温	2%硬脂酸 聚乙二醇酯	5%硬脂酸 聚乙二醇酯	2%聚乙二醇 -4000	5%聚乙二醇 -4000
对羟基苯甲酸甲酯	2.5	4.5	2.0	3.0	1.2	1.5
对羟基苯甲酸乙酯	5.0	11.0	3.0	5.0	1.3	1.6
对羟基苯甲酸丙酯	12.5	27.0	6.0	13.5	1.4	1.7
对羟基苯甲酸丁酯	30.0	63.0	18.0	40.0	—	—
苯酚	1.6	2.5	—	—	1.2	1.3
山梨酸	1.8	2.9	17.0	2.7	1.1	1.2
十六烷基吡啶氯化物	38.0	60.0				
新洁尔灭	3.0	5.5				

表 5-5　部分防腐剂的油/水分配系数

防腐剂	油/水分配系数（ K_w° ）	
	矿物油	植物油
氯甲酚	0.5	1.7
羟苯甲酯	0.02	7.5
羟苯丙酯	0.5	80
羟苯丁酯	3.0	280
Bronopol	0.043	0.11
Dowicil200	<1	10
Germall115	<1	<1
十六烷基三甲基铵盐溴化物	<1	<1
苯基盐	<1	<1
Phecnolip（对羟基苯甲酸酯和苯氧基乙醇得混合物）	>1	>1

（4）防腐剂的相分配　对于乳化体来说，防腐剂在水相和油相的溶解度和在两相中的分配系数对防腐剂的防腐作用有很重要的作用。大量研究证明，乳化体中，微生物会被吸附在相界面上和在水相自由活动。因此，较理想的防腐剂，具有较高的水溶解度和较低的油溶解度，即具有较低的油-水分配系数。

$$C_w = C \frac{\phi + 1}{K_w^{\circ} \phi + 1}$$

式中　C_w——留在水相防腐剂的浓度；

　　　C——防腐剂的总浓度；

ϕ——油-水相体积比；

K_w^o——油/水分配系数。

防腐剂在水相中的浓度受到油/水体积比的影响。一般情况下，$K_w^o < 1$ 时，油相比例增加，增加防腐剂在水相中的浓度；当 $K_w^o > 1$ 时，油相比例增加，会降低防腐剂在水中的浓度。表 5-5 列出了部分防腐剂的油/水分配系数。

推广到含有乳化剂的三组分体系，认为形成胶胞或络合物，防腐剂分配在其中，以上公式变为：

$$C_w = C \frac{\phi + 1}{K_w^o \phi + R}$$

式中，R 为水相中防腐剂总含量与该相中游离防腐剂的含量之比。

（5）包装容器　包装容器的设计和材料对产品的防腐有一定影响，瓶盖衬垫往往是污染源，不良的密封容器会造成挥发性防腐剂和香精损失或外界污染物的入侵。铝制容器可使布罗波尔（Bronopol）和某些含汞的化合物失活；对羟基苯甲酸酯会与尼龙容器结合等。比较常见的情况是防腐剂和容器壁及盖的衬垫发生吸附作用，引起水相防腐剂浓度下降。

橡胶和亲油性的塑料与亲油性防腐剂可能发生吸附作用，同时橡胶和塑料中某些组分可被浸取，进入化妆品中，有些组分甚至会和防腐剂发生络合反应。因此必须进行包装贮存试验。

酚类和季铵盐类与聚亚胺酯类塑料反应，对羟甲基甲酸酯类、苯甲酸、山梨酸和水杨酸会被尼龙、聚氯乙烯和聚乙烯吸附；山梨酸和脱氢乙酸在棕色玻璃容器中也不稳定；山梨酸、脱氢乙酸、苯酚和氯代苯酚在各种容器中都有损失，使用时，注意试验和检查。

（6）防腐剂的变质

① 光照引起的防腐剂变质　季铵盐、苯甲醇三氯甲基叔丁醇、洗必泰的盐类、氯甲酚、苯乙醇、山梨酸钾、山梨酸等由于光照后，会发生分解。在贮存时要防止光照。

② 加热引起的变质　三氯甲基叔丁醇、酚类防腐剂、Bronopol、金刚烷氯化物、山梨酸钾、葡萄糖洗必泰等防腐剂在高温下分解或挥发损失，在制备化妆品时需要注意。

③ 化学和生化反应引起的防腐剂失效　防腐剂之间或者与配方中的其他组分发生化学反应，使防腐剂失效。另外入侵的微生物也会和配方中的某些防腐剂发生生化反应，防腐剂被降解。例如假单胞菌属和分枝芽菌属易使对羟基苯甲酸酯类降解。

④ 辐射消毒或灭菌过程引起防腐剂损失　辐射消毒或灭菌会产生自由基，发生化学反应，引起防腐剂的降解。

二、理想防腐剂应具备的条件

用量少、抗菌范围广的单一防腐剂是不存在的。但是，设想一个"理想"的防腐剂标准对于我们研究开发一个高效广谱的防腐体系具有重要意义。笔者认为，一个好的防腐剂至少应该满足下面的条件：

（1）具有良好的抑菌性能，不仅抗细菌，而且抗真菌（霉菌和酵母菌）。

（2）用量少即可取得较好的抑菌效果。

（3）在广泛的 pH 值范围内有效。

（4）安全性好，没有毒性和刺激性。

（5）具有化学惰性，不与配方中其他成分及包装材料反应。

（6）具有合适的油水相分配系数，使其在产品水相中达到有效的防腐浓度。

（7）与大多数原料相容，不改变最终产品的颜色和香味。

（8）使用成本低，容易获得。

三、常见化妆品防腐剂

化妆品防腐剂有不同的分类方式。如果按照防腐剂防腐的原理来分，可分为破坏微生物细胞壁或抑制其的形成的防腐剂，如酚类防腐剂等；影响细胞膜的功能的防腐剂，如苯甲醇、苯甲酸、水杨酸等；抑制蛋白质合成和致使蛋白质变性的防腐剂，如硼酸、苯甲酸、山梨酸、醇类、醛类等。如根据释放甲醛的情况来分，可分为甲醛释放体防腐剂和非甲醛释放体防腐剂，前者如甲醛供体和醛类衍生物，后者如苯氧乙醇、苯甲酸及其衍生物、有机酸及其盐类等。

按化学结构，化妆品中常用防腐剂可分为以下 6 类。

1．甲醛供体和醛类衍生物防腐剂

（1）重氮咪唑烷基脲　重氮咪唑烷基脲分子中总结合甲醛的含量较高，为43.17%，游离甲醛的含量也相对较大。一般添加量为 0.1%～0.3%。

（2）咪唑烷基脲　咪唑烷基脲是甲醛供体类防腐剂中使用最广泛的品种之一。分子中总结合甲醛的含量较低，为 23.20%。该产品游离甲醛浓度非常低，比较温和，因而广泛应用于驻留型及洗去型的化妆品。温度不超过 70℃，添加量为 0.1%～0.3%。咪唑烷基脲的最低抑菌浓度见表 5-6。

表 5-6　咪唑烷基脲的最低抑菌浓度（MIC）

实验室微生物	MIC/(μg/mL)	实验室微生物	MIC/(μg/mL)
细菌		酵母菌和霉菌	
铜绿假单胞菌（绿脓杆菌）	2000	白色念球菌	8000
金黄色葡萄球菌	1000	黑曲霉菌	8000
大肠埃希氏菌（大肠杆菌）	2000		

分析：咪唑烷基脲对细菌的抑制效果比较好，对真菌抑制效果较差，对细菌最低抑制浓度为 0.2%，对真菌的最低抑制浓度为 0.8%。

（3）1,2-二羟甲基-5,5-二甲基乙内酰脲　通常简称 DMDMH，也是甲醛供体类防腐剂，广泛应用于各种驻留型和洗去型化妆品中，最适 pH 值为 3~9，温度不超过 80℃，在化妆品中最大允许浓度为 0.6%。DMDMH 对细菌的抑制效果较好，对真菌的抑制效果较差。其防腐机理为通过溶解细胞的细胞膜而使细胞组织流失而杀灭细菌。DMDMH 的最低抑菌浓度见表 5-7。

表 5-7　DMDMH 的最低抑菌浓度（MIC）

实验室微生物	MIC/(μg/mL)	实验室微生物	MIC/(μg/mL)
细菌		酵母菌和霉菌	
铜绿假单胞菌（绿脓杆菌）	800~1000	白色念球菌	725~1250
金黄色葡萄球菌	250~800	黑曲霉菌	750~1500
大肠埃希氏菌（大肠杆菌）	500		

分析：DMDMH 对细菌的最低抑菌浓度为 0.1%，对真菌的最低抑菌浓度为 0.15%，总的抑菌浓度为 0.15%。

（4）季铵盐-15　化学名为氯化 3-氯烯丙基六亚甲基四胺，属甲醛供体类防腐剂，极易溶于水，脂溶性差，与蛋白、各种表面活性剂配伍性良好，广谱抗菌，对细菌抑制效果较好，对真菌稍差。其与高分子阴离子基团接触会产生沉淀而失活。因此与肥皂、洗衣粉不能同用，对金属具有一定腐蚀性。广泛用于各种驻留型和洗去型化妆品，最大允许浓度为 0.2%。

作用机理：季铵盐类抗微生物作用有多种方式，包括对酶的抑制作用、使蛋白质变性、破坏细胞膜引起生命物质成分外漏等。

（5）甲醛类　甲醛类一般包括37%水溶液（福尔马林）和90%以上固体（多聚甲醛）。超量的游离甲醛能刺激眼睛和呼吸道，引发过敏反应，甚至有潜在的致癌性。最高允许添加量为 0.2%，在口腔卫生产品中为 0.1%，禁用于喷雾产品。甲醛的最低抑菌浓度见表 5-8。

由于这类防腐剂的作用机理是释放甲醛，因此目前大多不被配方师选用。

表 5-8　甲醛的最低抑菌浓度（MIC）

实验室微生物	MIC/(μg/mL)	实验室微生物	MIC/(μg/mL)
细菌		酵母菌和霉菌	
铜绿假单胞菌（绿脓杆菌）	125	白色念球菌	500
金黄色葡萄球菌	125	黑曲霉菌	500
大肠埃希氏菌（大肠杆菌）	125		

分析：甲醛对细菌的最低抑菌浓度为 0.012%，对真菌的抑菌浓度为 0.05%。

2. 苯甲酸及其衍生物防腐剂

（1）对羟基苯甲酸酯类防腐剂　对羟基苯甲酸酯类防腐剂是公认的无刺激、不致敏、使用安全的化妆品防腐剂，不挥发、无毒性、稳定性好，在酸、碱介质中均有效，且颜色、气味极微。其不足是水溶性差、非离子表面活性剂能使其失效，对革兰氏阴性菌无效，易出现皮肤过敏等。其抗真菌效果较好，对细菌效果稍差，一般都是一种或几种对羟基苯甲酸酯复配或与其他防腐剂如重氮咪唑烷基脲、咪唑烷基脲、DMDMH 等复配使用。在化妆品中最大允许浓度：单一酯为 0.4%（以酸计），混合酯为 0.8%（以酸计）。浓度一般在 0.2%以下。尼泊金酯类的最低抑菌浓度见表 5-9。

表 5-9　尼泊金酯类的最低抑菌浓度/%

被检微生物	尼泊金乙酯	尼泊金丙酯	尼泊金丁酯
黑曲霉菌	0.05	0.025	0.013
金黄色葡萄球菌	0.05	0.025	0.013
普通变性杆菌	0.1	0.05	0.05
大肠杆菌	0.05	0.05	0.05

欧盟现已经禁止在化妆品中使用尼泊金异丁酯。

分析：尼泊金乙酯对细菌的最低抑菌浓度为 0.1%，对真菌的最低抑菌浓度为 0.05%，总的最低抑菌浓度为 0.1%；尼泊金丙酯对细菌最低抑菌浓度为 0.05%，对真菌最低抑菌浓度为 0.025%，总的最低抑菌浓度为 0.05%；尼泊金丁酯对细菌的最低抑菌浓度为 0.05%，对真菌的最低抑菌浓度为 0.013%，总的最低抑菌浓度为 0.05%。

（2）苯甲酸/苯甲酸钠/山梨酸钾　苯甲酸又称安息香酸，无嗅或略带安息香气味，未离解酸具有抗菌活性，在 pH 值为 2.5~4.0 的范围内呈最佳活性。对酵母菌、霉菌、部分细菌作用效果很好。在化妆品中最大允许浓度为 0.5%（以酸计）。

苯甲酸防腐机理：以其未离解的分子发生作用的，未离解的苯甲酸亲油性强，易通过细胞膜进入细胞内，干扰霉菌和细菌等微生物细胞膜的通透性，阻碍细胞膜对氨基酸的吸收；进入细胞内的苯甲酸分子，可酸化细胞内的储备碱，进而抑制微生物细胞内呼吸酶系的活性，阻止乙酰辅酶 A 缩合反应，从而起到防腐作用。苯甲酸的最低抑菌浓度见表 5-10。

表 5-10　苯甲酸的最低抑菌浓度/%

被检微生物	pH5.5	pH6.0	pH6.5
黑曲霉菌	<0.2	<0.2	—
枯草芽孢杆菌	0.05	0.1	0.4
普通变性杆菌	0.05	0.2	<0.2

分析：苯甲酸对细菌的最低抑菌浓度为 0.05%，对真菌的最低抑菌浓度为 0.2%，总的抑菌浓度为 0.2%。且受产品的 pH 值影响很大。

山梨酸的最低抑菌浓度见表 5-11。

表 5-11　山梨酸的最低抑菌浓度/%

被检微生物	pH5.5	pH6.0	pH6.5
黑曲霉菌	<0.2	<0.2	—
枯草芽孢杆菌	0.1	0.1	0.2
普通变性杆菌	0.1	0.2	<0.2
金黄色葡萄球菌	0.1	—	—

分析：山梨酸对细菌的最低抑菌浓度为0.1%，对真菌的最低抑菌浓度为0.2%，总的抑菌浓度为0.2%。且受产品的 pH 值影响很大。

3. 单元醇类防腐剂

（1）苯氧乙醇　一种公认的无刺激、无致敏的安全防腐剂，在化妆品中最高添加量为 1.0%。单独使用时抑菌效果稍差，通常与对羟基苯甲酸酯类、异噻唑啉酮类、IPBC 等一起复配使用。此防腐剂最大的优点是对绿脓杆菌效果较好。苯氧乙醇的最低抑菌浓度见表 5-12。

表 5-12　苯氧乙醇的最低抑菌浓度（MIC）

实验室微生物	MIC/(μg/mL)	实验室微生物	MIC/(μg/mL)
细菌		酵母菌和霉菌	
铜绿假单胞菌（绿脓杆菌）	3200	白色念球菌	4000
金黄色葡萄球菌	6400	黑曲霉菌	4000
大肠埃希氏菌（大肠杆菌）	4000		

分析：苯氧乙醇对绿脓杆菌的抑制很好，对细菌的最低抑菌浓度为 0.64%，对真菌的最低抑菌浓度为 0.4%，总的抑菌浓度为 0.64%。

（2）苯甲醇　苯甲醇又称苄醇，是一种芳香族醇，为无色透明液体，不溶于水，能与乙醇、乙醚、氯仿等混溶。对霉菌和部分细菌抑制效果较好，但当 pH<5 时会失效。一些非离子表面活性剂可使它失活。其在化妆品中添加质量分数为 0.4%~1.0%，温度提高到 40℃可以加快苯甲醇的溶解性，应避免由于加热时间过长而导致活性物的挥发。苯甲醇的最低抑菌浓度见表 5-13。

表 5-13　苯甲醇的最低抑菌浓度（MIC）

实验室微生物	MIC/(μg/mL)	实验室微生物	MIC/(μg/mL)
细菌		酵母菌和霉菌	
铜绿假单胞菌（绿脓杆菌）	3500	白色念球菌	5000
金黄色葡萄球菌	6400	黑曲霉菌	4500
大肠埃希氏菌（大肠杆菌）	4000		

分析：苯甲醇对细菌的最低抑菌浓度为 0.64%，对真菌的最低抑菌浓度为 0.5%，总的最低抑菌浓度为 0.64%。

4. 多元醇类防腐剂

多元醇类防腐剂的主要功能是提高护肤品的润肤性能，通过限制微生物细胞需要的水分来抑制其生长，从而增强防腐体系的功效，如 1,2-戊二醇、1,2-辛二醇、1,2-癸二醇。一般此类防腐剂都是与其他防腐剂复配使用来增强防腐效果。多元醇的最低抑菌浓度见表 5-14。

表 5-14 多元醇的最低抑菌浓度（MIC）

多元醇	有效浓度	大肠杆菌	绿脓杆菌	金黄色葡萄球菌	黑曲霉	白色念球菌
1,2-乙二醇	>10%	13.06%				
1,2-丙二醇	>10%	12.22%				
1,2-丁二醇	8%	4.95%				
1,2-戊二醇	4%	2.65%	1.6%	3.2%	3.2%	1.6%
1,2-己二醇	2%	1.37%	0.63%	2.50%	0.63%	1.25%
1,2-辛二醇	1%	0.63%	0.63%	0.25%	0.16%	0.31%
1,2-癸二醇	0.1%	0.09%	0.04%	0.03%	0.02%	0.03%
一缩二丙二醇	>10%	10.63%				
聚乙二醇	>10%	14.09%				
乙醇	>10%	11%	7.5%		6%	6%
乙基己基甘油		0.14%	0.16%	0.11%	0.12%	0.10%

分析：多元醇的抑菌效果从好到坏的排列顺序为 1,2-癸二醇＞乙基己基甘油＞1,2-辛二醇＞1,2-己二醇＞1,2-戊二醇＞1,2-丁二醇＞1,2-丙二醇，1,2-乙二醇。

5. 氯苯甘醚

氯苯甘醚为白色至米白色粉末，淡淡的酚类气味，在水中的溶解度＜1%，溶解于醇类和醚类中，微溶于非挥发性油。与其他的防腐剂一起使用，自身防腐性能可得到增强，与大多数防腐剂都相溶。适用 pH 值范围为 3.5～6.5，最高添加量为 0.3%。氯苯甘醚的最低抑菌浓度见表 5-15。

表 5-15 氯苯甘醚的最低抑菌浓度（MIC）

实验室微生物	MIC/%	实验室微生物	MIC/%
细菌		酵母菌和霉菌	
铜绿假单胞菌（绿脓杆菌）	0.25	白色念球菌	0.125
金黄色葡萄球菌	0.25	黑曲霉菌	0.06
大肠埃希氏菌（大肠杆菌）	0.125		

分析：氯苯甘醚对真菌的抑制效果比较好，对细菌最低抑菌浓度为 0.25%，对真菌最低抑菌浓度为 0.125%。

6．其他有机化合物防腐剂

（1）布罗波尔　布罗波尔的学名为 2-溴-2-硝基-1,3-丙二醇，一般添加量为 0.01%～0.05%，《化妆品安全技术规范》（2015 版）规定最高允许添加量为 0.1%。但含亚硫酸钠、硫代硫酸钠将严重影响其活性；配方中氨基化合物存在时，有生成亚硝胺的潜在可能。

防腐机理：溴原子氧化细菌细胞膜表面的硫醇基，使之被氧化成为二硫化合物，在细胞壁产生较大突起，使细胞壁破裂、内容物外流而导致细菌被杀死；另一可能是释放出的活化溴素与细胞膜蛋白质结合，形成氮溴化合物，从而干扰了细胞代谢，导致细菌死亡。此外，布罗波尔分解时释放出的甲醛也可使细菌蛋白凝固，从而起到杀菌作用。布罗波尔的最低抑菌浓度见表 5-16。

表 5-16　布罗波尔的最低抑菌浓度（MIC）

实验室微生物	MIC/(μg/mL)	实验室微生物	MIC/(μg/mL)
细菌		酵母菌和霉菌	
铜绿假单胞菌（绿脓杆菌）	22.5	白色念球菌	400
金黄色葡萄球菌	30	黑曲霉菌	2000
大肠埃希氏菌（大肠杆菌）	30		

分析：布罗波尔对绿脓杆菌的抑菌效果好，对细菌的最低抑菌浓度为 0.003%，对真菌的最低抑菌浓度为 0.2%，总的最低抑菌浓度为 0.2%。

（2）异噻唑啉酮类　用于化妆品中的该类产品俗称凯松，是 5-氯-2-甲基-4-异噻唑啉-3-酮（CMIT）和 2-甲基-4-异噻唑啉-3-酮（MIT）的混合物，用于冲洗型产品最高允许添加量为 0.1%；用于驻留型产品时安全的添加量一般不应超过 0.05%。

托尔公司的 MicrocareMT® 的活性组分为 2-甲基-4-异噻唑啉-3-酮，INCI 名称为 Methylisothiazolinone。用量为 0.05%～0.1%，抑菌活性 pH 值范围为 4～10，最高适用温度为 70℃。Microcare MT 的最低抑菌浓度见表 5-17。

表 5-17　Microcare MT 的最低抑菌浓度（MIC）

实验室微生物	MIC/(μg/mL)	实验室微生物	MIC/(μg/mL)
细菌		酵母菌和霉菌	
铜绿假单胞菌（绿脓杆菌）	40	白色念球菌	100
金黄色葡萄球菌	30	黑曲霉菌	750
大肠埃希氏菌（大肠杆菌）	20	青霉菌	200
普通变形杆菌	30		

分析：Microcare MT 对细菌的抑制较好，对真菌的抑制较差；对细菌的最低抑菌浓度为 0.004%，对真菌的最低抑菌浓度为 0.075%，总的最低抑菌浓度为 0.075%。

防腐机理：通过杂环上的 S、N、O 等基团与菌体内蛋白质 DNA 上碱基形成化学键，从而破坏细胞内 DNA 结构，使之失去复制能力，导致细胞死亡。

目前欧盟认为 Microcare MT 能够加速过敏反应，因此，强烈建议其停止应用在免洗型产品中，目前存在争议。

（3）三氯生　三氯生先吸附于细菌细胞壁，进而穿透细胞壁，与细胞质中的脂质、蛋白质反应，产生不可逆变性，杀死细菌。对环境无害；无刺激、无过敏，对人体安全；抑杀作用广谱、速效、高效，还具有消炎、除臭的功能；与其他原料的配伍性良好。三氯生已广泛应用于个人护理、口腔卫生、清洁、洗涤等产品领域。三氯生在化妆品中的最大允许浓度为 0.3%。

防腐机理：高浓度下可裂解并穿透细胞壁，使菌体蛋白质凝集沉淀；低浓度下，或较高相对分子质量的酚类衍生物可使氧化酶、去氢酶、催化酶等细胞的主要酶系失去活性；减低溶液的表面张力，增加细胞壁的渗透性，使菌体内含物逸出；溶于细胞壁的脂质中，与蛋白质的氨基起反应；其衍生物中某些烃基与卤素，有助于降低表面张力。

现在欧盟已经禁止三氯生在化妆品中使用。

（4）脱氢乙酸　脱氢乙酸是无色至白色针状或片状结晶或白色结晶粉末。几乎无臭，稍有酸味。难溶于水，溶于乙醇和苯。最佳使用 pH 值范围为 5～6.5，随 pH 值增加活性减少。耐光、耐热性好，铁化合物存在会使其变色。最大允许用量 0.6%（酸）。脱氢乙酸的最低抑菌浓度见表 5-18。

表 5-18　脱氢乙酸的最低抑菌浓度（MIC）

实验室微生物	MIC/(μg/mL)	实验室微生物	MIC/(μg/mL)
细菌		酵母菌和霉菌	
铜绿假单胞菌（绿脓杆菌）	>20000	白色念球菌	200
金黄色葡萄球菌	10000	黑曲霉菌	200
大肠埃希氏菌（大肠杆菌）	10000		

分析：脱氢乙酸对真菌的抑制效果比较好，对细菌抑制效果较差，对细菌的最低抑菌浓度为 20.0%，对真菌的最低抑菌浓度为 0.02%。

（5）碘代丙炔基丁基氨基甲酸酯（IPBC）　可用于除口腔卫生和唇部产品的各种洗去型和驻留型化妆品，最大允许浓度为 0.05%。IPBC 是一款很好的防霉剂。IPBC 的配伍性也很出色，常与其他许多防腐剂复配使用，达到良好的防腐效果，但其水溶性很差，影响了在高水性配方中的使用。

防腐机理：与—SH 发生反应，可大大降低脱氢酶的活性，抑制菌体的呼吸氧化作用，进而抑制微生物的生长。IPBC 的最低抑菌浓度见表 5-19。

分析：IPBC 对真菌的抑制效果很好，对细菌的抑制效果差，对细菌的最低抑菌浓度为 >0.1%，对真菌的最低抑菌浓度为 0.001%。最低抑菌浓度为 >0.1%。

目前常用的化妆品防腐剂见表 5-20。

表 5-19   IPBC 的最低抑菌浓度（MIC）

实验室微生物	MIC/(μg/mL)	实验室微生物	MIC/(μg/mL)
细菌		酵母菌和霉菌	
铜绿假单胞菌（绿脓杆菌）	＞1000	白色念球菌	10
金黄色葡萄球菌	＞100	黑曲霉菌	2
大肠埃希氏菌（大肠杆菌）	200	绳状青霉	2

表 5-20   常用化妆品防腐剂

商品名称	INCI 名称（中文）	INCI 名称（英文）	属类	简介	参考用量
Germall 115	咪唑烷基脲	Imidazolidinyl Urea	单一组分防腐剂，咪唑烷基脲类，释放甲醛	Germall 115 的抗菌活性不如 Germall II。美国 CIR 专家认为，以现有资料显示，Imidazolidinyl Urea 仍算是安全的化妆品成分；其易引起的过敏性接触皮肤炎属中度皮肤过敏危险性。 pH 值使用范围为 3～9	0.03%～0.3%
Germall II	双（羟甲基）咪唑烷基脲	Diazolidinyl Urea	单一组分防腐剂，咪唑烷基脲类，释放甲醛	粉剂防腐剂，易溶于水，微溶于酒精，几乎能与所有化妆品成分配合，其抗菌效能广泛。能有效地抑制革兰氏阴性、阳性细菌和酵母菌的滋生，可单独使用或与尼泊金酯配合使用。刺激皮肤，长期使用有致癌之虞。能耐酸性，较适合加入酸性配方中使用。 可广泛应用于膏霜、露液、香波、调理剂、液态化妆品和眼部化妆品。使用温度<50℃，建议与尼泊金酯复配使用以构成极其良好的广谱抗菌体系。 使用 pH 值范围：3～9	0.1%～0.3%
Germaben II-E	双（羟甲基）咪唑烷基脲/羟苯甲酯/羟苯丙酯	Diazolidinyl Urea/Ethylparaben/Propylparaben	复合组分防腐剂，含甲醛供体	在抑制霉菌、酵母菌方面比单组分方面有优势	0.1%～0.5%
Germall plus	双（羟甲基）咪唑烷基脲/碘丙炔醇丁基氨甲酸酯	Diazolidinyl Urea/Iidopropynyl Butyl Carbamate	复合组分防腐剂，含甲醛供体	注意避免配方中可能存在的抑制其活性的成分，碘代丙炔基丁基甲氨酸酯水溶性较差，在操作时，如果未用有机溶剂进行溶解，也可能会影响其防腐效果	0.1%～0.3%
Germall IS-45	双（羟甲基）咪唑烷基脲/羟苯甲酯/碘丙炔醇丁基氨甲酸酯	Diazolidinyl Urea/Methylparaben/Ii-dopropynyl Butyl Ca-rbamate	复合组分防腐剂，含甲醛供体	增强了对霉菌、酵母菌抑制能力	0.5%～0.75%
DMDMH	DMDM 乙内酰脲	DMDM Hydantion	单一组分防腐剂，醛类衍生物，释放甲醛	应用于化妆品和个人护理品如洗发香波、护发素、剃须品、粉底、洗剂、膏霜、婴儿产品、防晒品和清洗剂等中	0.15%～0.50%

商品名称	INCI 名称（中文）	INCI 名称（英文）	属　类	简　　　介	参考用量
Glydant Plus	DMDM 乙内酰脲 碘丙炔醇丁基氨甲酸酯	DMDM Hydantion/ Iidopropynyl Butyl Carbamate	复合组分防腐剂，释放甲醛	广谱抗菌防腐剂，可广泛用于洗面奶和膏霜、乳液等产品中	0.03%～0.2%
Kathon CG	甲基氯异噻唑啉酮/甲基异噻唑啉酮	Methylchloroisothiazolinone/Methylisothiazolinone	异噻唑啉酮类，不释放甲醛	广谱抗菌防腐剂，是欧洲及美国最常见的过敏原之一。大部分是使用在洗发精或是用后就洗掉的产品如洗手乳。 对革兰氏阴性、阳性细菌、霉菌及酵母菌均有抑制作用，能与各种界面活性剂配合 pH 值使用范围为 1～9	0.02%～0.5% 最高不超过 0.7%
Isocil Pc	甲基氯异噻唑啉酮/甲基异噻唑啉酮		复合组分防腐剂，释放甲醛	广谱抗菌防腐剂，是欧洲及美国最常见的过敏原之一。大部分是使用在洗发精或是用后就洗掉的产品如洗手乳。 对革兰氏阴性、阳性细菌、霉菌及酵母菌均有抑制作用，能与各种界面活性剂配合。 适用 pH 值范围为 1～9	0.03%～0.3%
EUXYL K727	甲基二溴戊二腈/甲基氯异噻唑啉酮/甲基异噻唑啉酮/苯氧乙醇	Methyldibromo Glutaronitrile/ Methylchloroisothiazolinone/ Methylisothiazolinone/Phenoxyethanol	复合组分防腐剂，凯松系列，不释放甲醛	对细菌、酵母菌和霉菌具有广谱均衡的抑制功效，具有很好的气相保护功效。用量少，效果好，性价比非常高。适用 pH 值范围高至 8，20℃水溶性约 15g/L	0.03%～0.3%
EUXYL K100	苯甲醇/甲基氯异噻唑啉酮/甲基异噻唑啉酮	Benzyl Alcohol/ Me-thylchloroisothiazoli-none/Me-thylisothiazolinone	复配组分防腐剂，不释放甲醛	无色至黄色澄清液体，在日本，被批准可用于洗去型产品。对细菌、酵母菌和霉菌具有广谱均衡的抑制功效。用量少，效果好；具有很好的气相保护功效；含盐量低，不会影响乳液的稳定性。适用 pH 值范围高至 8，20℃水溶性>20g/L	0.03%～0.3%
liquapar oil	羟苯丙酯/羟苯丁酯/羟苯异丁酯	Propylparaben/ Butylparaben/ Isobutylparaben	复配组分防腐剂，不释放甲醛	主要抗酵母菌、霉菌和革兰氏阳性菌。稍溶于水溶于乙醇和丙二醇；适用 pH 值范围 4～8；一般温度稳定；非离子表面活性剂会使其部分失活	0.4%～0.8%
EUXYL K300	苯氧乙醇/羟苯甲酯/羟苯丁酯/羟苯乙酯/羟苯丙酯/羟苯异丁酯	Phenoxyethanol/ Me-thylparaben/ Butylparaben/ Ethylparaben/ Propylparaben/ Isobutylpa-raben	复配组分防腐剂，不释放甲醛	对细菌、酵母菌和霉菌具有广谱杀菌功效，广谱抗菌，特别对绿脓杆菌有效。具有气相保护功效，适用 pH 值范围高至 8，20℃水溶性约 0.5g/L。温和，适合防晒、眼部护理以及儿童护理产品	0.05%～0.3%
Phenonip				广谱抗菌，特别对绿脓杆菌有效	0.25%～0.75%

商品名称	INCI 名称（中文）	INCI 名称（英文）	属类	简介	参考用量
尼泊金甲酯	羟苯甲酯	Methyl Paraben	尼泊金酯类，不释放甲醛	适用于酸性体系的防腐剂，尼泊金酯的活性可以主要通过降低体系的 pH 值得到改善，通常是 7.0~6.5 或更低，虽然有时他们也能在 pH 值略高些的体系中保持其功效	0.1%~0.3%
尼泊金乙酯	羟苯乙酯	Ethylparaben			0.1%~0.3%
尼泊金丙酯	羟苯丙酯	Propylparaben			0.1%~0.3%
尼泊金丁酯	羟苯异丁酯/羟苯丁酯	Isobutylparaben/Bu-tylparaben			0.1%~0.3%
Dowicil 200	季铵盐-15	Quaternium-15	季铵盐类，不是甲醛供体	其同时具有较强的抗氧化还原能力。在一些易变色的配方中通常的做法是添加少量的亚硫酸盐进行预防	—
CY-1、MD-2000、新科-99、KS-1、XF-1	甲基氯异噻唑啉酮/甲基异噻唑啉酮	Methylchloroisothiazolinone/Methylisothiazolinone	国产凯松-CG	广谱抗菌。对 pH 值比较敏感，在偏酸性的环境中能发挥非常好的防腐作用，用量 0.08%就能发挥很好的作用；碱性环境中，则会失去其防腐活性。为增加其防腐活性，其中会添加镁盐，以提高其渗透压，增加防腐活性。 胺类、硫醇、硫化物、亚硫酸盐、漂白剂也可使凯松失活	0.03%~0.2%
苯氧乙醇	苯氧乙醇	Phenoxyethanol	醇类及衍生物类。不是甲醛供体	很好的溶剂和防腐剂	0.25%~1%
苯甲醇	苯甲醇	Benzyl Alcohol	醇类防腐剂不是甲醛供体	这类防腐剂也属于酸性体系有效的类别，山梨酸和苯甲酸于 pH=7 时无活性，于 pH=5 时分别呈现出 37%和 13%的活性，因此它们应在偏酸性的介质中应用	
布罗波尔	2-溴-2-硝基丙烷-1,3-二醇	2-Bromo-2-Nitro p-ropane-1,3-Diol	单一组分防腐剂，醇类，释放甲醛	具有广谱抑菌作用，能有效地抑制大多数细菌，特别是对革兰氏阴性菌抑菌效果极佳。 在高温和碱性条件下不稳定，在太阳光照下颜色变深。可与大多数表面活性剂配伍；化妆品原料中含有一SH基团的物质，如半胱氨酸等，会降低布罗波尔的抑菌活性，金属铝也能降低布罗波尔的抑菌活性	0.02%~0.05%
IPBC	碘丙炔醇丁基氨基甲酸酯	Butylcarbamate	单一组分防腐剂，有机酸衍生物，不释放甲醛	具有广谱抗菌活性，尤其是对霉菌及酵母菌有很强的抑杀作用。配伍性佳，可与化妆品中存在的各种组分相配伍，不受化妆品中表面活性剂、蛋白质以及中草药等添加物的影响	0.01%~0.05%
Liqiupar PE	苯氧乙醇/羟苯丁酯/羟苯丙酯/羟苯乙酯/羟苯异丁酯	Phenoxyethanol/Bu-tylparaben/Propylpa-raben/Ethylparaben/Isobutylparaben	尼泊金酯类复合防腐剂，不释放甲醛	广谱微生物防腐剂，能有效对抗革兰氏阳性和阴性细菌及酵母菌、霉菌，包括难于对付的假单胞菌属。其液态形式方便加入各种配方。苯氧基乙醇的加强效应使 Liquapar PE 尤其对可能使尼泊金酯效能减弱的非离子乳液体系有效	

第五章 防腐体系设计

续表

商品名称	INCI 名称（中文）	INCI 名称（英文）	属 类	简 介	参考用量
SUTTOCID EA	羟甲基甘氨酸钠	Sodium Hydroxy-methylglycinate	羟甲基甘氨酸钠水溶液	广谱微生物防腐剂，能有效对抗革兰氏阳性和阴性细菌及酵母菌、霉菌。在碱性环境下（pH=8～12）仍保持抗菌活性，在中性及酸性范围下同样有效。十分适合应用于香波及其他头发护理产品中，对于留存或洗去型配方都是安全有效的，它同时可用于中和阴离子增稠体系	0.2%～0.5%
ACNIBIO AP	苯氧乙醇/羟苯甲酯/羟苯丁酯/羟苯乙酯/羟苯丙酯/羟苯异丁酯	Phenoxyethanol/Methylparaben/Butyl-paraben/Ethylparaben/Propylparaben/Isobutylparaben	尼泊金酯类复合防腐剂，不释放甲醛	非常有效的液体广谱抗菌剂，可应用于各类化妆品配方中。适用的 pH 范围：3.0～8.0	0.25%～1.0%
ACNIBIO AS	双咪唑烷基脲/碘丙炔醇丁基氨甲酸酯	Imidazolidinyl Urea/Iidopropynyl Butyl Carbamate	复合组分防腐剂，含甲醛供体	有效的广谱抗菌剂，和阳离子/阴离子/非离子表面活性剂及乳化剂完全配伍。可用于各类个人护理用品配方中	0.05%～0.2%
ACNIBIO ASL	丙二醇/双（羟甲基）咪唑烷基脲/碘丙炔醇丁基氨甲酸酯	Propylene Glycol/Di-azolidinyl Urea/Iidopropynyl Butyl Carbamate	复合组分抗腐剂，含甲醛供体	液体广谱抗菌剂，可应用于所有的化妆品和盥洗用品	0.1%～0.3%
ACNIBIO MXR	甲基氯异噻唑啉酮/甲基异噻唑啉酮	Methylchloroisothiazolinone/Methylisothiazolinone	异噻唑啉酮类，不释放甲醛	液体广谱抗菌剂，可应用于所有化妆品和盥洗用品	0.05%～0.1%

　　基于化妆品界对化妆品中防腐剂的成分存在争议，甲醛和甲醛释放体的潜在致癌性、有机卤素化合物的潜在致敏性、甲基异噻唑啉酮类的致敏性、尼泊金酯类和激素分泌以及某些特定癌症之间的关联一直受到公众极大的关注，到目前为止，对于这些争议还没有科学的定论。为了保护和满足消费者，避免与任何负面讨论有关联，在化妆品配方设计时现在可用的安全防腐剂为：苯氧乙醇、苯甲酸、辛甘醇、苯甲醇、氯苯甘醚（含有卤素，但现在很多家化妆品公司都在用）、IPBC、山梨酸钾以及多元醇类。

四、防腐剂复配方式和作用

　　由于造成化妆品腐败变质的微生物种类繁多，而单一防腐剂的适宜 pH 值、最小抑制浓度和抑菌范围都有一定的限制，一种防腐剂要完全满足以上这些条件是不可能的，往往需要两种或两种以上的防腐剂复配使用，以达到防腐、灭菌的目的。

　　防腐剂的复配方式有：不同作用机制的防腐剂复配、不同适用条件的防腐剂复配和针对不同微生物的特效防腐剂复配。不同防腐机制的防腐剂的复配，可大大提高防腐剂的防腐效能，不同防腐机理的防腐剂的复配，不是功效的简单加和，而是相乘的关系。不同适用条件的防腐剂的复配，可对产品提供更大范围内的防腐保护。适用于不同微生物的防腐剂的复配，主要是拓宽防腐体系的抗菌谱，在化妆品的防腐体系设计中这种复配方式很常见。比如咪唑烷基脲中复配尼泊金甲酯，以增强对霉菌和酵母菌的抑制效果。

多种防腐剂复配具有如下的现实意义。

（1）拓宽抗菌谱　某种防腐剂对一些微生物效果好而对另一些微生物效果差，而另一种防腐剂刚好相反。两者合用，就能达到广谱抗菌的目的。

（2）提高药效　两种杀菌作用机制不同的防腐剂共用，其效果往往不是简单的叠加作用，而是相乘作用，通常在降低使用量的情况下，仍保持足够的杀菌效力。

（3）抗二次污染　有些防腐剂对霉腐微生物的杀灭效果较好，但残效期有限，而另一类防腐剂的杀灭效果不大，但抑制作用显著，两者混用，既能保证贮存和货架质量，又可防止使用过程中的重复污染。

（4）提高安全性　单一使用防腐剂，有时要达到防腐效果，用量需超过规定的允许量，若多种防腐剂在允许量下的混配，既能达到防治目的，又可保证产品的安全性。

（5）预防抗药性的产生　如果某种微生物对一种防腐剂容易产生抗药性的话，它对两种以上的防腐剂都同时产生抗药性的机会自然就小得多。

第三节　化妆品防腐体系设计步骤

化妆品防腐体系在设计时需遵从安全、有效、有针对性以及与配方其他成分相容的原则。安全：符合相关法规规定的同时，尽量减少防腐剂的使用量，减少对皮肤的刺激，理想的防腐体系，应当在很好地抑制微生物的生长的同时，对皮肤细胞没有伤害。过量的防腐剂用量，会对皮肤会造成一定的伤害，如过敏等。有效：全面有效抑制微生物的生长，保障产品具有规定的货架期。有针对性：针对配方特点以及适用对象等，"量身定做"防腐体系。没有一种万能的防腐剂，防腐体系根据化妆品的剂型、功能、使用人群等做相应的设计。与其他成分相容：注意配方中其他组分对防腐剂的影响以及不同防腐剂之间的互作效应。图5-1展示了防腐体系设计流程。

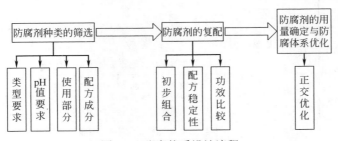

图 5-1　防腐体系设计流程

同时，设计的防腐体系应尽可能满足以下的要求。

（1）广谱的抗菌活性。

（2）良好的配伍性。在化妆品中防腐剂与各种类型的表面活性剂和其他组分配伍时，应有良好的互溶性，并保持其活性。

（3）良好的安全性。选用的各类防腐剂首先符合《化妆品安全技术规范》中的限量要求，同时还要通过安全性的相关试验。

（4）良好的水溶性。

（5）稳定性。防腐剂对温度、酸和碱应该是稳定的。

（6）防腐剂在使用浓度下，应是无色、无臭和无味的。

（7）成本低。

一、所用防腐剂种类的筛选

根据产品的类型、pH 值、使用部位以及产品的配方组分等选择相应的防腐剂。

1. 根据产品类型选用

不同类型的产品会受到不同的微生物的污染。膏霜和乳液容易受到酵母菌和细菌等大多数微生物的污染。香波是容易受以绿脓杆菌为主的革兰氏阴性菌的污染。眼线膏、睫毛油之类的眼部化妆品会受到酵母菌以及以绿脓杆菌和黄色葡萄球菌为主的多种细菌的污染。由粉末原料和油分配制而成的粉状眼影和粉饼类产品主要是受霉菌的污染。在化妆品中有不少含水的制剂，不含水的制剂难以被微生物污染。同时，不同类型的产品功用，对防腐剂的选用要求也不相同。表 5-21 列出了不同类型的化妆品对防腐体系的特殊要求。

表 5-21　不同类型化妆品对防腐体系的特殊要求

化妆品的类型	产品举例	产品特点	防腐剂特殊要求
洗去型化妆品	洗面奶、沐浴露	与皮肤接触时间短，大多含有大量的表面活性剂；营养成分较少，成本相对较低	对刺激性无明显要求，一般广谱抗菌，成本低
停留型的化妆品	面霜、精华素	相对洗去型化妆品来说，在皮肤停留时间长	相对长时间停留皮肤安全无刺激
眼部护理化妆品	眼霜、眼膜、眼部精华素	类似儿童的脆弱肌肤，周围肌肤对刺激很敏感，眼睛对甲、酚类等挥发性物质敏感，容易受到伤害	尽量避免选用挥发刺激性防腐剂
面膜	无纺布面膜、膏状面膜	在面部停留时间 10～30min，与面部接触面大，使用量大；部分产品中含大量粉剂	低刺激
儿童系列	膏霜乳液	儿童皮肤薄嫩，脂质分泌较少，对外界刺激敏感	低刺激，用量少

2．根据产品的 pH 值合理选用防腐剂

大多数的防腐剂都容易在酸性和中性的环境中发挥其效能，在碱性环境中效力显著减低，甚至失效，而季铵盐类防腐剂却在 pH 值大于 7 时才有效。选用防腐剂时一定要关注产品的 pH 值的影响，确保选用的防腐剂的功效。

比如，设计一款皂基洗面奶，pH 值 8～10，偏碱性环境，可选季铵盐类防腐剂；而对于果酸类产品（pH 值 3.5～6），相对来说容易选择防腐剂，可选用尼泊金酯类、咪唑烷基脲、苯氧乙醇、甲基异噻唑啉酮等。

3．根据使用部位选用

不同的使用部位对防腐剂的敏感程度不同，选用防腐剂时应有所区别，例如，眼睛周围皮肤相对薄嫩敏感，宜选用刺激较小的防腐剂，同时甲醛等刺激性挥发物对眼睛有明显的伤害作用，甲醛释放体类防腐剂，应尽量避免。另外颈部的皮肤敏感较脆弱，也应选用刺激性小的防腐剂。表 5-22 描述了表皮和眼部的有害菌群。

皮肤部位不同，对皮肤产生健康危害的有害微生物也不相同。因此，从保护皮肤的角度（杀菌消毒），防腐剂的选用应当考虑对不同皮肤部位的有害菌群的抑制作用。

表 5-22　表皮和眼部的有害菌群

部　位	有　害　菌　群
外表皮	绿脓杆菌、萎垂杆菌克雷伯菌属、产气荚膜梭菌、破伤风杆菌、金黄葡萄球菌诺非梭菌
眼部	绿脓杆菌、假单胞菌属、金黄色葡萄球菌

4．根据产品配方的组分（相溶性）选用

防腐剂和产品配方中的其他组分可能会发生作用，设计防腐体系时应当注意。常见的几种情况如下。

① 化妆品中的某些组分如碳水化合物、滑石粉、金属氧化物、纤维素等会吸附防腐剂，降低其效力。

② 产品中含有淀粉类物质，可影响尼泊金酯类的抑菌效果。

③ 高浓度的蛋白质一方面可能通过对微生物形成保护层，降低防腐剂的抗菌活性，另一方面又能促进微生物的增长。

④ 金属离子如 Mg^{2+}、Ca^{2+}、Zn^{2+}，对防腐剂的活性有很大的影响，一般情况下，过量的金属离子在香料、润滑剂、天然或敏感的化合物中易形成难溶物或发生催化氧化反应。

⑤ 防腐剂可和化妆品的某些组分形成氢键或螯合物，通过"束缚"或"消耗"的方式，降低防腐体系的效能。

⑥ 少量表面活性剂增加防腐剂对细胞膜的通透性，有增效作用，但是量大时会形成胶束，吸引水相中的防腐剂，降低了防腐剂在水相中的含量，影响其杀

菌效能。

⑦ 某些防腐剂易和表面活性剂（如硫酸盐、碳酸盐、含氮表面活性剂）作用、和色素荧光染料作用、和包装材料作用，在表面张力、产品的发泡性、组分的溶解性、色素的显色性、香料的气味、活性因子的生物活性等多方面对防腐剂效力有直接影响或潜在影响。

二、防腐剂的复配

（1）初步组合　对筛选出来的防腐剂进行初步组方，组合时注意防腐剂之间的合理搭配，一方面，避免防腐剂间相互反应、配伍禁忌，另一方面考虑复配后的广谱抗菌性，以及可能的协同增效作用。

（2）配方稳定性考查　主要是考查组方在产品体系中的稳定情况，以及对产品体系的影响情况。

（3）防腐效果考查　将复配好的防腐体系加入产品中、考查防腐效果选出最合理组合。

三、防腐体系中防腐剂的用量确定和优化

可采用正交实验，通过考查抗菌功效，结合防腐剂最小量的原则，确定组合中各组分的最佳用量。例如：三种防腐剂因素水平表见表 5-23。

表 5-23　防腐体系正交优化的因素水平表

水平	防腐剂 A	防腐剂 B	防腐剂 C
水平 1	A_1	B_1	C_1
水平 2	A_2	B_2	C_2
水平 3	A_3	B_3	C_3

第四节　防腐的效果评价

一、感官评价

变质的化妆品从其色泽、气味与组织的显著变化可以初步看出来。

（1）色泽的变化是由于有色和无色的微生物生长，将其代谢产物中的色素分泌在化妆品中，如最常见的由于霉菌的作用，使得化妆品产生黄色、黑色或白色的霉斑以至发霉。

（2）气味的变化是由于微生物作用产生的挥发物质，如胺、硫化物所挥发的臭气，以及由于微生物可使化妆品中的有机酸分解产生酸气，这些使得经微生物污染的化妆品散发着一股酸臭味。

（3）由于微生物的酶（如脱羧酶）的作用，使化妆品中的脂类、蛋白质等水解，使乳状液破乳，出现分层、变稀、渗水等现象，液状化妆品则出现混浊等多种结构性的变化。

如果产品出现了上述的现象，可以初步判断产品已变质，配方中防腐体系设计上存在问题，需要重新设计。

二、菌落总数检测

菌落总数（aerobicbacterialcount）是指化妆品检样经过处理，在一定条件下培养后（如培养基成分、培养温度、培养时间、pH 值、需氧性质等），1g（1mL）检样中所含菌落的总数。所得结果只包括一群本方法规定的条件下生长的嗜中温的需氧性菌落总数。测定菌落总数便于判明样品被细菌污染的程度，是对样品进行卫生学总评价的综合依据。

1. 所需仪器和设备

三角瓶，250mL；量筒，200mL；pH 计或精密 pH 试纸；高压灭菌器；3.5 试管，15mm×150mm；灭菌平皿，直径 9cm；灭菌刻度吸管，10mL、1mL；酒精灯；恒温培养箱，36℃±1℃；放大镜。

2. 培养基和试剂

（1）生理盐水

（2）卵磷脂、吐温-80——营养琼脂培养基

成分如下：

蛋白胨	20g	卵磷脂	1g
牛肉膏	3g	吐温-80	7g
氯化钠	5g	蒸馏水	1000mL
琼脂	15g		

制法：先将卵磷脂加到少量蒸馏水中，加热溶解，加入吐温-80，将其他成分（除琼脂外）加到其余的蒸馏水中，溶解。加入已溶解的卵磷脂、吐温-80，混匀，调 pH 值为 7.1～7.4，加入琼脂，103.43kPa（121℃，15lb）下高压灭菌 20min，储存于冷暗处备用。

（3）0.5%氯化三苯四氮唑（2,3,5-triphenyl terazolium chloride，TTC）

成分：TTC，0.5g；蒸馏水，100mL。溶解后过滤，103.43kPa（121℃，15lb）下高压灭菌 20min，装于棕色试剂瓶，置于 4℃冰箱备用。

3．操作步骤

（1）用灭菌吸管吸取 1∶10 稀释的检液 2mL，分别注入到两个灭菌平皿内，每皿 1mL。另取 1mL 注入到 9mL 灭菌生理盐水试管中（注意勿使吸管接触液面），更换一支吸管，并充分混匀，制成 1∶100 检液。吸取 2mL，分别注入到两个灭菌平皿内，每皿 1mL。如样品含菌量高，还可再稀释成 1∶1000，1∶10000…，每种稀释度应换 1 支吸管。

（2）将融化并冷至 45～50℃的营养琼脂培养基倾注到平皿内，每皿约 15mL，随即转动平皿，使样品与培养基充分混合均匀，待琼脂凝固后，翻转平皿，置 36℃±1℃培养箱内培养 48h±2h。另取一个不加样品的灭菌空平皿，加入约 15mL 营养琼脂培养基，待琼脂凝固后，翻转平皿，置 36℃±1℃培养箱内培养 48h±2h，为空白对照。

（3）为便于区别化妆品中的颗粒与菌落，可在每 100mL 营养琼脂中加入 1mL 0.5%的 TTC 溶液，如有细菌存在，培养后菌落呈红色，而化妆品的颗粒颜色无变化。

4．菌落计数方法

先用肉眼观察，点数菌落数，然后再用放大 5～10 倍的放大镜检查，以防遗漏。记下各平皿的菌落数后，求出同一稀释度各平皿生长的平均菌落数。若平皿中有连成片状的菌落或花点样菌落蔓延生长时，该平皿不宜计数。若片状菌落不到平皿中的一半，而其余一半中菌落数分布又很均匀，则可将此半个平皿菌落计数后乘以 2，以代表全皿菌落数。

5．菌落计数及报告方法

（1）首先选取平均菌落数在 30～300 个之间的平皿，作为菌落总数测定的范围。当只有一个稀释度的平均菌落数符合此范围时，即以该平皿菌落数乘其稀释倍数（见表 5-24 中例 1）。

（2）若有两个稀释度，其平均菌落数均在 30～300 个之间，则应求出两菌落总数之比值来决定，若其比值小于或等于 2，应报告其平均数，若大于 2 则报告其中稀释度较低的平皿的菌落数（见表 5-24 中例 2 及例 3）。

（3）若所有稀释度的平均菌落数均大于 300 个，则应按稀释度最高的平均菌落数乘以稀释倍数报告之（见表 5-24 中例 4）。

（4）若所有稀释度的平均菌落数均小于 30 个，则应按稀释度最低的平均菌落数乘以稀释倍数报告之（见表 5-24 例 5）。

（5）若所有稀释度的平均菌落数均不在 30～300 个之间，其中一个稀释度大于 300 个，而相邻的另一稀释度小于 30 个时，则以接近 30 或 300 的平均菌落数乘以稀释倍数报告之（见表 5-24 中例 6）。

（6）若所有的稀释度均无菌生长，报告数为每克或每毫升小于 10CFU。

（7）菌落计数的报告，菌落数在 10 以内时，按实有数值报告之，大于 100

时，采用二位有效数字，在二位有效数字后面的数值，应以四舍五入法计算。为了缩短数字后面零的个数，可用 10 的指数来表示（见表 5-24 报告方式栏）。在报告菌落数为"不可计"时，应注明样品的稀释度。

表 5-24　细菌计数结果及报告方式

| 例次 | 不同稀释度平均菌落数 | | | 两稀释度菌数之比 | 菌落总数 /(CFU/mL 或 CFU/g) | 报告方式 /(CFU/mL 或 CFU/g) |
	10^{-1}	10^{-2}	10^{-3}			
1	365	164	20	—	16400	16000 或 1.6×10^4
2	2760	295	46	1.6	38000	38000 或 3.8×10^4
3	2890	271	60	2.2	27100	27000 或 2.7×10^4
4	不可计	4650	513	—	513000	510000 或 5.1×10^5
5	27	11	5	—	270	270 或 2.7×10^2
6	不可计	305	12	—	30500	31000 或 3.1×10^4
7	0	0	0		$<1 \times 10$	

注：CFU 为菌落形成单位。

 三、防腐挑战试验测试

国内外配方设计时普遍采用防腐挑战性试验评价防腐剂的有效性。防腐挑战性试验更接近实际应用，该方法能够模拟化妆品生产和使用过程中受到高强度的微生物污染的潜在可能性和自然界中微生物生长的最适宜条件，从而避免由微生物污染造成的损失和为消费者健康提供可靠的保证。

1. CTFA 推荐的一次加菌防腐挑战性试验及评价标准

CTFA 的方法初始的霉菌和细菌的接种量分别为 10000CFU/g（mL）和 1000000CFU/g（mL）（CFU 为菌落单位），要求在第 7 天时霉菌降低 90%，细菌降低 99.9%，并且在 28 天内菌数持续下降。美国在 CTFA 评价方法的基础上提出更为严格的标准，即：若单菌接种的三个平行试验中任何一种微生物数量的平均值，在第 7 天时下降到 100CFU/g（mL）以下，28 天全部为 0，则视为效果优良通过挑战试验；若第 7 天时下降到 1000CFU/g（mL）以下，则视为勉强通过；若单菌接种的任何一种微生物，任何一个平行样达不到上述标准，也达不到 CTFA 的要求，防腐体系则评定为无效。

2. 国内参照 CTFA 加菌防腐挑战性试验及评价标准

初始接种细菌量 1000000CFU/g（mL）。

（1）第 28 天时，样品中含细菌或霉菌＞1000CFU/g（mL）该样品不能通过微生物攻击的挑战试验，表明样品的防腐体系不能有效地抑制微生物的作用，产品在生产、贮藏和使用中很容易受到微生物的污染。

（2）第 28 天时，样品中含细菌或霉菌在 100～1000CFU/g（mL），该样品有条件地通过挑战试验，即当产品中蛋白质或其他动植物材料成分不是特别高，同时生产的卫生环境符合要求，包装物不易发生二次污染时，该防霉体系可以使用，否则不能。

（3）第 28 天时，样品中含细菌或霉菌在 10～100CFU/g（mL），表明该样品的防腐体系对微生物有较强的抑杀效果，通过挑战试验，产品在生产、贮藏和使用时不容易受到微生物污染。

（4）从第 7 天起，样品中的细菌或霉菌<10CFU/g（mL），说明该样品的防腐体系对微生物有特强的抑杀作用，通过挑战试验，产品在生产、贮藏和使用时很不容易被微生物污染。

根据经验，当测试进行到第 7 天时，若细菌和霉菌数均能降低到 1000 以下时，第 28 天时的结果和评价一般都能通过挑战试验；当测试进行到第 14 天时，细菌和霉菌数在 10000 以上时，第 28 天时的评价基本都不能通过挑战试验。

第五节　化妆品生产过程中的防腐措施

防腐剂体系设计好以后，在生产过程中也需要采取严格控制措施，防止化妆品在生产过程中的污染（一次污染）。

化妆品成分复杂，含有的许多营养物质是污染微生物生长的良好培养基，在化妆品的整个生产过程中，从原料进厂，经过多道工序制成产品，各种各样的因素均有可能导致微生物污染。分析化妆品生产过程中微生物污染的来源，采取相应的预防和控制措施，对于保证产品质量是非常必要的。

一、防止原料的污染

化妆品原料种类繁多，主要包括各种表面活性剂类、动植物油脂类、动植物蜡类、脂肪酸及其酯类、醇类、烃类、胶质类、糖类、淀粉类、蛋白质类、纤维素衍生物类、维生素类、无机盐类和粉剂填料类工业品。这些原料进厂前，大多未经灭菌处理，并且具备微生物生长繁殖的条件。许多革兰氏阴性菌在多数表面活性剂的媒介中均能很好地生长，革兰氏菌特别是单胞菌经常出现在多数化妆品原料中。另外，化妆品生产中使用大量的水，也有可能将微生物带入成品中。一般来讲，原料的质量在很大程度上决定成品的质量，所以，在化妆品的生产过程中必须建立原材料的检测程序，制定原料的微生物指标，采用严格的杀菌、除菌方法。原料贮存时容易污染，应采用防潮容器，按规定的温度和使用期限使用。

对受到微生物污染的原材料，一般采用热杀菌、紫外线杀菌及过滤除菌、沉降除菌等方法。热杀菌方法对灭杀一般的微生物均十分有效。

化妆品用水一般采用去离子水或蒸馏水，贮存几天后会产生各种杂菌。为保证用水的质量，应每日检测水中的微生物，如果没有明显问题出现，可减少测试频率，但这必须建立在已证明的有效系统基础上。但对水处理系统中微生物控制装置及各用水点，每星期至少进行一次微生物检验，假如有某一取水点测试结果超标，必须进行全面分析，直到找出原因并采取果断措施加以改正。

 ## 二、防止环境和设备的污染

生产环境中空气系统的设计针对工厂每一个区域的特殊要求而有所不同，它应考虑在操作区域所内的空气质量，这将要求几种不同的空气处理系统，这些系统要基于每一服务区域所需的空气质量来设计。这些系统的设计必须要考虑几个方面，包括进入空气的质量、温度、湿度、交换速度和系统设计对空气纯度的要求，并且要考虑进/出通风口的位置，以及控制气流模式的管道的布置。

在潮湿地区，需定期对墙壁、天花板、地板、锅釜、搅拌桨、供料管和用具进行强力清洗和杀菌消毒，因为这些地方有利于微生物的生长繁殖。常用的消毒剂有次氯酸钠、甲醛、新洁尔灭、醋酸洗必泰和乙醇等。

 ## 三、防止包装的污染

包装材料（桶、瓶、盖）的不卫生会造成化妆品的微生物污染，需要清洗后再投入使用。特定的包装是保持化妆品质量的措施之一。同一类型产品的保存因其包装类型不同而有不同防止微生物污染的效果，乳液化妆品采用泵式包装的效果好；香波使用旋盖要比滑动盖的效果好。

 ## 四、防止操作人员的污染

人的皮肤、鼻、耳、口等均有微生物存在，毛巾如果在沾湿情况下一段时间后会含有大量微生物（包括革兰氏阳性菌），因此良好的个人卫生是控制微生物污染的有效方法，不执行良好个人卫生的员工将使以上所述的所有工作失去意义，尽管有最好的用品、设备、程序及好的清洁卫生操作，污染仍有可能发生。应穿戴清洁专用的卫生服、卫生帽、卫生鞋，并要求对生产人员的手进行消毒。一般是先用肥皂和水洗净再浸入含氯消毒液或75%乙醇中，或采用新洁尔灭和醋酸洗必泰进行消毒。

第六章

Chapter **6**

感官修饰体系设计

　　感官修饰体系设计是化妆品配方设计的重要组成部分之一。在化妆品配方调制中，这个体系直接给使用者第一感官。感官修饰体系包括调色和调香。调色中，化妆品的着色、保色、发色、褪色是化妆品加工者重点研究的内容。调香设计是化妆品配方设计的重要组成部分之一，它对各种化妆品的时尚感和愉悦感起着关键的作用。

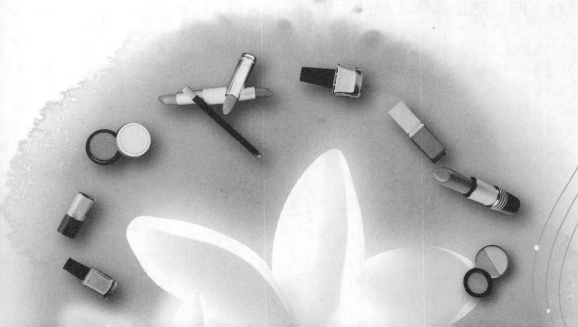

感官修饰体系包括调色和调香。感官修饰体系设计就是对化妆品颜色和香气体系进行原料选择和调配的工作。

调色是指将化妆品的配方设计和调整过程中，选用一种或多种颜色原料，把化妆品的颜色调整到突出产品的特点、并使消费者感到愉悦的过程。此过程中，化妆品的着色、护色、发色、褪色是化妆品加工者重点研究的内容。

调香是指在化妆品的配方设计和调整过程中，选用一种或多种香精或香料，把化妆品的香气调整到突出产品的特点、并使消费者感到愉悦的过程。调香设计是化妆品配方设计的重要组成部分之一，它对各种化妆品的时尚感和愉悦感起着关键的作用。

感官修饰体系设计是化妆品配方设计的重要组成部分之一。在化妆品配方调制中，这个体系直接给使用者第一感受，是直接影响消费者购买的因素。

第一节 调 色 设 计

一、调色原理

1. 颜色

颜色是物质的一种性质，它是不能用一个简单的概念加以描述的。颜色科学已成为科学色度学（Colorimetry），它涉及物理光学、视觉生理、视觉心理等交叉研究领域。

颜色分为非彩色和彩色两类。非彩色是指白色、黑色和各种深浅不同的灰色。它们可排列成一系列由白色渐渐到浅灰，再到中灰，再到深灰，直到黑色，叫作白黑系列；彩色是指白黑系列以外的各种颜色。在这绚丽多彩的世界里，彩色的种类看起来是无穷尽的，大致可分红、橙、黄、绿、蓝、紫等色。彩色具有三种特性：明度、色调、饱和度。要明确描述彩色，就可通过这三个特征值来表征。

2. 调色原理

各类工业产品的颜色往往是由一种以上的染料或色素组成，构成千变万化的色彩。颜色的混合产生新的色彩，它是按一定规律进行的，这个规律中重要的理论之一就是三基色理论。在自然界中，所有颜色都可以由三个基本颜色按照不同比例混合而成。三个基色都是相互独立的颜色，其中的任何一个颜色都不能由其他的两种颜色混合而成。有两个基色系统：一种是加色系统，三个基色为红、绿、蓝；另一种是减色系统，三个基色为黄、青、紫（或品红）。

调色是指将一种或一种以上色素按一定量进行混合，得到达到要求的颜色的色素。三基色理论可作调色的重要指导思想。化妆品调色是指在化妆品基质里，按一定比例量添加一种或一种以上色素，以使化妆品显示不同颜色或涂于皮肤上使皮肤的色泽得到改变。

3．化妆品色泽的影响力

化妆品色泽对化妆品消费心理和美学心理密切相关，在指导化妆品开发与生产中具有重要的影响力，具体表现如下。

（1）能引导消费者对化妆品的功效和作用产生联想。例如：化妆品膏体为绿色，让消费者联想植物提取物作功效成分，天然、安全；若化妆品膏体为粉红色，让消费者联想到此产品为美白的产品；若化妆品膏体为黄色，让消费者理解为抗衰老功效。因此，化妆品调色依据功效来进行确定，不要与消费者认识偏差过大，否则会影响消费者购买。

（2）给化妆品赋予时尚和美丽。这方面，彩妆产品最为明显，不同的年份，彩妆化妆品流行色都不同，不同的色泽代表不同时期的时尚。彩妆化妆品开发中，色泽确定要与国际、国内流行时尚色相吻合。

（3）给消费者视觉享受。颜色调得合适，会给予消费者一种享受。例如：调色美观的浴盐，装入具有艺术感的透明玻璃瓶中，放在浴室，给消费者一种工艺品的艺术享受。

（4）促进消费者购买化妆品。当产品色泽令人心情愉悦时，摆在货架上，能吸引消费者眼球，增加注意力，很大程度上能够促进消费者激起购买产品的冲动。

所以，化妆品色泽有着巨大影响力。那么化妆品的调色在化妆品技术开发过程中具有深远的意义。

4．化妆品色泽的来源

市场销售的化妆品有各种不同的颜色，它的颜色形成有多种途径，包括：乳化形成、添加色素、色淀和加入有颜色的原料等，都可能让化妆品呈现不同的颜色。

（1）乳化过程中形成白色，这是由产品的配方和工艺特征所决定的。例如：白色的膏霜和乳液。

（2）添加的原料通过化学反应或分散完后，重结晶而表现出来的珠光白色。例如：在生产皂基洗面奶过程中，脂肪酸中和、冷却降温后，出现的珠光白色。

（3）通过添加具有颜色的原料，如植物提取液等。在生产爽肤水的过程中，为了产品更亮丽，在水中加入植物提取液，让产品显示出绚丽的浅黄自然色。

（4）通过添加多种色素和色淀。在制作各种粉饼过程中，通过添加多种色淀，让粉饼的颜色色彩斑斓。

（5）化妆品细菌污染导致变质，也可导致产品有颜色。这是化妆品生产过程中要重点防止的。

5. 化妆品色泽的变化

化妆品色泽的变化是指化妆品经过一段时间后，产品的颜色发生了变化。要保证产品质量，化妆品色泽的稳定是产品质量稳定的直接表现。但导致化妆品色泽变化的因素很多，综合有以下几方面。

（1）加入的色素不稳定，如：色素对温度和紫外线敏感，致使颜色改变，从而导致化妆品变色。

（2）化妆品的 pH 值变化。一些色素的发色基团受 pH 值影响，会显示不同的颜色。

（3）添加已氧化的原料。原料被氧化变色，导致化妆品变色。

（4）化妆品被细菌污染导致变质，也可致使产品有颜色。

6. 拼色

拼色也称色素复配，指将各种色素按不同的比例混合拼制，由此可产生丰富的色素色谱，满足化妆品生产加工的需要。由此产生的色素成为调和色素。

化妆品种类较多，对拼色的需求有以下几种情况。

（1）彩妆产品体系功能的需要。例如：生产口红时，一般依据消费者的需要，会调出一系列色系产品，这就需要通过拼色来实现。

（2）依据不同的概念产品，通过拼色，对概念进行烘托的需要。例如，植物提取系列产品，常将颜色调为对应植物的颜色，樱桃系列产品一般调为深红色。

（3）当原料的颜色不利于产品外观时，常通过拼色来掩盖其不利颜色，达到产品有愉悦色泽要求。

在化妆品常使用的色素原料中，有的色素在不同的 pH 值下会显示不同的颜色，还有的色素在不同溶剂下有不同的溶解性，这就要求在拼色时要注意以下问题：

（1）色素之间互不反应；

（2）相互能均匀溶解，无沉淀及悬浮物产生；

（3）互溶后使原来的稳定性有所提高；

（4）调完 pH 值后，再进行拼色处理。

拼色可按照三基色理论来进行。化妆品的拼色有以下一些经验：

（1）三个基色等质量混合，得到黑色。

（2）等量基色拼色。规律如图 6-1 所示。

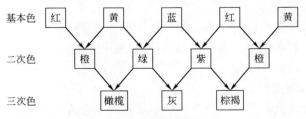

图 6-1　同比例拼色规律图

（3）不同比例添加拼色。不同比例拼色规律如图 6-2 所示。

图 6-2　不同比例拼色图

拼色是融入艺术性质的工作，需要到实践中总结，灵活应用，才能做得更好。

7．护色

色素类物质都是由于含有生色团和助色团才能呈现各自特有的颜色，这些基团易被氧化、还原、络合，使基团的结构和性质发生变化，使颜色发生变化或退色。护色是指针对上述颜色变化因素，采取螯合、抗氧化等措施，来保证化妆品颜色的稳定性。护色的主要措施如下。

（1）选用稳定的色素。不同的色素稳定性不同。例如：天然色素就比合成色素稳定性差。

（2）添加紫外线吸收剂，防止紫外线对产品色泽产生影响。

（3）添加抗氧化剂，防止色素的氧化变色。

（4）若添加对 pH 值敏感的色素，可设计缓冲体系，来保证产品颜色的稳定性。

（5）添加螯合剂，来解决离子对色泽的影响。

二、色素的使用

1．优质的化妆品色素应该满足以下条件。

（1）安全性好。各种毒理学评价要符合要求，对皮肤无刺激性，无毒，无副作用。

（2）无异味。

（3）与溶剂相溶性好，易分散。

（4）光、热稳定好。

（5）化学稳定好。不与化妆品其他原料发生化学反应，配伍性好。不与容器发生作用，不腐蚀容器。

（6）着色效率高，使用量小。据目前研究，色素对皮肤并无益处，有些色素可能还对皮肤有刺激作用，因此，尽可能少加色素为佳。

（7）易采购，价格合理。

2．化妆品级色素分类

（1）人工合成色素　人工合成色素是通过人工合成的化学色素。包括：焦油类色素、荧光色素和染发色素。

（2）天然色素　天然色素是指从天然动植物和天然矿物中提取的色素。包括：植物性色素、动物性色素和矿物色素。

（3）色淀　色淀是指水溶性色素吸附在不溶性载体上而制得的着色剂。一般不溶于普通溶剂，有高度的分散性、着色力和耐晒性。

3．色素选择使用

参照卫生部对色素在化妆品中的使用规定，规定包括色素使用种类、适用化妆品种类和使用量。详见《化妆品安全技术规范》（2015 版）第一部分。

 ## 三、颜色的测量与评价

颜色的测量与评价是保证化妆品色泽稳定、控制化妆品质量的重要手段，一般通过目视法和仪器测量法来实现。

目视法是通过目测对比样品，确定颜色的差距。一般要求有标准品，然后用检测样品与标准品进行对照，通过目视比较来完成。这是目前化妆品开发和生产普遍采用的方法。

仪器测量是利用色度计求得亮度因素 Y 和色坐标 x、y，根据这些参数，利用图册中有关的图和表，可将颜色样品的孟塞尔标号求出。

仪器测量法能排除测定者主观因素，较准确地利用色彩的三个参数来描述颜色的差别，对颜色的观测结果，可用数字记录下来。近年来，由于计算技术和传感技术的发展，色度测量及其结果的转换高度自动化，提高了测量的准确度、重现性和运算速度，使仪器测量法成为现代化颜色分析不可缺少的手段。但是，由于测量方法需要较昂贵的现代化的仪器设备和具有一定色度学知识的观测者，仪器测量和配色也受到一些限制。

此外，人眼有较高的敏锐性，训练有素的观测者，对色差感觉较敏锐，可直接用于色度的比较测量。目视法可补充仪器测量法的不足，因此，目视法仍有一定的保留价值，仍然较广泛地使用在化妆品颜色测量工作和配方设计中。

 ## 四、常见调色问题与错误

1．退色

在生产销售过程中，生产的调色爽肤水经过一段时间后会变色。变色的特点是：

（1）放在展柜中尤其为明显；

（2）退色为无色。

分析原因：所添加的色素不稳定，尤其受到紫外线辐射，退色更严重。

解决办法：

（1）在产品中添加 0.02%～0.05% 的水溶性紫外线吸收剂，以防止紫外线对色素的影响。

（2）避光保存。增加外包装纸盒，避免光直接照射。

2．变色

部分色素在不同的 pH 值下，显示不同的颜色。在添加色素的产品中，尤其要注意体系 pH 值的稳定性。

解决办法：对于添加这类色素的产品，需要建立缓冲体系。例如：加入 0.1% Na_2HPO_4 和 0.1% NaH_2PO_4 互配，加入产品水相中，构成缓冲体系。

 # 五、化妆品调色举例

1．彩妆化妆品调色

彩妆化妆品主要能赋予皮肤一定颜色，以达到修饰皮肤的目的。调色对这类产品极其重要。能给予消费者时尚、健康和舒适的感受，带有时代和艺术的特征。

表 6-1 是口红配方设计举例。

表 6-1　口红配方

序号	原料名称	添加比例/%	作用说明
1	二氧化钛	5	调色体系
2	红色 201	0.6	调色体系
3	红色 202	1	调色体系
4	红色 223	0.2	调色体系
5	小烛树蜡	9	
6	固体石蜡	8	
7	蜂蜡	5	
8	巴西棕榈蜡	5	
9	羊毛脂	11	
10	蓖麻油	25.07	
11	2-乙基己酸鲸蜡酯	20	
12	肉豆蔻酸异丙酯	10	
13	BHT	0.05	
14	甜橙香精	0.08	

2．一般化妆品调色

在此处所谓一般化妆品是指除彩妆化妆品之外的化妆品。这类化妆品调色的作用能突出产品概念、卖点及视觉效果。要求调色赋予良好的视觉冲击力和时尚美感。例如，以植物为卖点的产品，经常调为淡绿色；以水果提取物为卖点的产品，常调色为对应的成熟水果颜色，如樱桃产品调为鲜红色。

第二节 调香设计

化妆品调香是指根据化妆品的性状、组成等特征，对其进行加香的过程，以达到增加产品的愉悦感和舒适感的目的。

一、化妆品调香的基本概念

（1）气味（obour） 是嗅觉器官所感觉到的或辨认出的一种感觉，又称为气息，它可能是令人愉快芳香的气味（aroma），也可能是令人厌恶的气味。

（2）香调（tone 或 note） 又称香韵，是用来描述香料、香精和加香制品中带有某些香气的调韵，但不是其整体香气的特征。通常引用有代表性的具体食物来表达或比拟，例如带有玫瑰香韵或带有动物香韵等。

（3）香型（type） 是用来描述某种香精或加香制品的整体香气的类型和格调，包括一些具体实物的比拟和带嗜好及感情色彩的用语。

（4）香精阀值 是指能辨别出香精香气的最低浓度。香精阈值越低，香精香势越强，使用量越小。是衡量香精质量的重要指标。

（5）头香（top note） 也称顶香，它是香精中最易挥发的组分产成的香气。头香作为整体香气中的一个组成部分，扩散能力较强，能使整个香精的香气提起（lifing）、轻快和效。没有头香的香精显得很平淡，气味不宜人。在嗅辨的头几分钟，给人以初步的印象，这对香精的形象是很重要的。用作头香的香料很多，如柑橘油、桉树脑和癸醇等。

（6）体香（body note） 也称中段香（middle note），它是香精的中等挥发性组分产生的香气，是香精的主体香气，代表了香精的特征，其香气能在相当长的时间中保持稳定和一致。体香是香精的主要组成部分。用作体香的香料有香茅醇、苯乙醇和丁子香叶油等。

（7）基香（basic note） 也称尾香（end note），它是香精中挥发性低的组分或某些定香剂产生的香气，留香时间长，即使干后也有香气，有些香气可保持几天或几周，甚至几个月。

（8）基体（basic） 当香料混合时，有些组分含量很高，而另一些组分含量很低。如果各组分含量相近，则香精的气味平淡，不会怡人。一般，在制备香精时先把含量高的组分混合，然后，添加其他含量低的组分，使其香气更圆润。那部分高含量香料混合物称为香精的基体。调香时一般先配基体。

（9）香基（bases） 也称不完整香精（part-perfume）和半香精（semi-perfume），它是用数种以上的香料配制成具有某香气特征的混合物，它不是完整的香精，不直接用于加香产品中，仅供构成完整香精的一个部分。为了节省调香师的时间，国外不少香精公司均配制香基供自用或销售，已有较简单的香气类型，如玫瑰香基、青香香基和香石竹香基等。

（10）和合剂（blender） 也称和合香料，它是用来调和主体香料的香气，使香精中单一香料的气味不至于太突出，而产生协调一致的香气。某些化合物和合某些香料混合物特别有效，这类化合物称为和合剂，如茉莉香精的和合剂常用丙酸苄酯、松油醇；玫瑰香精则以芳樟醇羟基香茅醇作和合剂。

（11）修饰剂（modfier） 也称矫香剂，其作用是用某种香料的香气去修饰另一种香料的香气，使之具有某种特殊效果的香气。修饰剂用量很少，其香气常与主体香气无关，例如玫瑰香精可含有辛香气味的修饰剂。

（12）定香剂（fixative） 也称保香剂，其作用是调节调合成分的挥发度，使香精留香时间加长，香气稳定，即尽量长久地保持其原来的香型或香气特征。定香剂是通过与香精中较易挥发组分的物理化学作用（如包膜、分子间静电吸引和氢键等）使其蒸气压降低，从而减慢其蒸发速度。定香剂对香精的气味贡献不大，某些定香剂也起着修饰剂的作用。它是相对分子质量较大、沸点较高的物质，如大环化合物、固体物质、有香味的树脂胶等都可作定香剂。定香剂品种很多，动物性定香剂如天然麝香是最好的定香剂，植物性定香剂与合成定香剂一起使用更普遍。

二、香精及其分类

香精按其用途可分为很多类，总结起来，大体可分成以下三大类。

（1）日用化学用香精。这类香精可再分为：皂用、洗涤剂用、清洁剂用、劳动保护用品用、卫生用、化妆品用及地板蜡用等。

（2）食用香精。这类香精可再分为：食用品、烟用、酒用、牙膏（牙粉）用和某些内服药用等。

（3）其他工农业品用香精。可分为塑料制品用、纺织品用、祛臭剂用、杀虫剂用、皮革用、文教用品用和饲料用等。

应该强调的是用于调配化妆品用香精的香料和原料必须符合《化妆品安全技术规范》（2015版）的相关规定。

三、化妆品调香方法

化妆品和盥洗用品种类繁多，各类产品和剂型的基质的物理化学性能也各异，即使同一类型的基质，由于其所含组分，特别是活性组成，也有很大的差别，另外，加香的工艺条件也不同，它们对香精的要求也有区别。产品的配香从香型选择开始，到加香配制出顾客满意畅销的产品是产品开发计划的重要组成部分。

1．化妆品调香的准备

香精作为调香师的艺术作品，是具有艺术属性的，不同时期有不同的潮流，存在着不同的流派。调香师的责任是配制出顾客满意、符合潮流、畅销的香精产品。这不仅是配方技术的问题，而且涉及美学、心理学和市场经济等方面的因素。在香精配方设计前，必须收集足够的使用和应用方面的有关信息。这些基本信息包括以下方面。

（1）香精用于何类产品。各类产品对香精的要求不同，调香师应了解产品的配方，以正确地平衡其头香、体香和基香，并注意与产品基质的配伍问题。

（2）香精产品的销路。这方面的信息不仅是市场开拓问题，而且关系到各国之间的地理位置的差别、对香精喜爱的倾向、人口构成和法规的要求。一些国家对气雾产品的挥发性有机化合物的管制法规加强，这影响到对香精的要求。Cooke 在英国 Sandpiper 香精研究所建立了世界最大的香精数据库。Hoppe 等根据 1920～1986 年的大量统计资料，提出了数学模型，模拟和预测各大类香精的发展趋向。

（3）香精配方成本的限制和约束。香精往往是产品中最昂贵的原料，香精的价值在整个产品成本中所占的份额随产品的种类和使用香精的级别而改变。使用优质的香精有助于改进产品的形象，有利于最终产品的销售。

（4）产品的市场形象。这方面的信息提供了产品的功能和表现感情色彩的形象。香型必须与市场概念和产品牌子的形象相配合。

（5）产品设定的货架寿命。包括在商店货架和使用者家中的货架寿命。

（6）最终产品使用的包装类型。调制或使用香精的类型必须与产品颜色、外观及包装图案相协调。

（7）最终产品使用的频度。产品经常暴露于大气的氧中，不同的包装暴露的情况也有所不同。要求使用的香精有一定耐氧化的能力。

2．化妆品调香途径

在国内，化妆品企业比较多，规模相差比较大，在选用和配选化妆品产品香精方面的途径也各不相同，一般有以下两种途径：

（1）提出要求，委托香精公司为产品配香，调香师与化妆品配方师共同合作完成最终产品的调香工作。这是一些大的化妆品公司和名牌产品采用的途径，能充分地发挥调香师和化妆品配方师的专长及合作精神，能高质量地完成配香工作，但历时长，成本较高。

（2）按照产品的要求，选定香精公司已定型销售的香精进行配伍试验，或选用香精公司提供的香基，进一步修饰，进行配伍试验。这种途径省时、成本低，只要认真筛选也可获得满意的结果，但香型受到一定程度的限制，要创造出有新创意的产品存在一些困难，大多数中、小型化妆品公司采用这种途径。由于香精生产专业化程度的提高，香精生产公司可售出各种各样专用香精供化妆品配方师选用。国内绝大多数化妆品厂都采取这种途径。

3．化妆品调香步骤

化妆品调香可按以下三个步骤进行。

（1）香型选定，小样调香和评香；

（2）小样香精的加香试验，加香产品的香气类型、香韵、持久香、稳定性和安全性的初步评估；

（3）试配香精大样，做加香产品的大样应用试验，质检部门对产品的物理化学性质评估，专家小组对感观质量评估和代表性的消费者试用评估。

每一阶段工作基本上达到要求后才进入下一阶段的工作。根据评估和反馈的信息改进产品的质量，这几个阶段可能需要反复多次进行。

4．化妆品调香注意事项

香精的稳定性主要包括香精本身的稳定性和香精加入到某种介质（或基质）制成最终产品后，香精与介质之间的相互影响作用。

香精本身的稳定性主要表现在以下两个方面：

（1）香型或香气的稳定性。即香精能否在一定时期和条件下基本上保持其香型或香气；

（2）香精的物理化学稳定性，如变色、形成沉淀物等。这两方面稳定性往往是有联系或互为因果的。香精与介质的相互影响作用是两者的配伍问题。这问题对最终产品的性能和质量有极其重要的影响。

形成香精不稳定性的原因可归纳如下：

① 香精中某些分子之间发生的化学反应（如酯化、酯的交换、酚醛缩合、醇醛缩合、泄馥基形成等）；

② 在光、热和微量金属离子的作用下，诱发香精中某些活化分子发生物理、化学反应（如某些醛、酮和含氮化合物等）；

③ 香精中某些成分与介质中某些组分之间发生物理、化学反应或配伍不相容性（如介质 pH 值的影响而水解或皂化，表面活性剂的存在引起加溶，某些组成不配伍产生混浊或沉淀等）。

④ 香精中某些成分与产品包装容器的材料之间发生反应。

这些不稳定性因素的作用往往不是单一的，其作用结果是一种综合的效果，使香精的香型或香气变化、加香产品变色、混浊、析出沉淀、乳液分层、黏度变化等。此外，还可导致加香产品的外观和功能的变化、包装容器的变色和变形。

四、调香在化妆品中的举例

化妆品品种繁多，对调香的各方面要求也各有不同。香气是化妆品的第二感官，是消费者决策购买的重要因素之一，所以调香设计是化妆品配方设计的重要工作之一。

化妆品调香受化妆品诸多因素的影响。

（1）化妆品的香气对档次的影响。高档化妆品的香气一般头香圆润，清新高雅，留香持久；而低档化妆品头香强劲，刺鼻，用于遮盖原料异味等。所以调香设计时，一定选好香精，以保证香气与化妆品的档次相对应。例如，高档的洗发水，洗完头发后，头发柔软顺滑，并散发出优雅持久的香气。

（2）化妆品的香气要与化妆品的颜色和外包装能够适应。如：绿色包装化妆品，一般选用香气清新、带有重要植物感觉的香气。

各种化妆品调香设计的相关要求如下。

1．香水类

（1）产品细分种类　包括香水、化妆香水和古龙水。

（2）调香的目的　遮盖人体异味，给人们优雅、高贵、愉悦的嗅觉享受。所以对香气品质要求比较高。

（3）香气要求　纯正、圆润，香气鲜幽，清新；底香饱满而不重；头香有而不尖。

（4）香精添加量　2%～30%。

（5）调香注意事项

① 香精蒸发后，残留物量少，防止阻塞喷头，以免影响使用效果；

② 香气与酒精相协同，无酒精异味；

③ 添加少量的紫外线吸收剂和抗氧化剂，提高香气稳定性。

2．膏霜和乳液

（1）产品细分种类　可分为 O/W 和 W/O 两种大类。由于这两类产品内外相不一致，对香精中油溶性和水溶性香料分配比例不一样，导致香气分布也不一样，显现的香气也有不同。

（2）调香的目的　遮盖原料异味，保证产品整体香气愉悦，吸引消费者欢迎和购买，也使得产品形象更有利于广告宣传和市场拓展。

（3）香气要求　细腻、透发、淡雅，整体香气圆润，要达到先后一致，一般采用清香、果香和花香等。

（4）香精添加量　0.1%～0.5%。

（5）添加工艺　加香温度 50℃以下。

（6）调香注意事项

① 这类产品调香完毕，一定要进行评价，评价的内容包括：香型的喜爱度、稳定性、安全性和配伍性；

② 香精加入此类产品中，对产品的黏度有影响；

③ 这类产品在皮肤上停留时间比较长，一定要注意香精的刺激性问题。

3．香波和沐浴露清洁类

（1）产品细分类　香波、沐浴露、洗面奶、香皂等。

（2）调香的目的　掩盖原料异味，增强功效添加剂感观形象，赋予客户愉快感受。

（3）香气要求　整体香气扩散力强，饱满而透发，圆润、协调性好，而且有灵感，香气以青花香、果香、清香花香、醛香花香为主，主要体现体香。

（4）香精添加量　0.5%～2.0%。

（5）调香注意事项

① 由于这类产品香精添加量比较大，在挑选香精时注意香精对产品的黏度、泡沫、颜色和稳定的影响；

② 对婴儿用品特别要强调温和性，因为婴儿使用时，特别容易将产品或溶液进入眼睛；

③ 注意香精与包装材料的配伍性。

4．粉类

（1）产品细分类　香粉、面膜粉、爽身粉和痱子粉。

（2）调香的目的　掩盖粉类原料的异味，给消费者清爽舒适之感。

（3）香精添加量：0.2%～2.0%。

（4）调香注意事项

① 粉类原料吸附香精能力比较强，注意添加香精量和香气强度；

② 在这类产品中，香精与空气接触时间长，要注意香精对氧化的稳定性。

5．口腔清洁类

（1）产品的细分类　牙膏和漱口水。

（2）调香的目的　掩盖表面活性剂原料和杀菌剂的异味。

（3）香精添加量　0.5%～2%。

（4）调香注意事项

① 产品进入口腔，香气要与食物香气一致。

② 产品与口腔黏膜接触，注意避免添加刺激性的香精。

五、芳香精油

芳香精油是指将植物的花、叶、根、皮、树脂或果皮进行提取，得到具有特殊香气的精油，含有多种香类物质，在此不介绍其成分。其最直接的作用可以作为香料，用于圆润香精；也可直接作为香精的替代品，直接添加于化妆品中，更能体现产品的纯天然和功效性。芳香精油能起到一定功效作用，人们称其为"芳香疗法"。芳香疗法就是利用植物的芳香成分治愈身心，是一种对健康和美丽都很有效的自然疗法。近年来，人们对精油的认识逐渐加深，使用面越来越广，市场需求日益增大。

1．芳香精油作用机理

肉眼看不到的芳香，是以分子（芳香分子）的形式存在的。并通过以下三种途径影响着人体活动。

（1）从鼻部到大脑。芳香分子进入鼻子后，从存在于鼻根四周的嗅上皮部分传到嗅觉细胞。芳香分子在这里转换为电流信号，这种电流信号本能性地直接接近控制感情和行动的大脑边缘区域。最后传达到周围的丘脑下部和下垂体。

这样，香味就会激发与记忆力、情绪有关的各个部位，提高免疫力、促进荷尔蒙分泌、刺激控制生命活动的自律神经，因而影响整个人体活动。

（2）从鼻部或口腔进入到肺部、气管。芳香分子经气管进入肺部，渗透过血管壁后就会分散开来从而传输到全身。

（3）通过皮肤接触而不是通过鼻子嗅取飘浮在空气中的香气。浸泡在已经放入精油的浴缸中，一种叫作基础（载体）油分子的植物油与混合的精油会一起布满身体表面，并被表皮吸收，渗透到皮肤内部的真皮组织，然后进入毛细血管和淋巴壁，在全身循环。

这样，香气就通过以上三种途径进入人体内并在全身发挥作用，从而引导身心更好地发展。

2．芳香精油的品种和作用

芳香精油的品种和作用见表 6-2。

表6-2　芳香精油的品种和作用

功效 / 精油名称	缓和	强壮	祛痰	祛风	兴奋	抗菌	促进消化	系统功能调节消化	消炎·抗炎	收敛	明晰神智	镇静	镇痛	镇痉	通经	防虫	荷尔蒙调节	利尿	提神	其他
依兰	●				●							●					●			
甜橙	●				●							●							●	抗阴郁
德国洋甘菊							●		●			●	●	●						
罗马洋甘菊	●						●		●			●	●							
鼠尾草	●											●		●	●					皮肤再生
葡萄柚	●	●				●	●											●		
丝柏										●		●				●				除臭、止血
檀香木		●	●		●				●									●		镇咳、消毒、软化皮肤
茉莉					●												●			抗阴郁
红松					●				●			●			●		●			发汗

精油名称＼功效	缓和	强壮	祛痰	祛风	兴奋	抗菌	促进消化	系统功能调节消化	消炎·抗炎	收敛	明晰神智	镇静	镇痛	镇痉	通经	防虫	荷尔蒙调节	利尿	提神	其他
牛至		●	●	●		●	●						●	●	●					强心、安定自律神经、消毒愈合伤口、降压
天竺葵	●				●							●					●			
龙蒿							●								●			●		健胃
茶树						●			●			●								增强免疫力
橙花醚	●				●							●		●						修复细胞
香馥草		●				●			●	●						●				
茴香		●		●														●	●	健胃
黑胡椒		●	●	●			●						●							刺激
乳香	●									●	●									镇咳
香根草									◉											修复细胞
胡椒薄荷									●	●			●	●						增强中枢神经机能、抑制母乳生成
香柠檬	●				●	●						●							●	抗阴郁
安息香	●		●							●										
没药	●					●				●					●					
蜂花	●				●	●														抗过敏
桉树			●																	
薰衣草						●			●			●	●	●		●			●	调整身体规律皮肤再生
柠檬					●						●									
柠檬草						●		●	●			●	●			●				调节中枢神经机能
玫瑰	●				●															
玫瑰香	●					●	●											●		
迷迭香												●						●		促进血液循环、抗酸化

注：画●的表示该精油有此功效。

3. 芳香精油的配制

相比其他化妆品，芳香精油配制工艺比较简单，只是称量和混合搅拌的过程。

（1）配制工具　配制时，只需以下工具：电子天平、玻璃吸管、烧杯、玻璃棒、遮光玻璃瓶。

（2）配制所需原料　配制芳香精油的主要原料是精油和基础油。

基础油的主要作用是稀释精油，并具有运输精油至皮肤深层的功效。具备这些功能的植物油脂都可作为基础油。

基础油主要有以下品种：霍霍巴油、橄榄油、甜杏仁油、鳄梨油、小麦胚芽油、玫瑰果油及牛油树脂等。

（3）配方设计　芳香精油配方设计相对比较简单。设计步骤如下。

① 确立所设计芳香精油的功能。例如：缓解压力，改善干燥肌肤等。

② 优选精油。根据所要达到的功能，找到具有对应功能的精油。

③ 优选基础油。基础油选择要考虑以下方面的问题：与精油溶解配伍性；能对精油的功能有辅助作用；涂于皮肤的肤感。

六、香气评价

香气评价是指对香气进行对比和鉴定。香气评价是调香师和化妆品配方师的一项基本功。香气评价对象包括香料、香精、芳香精油和加香产品。评香人员需要进行嗅觉器官训练，能灵敏地辨别和记忆各类评香对象的韵调和香型等。

1. 评香条件

（1）人员：身体健康，鼻子嗅觉状态良好。

（2）环境：通风良好，清洁舒适，无异味。

（3）工具：评香纸。

（4）样品：用密闭的玻璃容器装好，以免香气外溢。

2. 评香特征

香气特征包括以下方面：

（1）香型

（2）香韵

（3）香气强度

（4）留香持久性

（5）香气平衡性

（6）扩散性

针对以上方面，每次评香做好相应记录。

七、化妆品调香举例

消费者在选用化妆品时，常常是"一看，二闻，三涂抹"的方式来选购化妆品。"闻"的就是化妆品的香气。可见化妆品的香气对消费者的选购非常重要。

下面就以设计香体沐浴露配方进行举例，配方见表6-3。为突出"香体"，可选择留香时间长的香精或精油来进行调香，以突出其"香体"的卖点。

表 6-3　香体沐浴露配方

序　号	名称	含量/%	作用说明
1	EDTA	0.10	
2	AES	14.00	
3	B750D	1.00	
4	单甘酯	0.60	
5	6501	2.50	
6	CAB	3.00	
7	珠光浆	4.00	
8	卡松	0.10	
9	DMDMH	0.30	
10	柠檬酸	0.10	
11	薰衣草精油	0.30	调香体系
12	NaCl	0.40	
13	去离子水	73.60	

第七章

功效体系设计

　　功能性设计是在一般化妆品共性的基础上进行的特定功能设计，成为功能性化妆品。根据不同的使用者需求，设计不同功效的化妆品。本章只介绍普通功效化妆品体系设计，包括：保湿、美白、抗衰老功效体系设计。

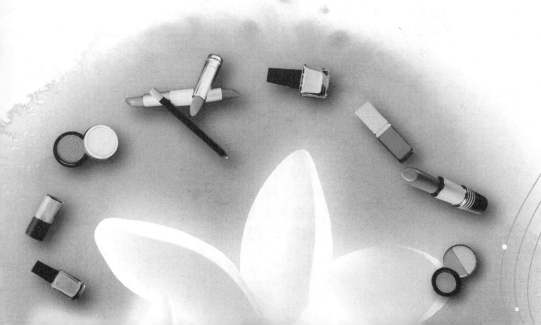

功效体系是由在化妆品配方中起功效作用的一种或多种原料所组成的体系。根据不同的要求，设计特定功效体系，完成功效化妆品配方设计。目前，配方师一般是在化妆品基础配方的基础上，添加一种或几种功效原料，就完成了功效化妆品的设计。另外，还有配方师认为功效原料添加量越大，其功效越明显。这些观点都具有片面性。

设计化妆品功效体系，首先应确定目标，在此基础上，再分析产生肌肤问题的机理和原因，找到解决问题的途径和办法，并寻求如何防止问题再次产生的措施，最后根据解决办法和预防措施，进行筛选和组合功效原料。通过上述步骤，才能设计出功效完整的体系，配制出功效明显的功效化妆品。

第一节　功效化妆品概述

功效化妆品（functional cosmetics）是指在化妆品中加入活性成分，使其具备一定的功效，也称功能性化妆品、机能性化妆品。不同的国家，对这类化妆品的名称各有不同，对其的法律管理也各不相同。

一、功效化妆品的发展趋势

随着化妆品技术的不断发展，消费者生活水平的不断提高，人们对化妆品的认识程度也越来越高，消费者越来越理性，这就对化妆品行业的发展提出了越来越高的要求。功效化妆品正朝着成熟健康的方向发展，主要表现在以下几个方面。

（1）安全性高　化妆品技术、相关医学技术、提取技术和分析检测技术的进步给功效化妆品的安全性提供了保证；另外，市场竞争加剧，这就要求生产企业必须保证产品的安全性。这两个方面共同作用，从而确保功效化妆品的功效性、安全性得到全面提高。

（2）添加剂以天然植物为发展方向　人们对合成类物质的不信任和对天然植物的倍加推崇，使得植物天然提取物用于化妆品成为必然，化妆品正朝着以天然植物提取物为原料的方向发展。

（3）功能的更细分化　随着社会的发展，生活水平的提高，人们对自身的保护更为重视。在这种条件下，化妆品配方师根据消费者心理，开发出更多样式的具有针对性的品种，以满足消费者的需要。所以，功能得到进一步细分。

（4）需求量越来越大　随着地球人口的增多，环境的恶化，大气层的破坏，紫外线辐射增强，沙漠化程度的加剧，更多人出现了问题皮肤。这就加大了对功效化妆品的需求，其市场销售额呈现逐年递增的态势。

二、功效化妆品分类

按照国内市场和国家法规，可将功效化妆品按照图 7-1 进行分类。

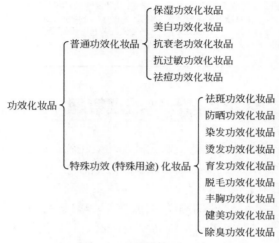

图 7-1　功效化妆品分类

 三、化妆品、功效化妆品与药品的区别和联系

为了更好地对功效化妆品加以理解，在这里将化妆品、功效化妆品和药品进行比较和分析，内容见表 7-1。

表 7-1　化妆品、功效化妆品与药品的区别和联系

项　目	化　妆　品	功效化妆品	药品
使用目的	清洁、保护和美化人体	清洁、保护和美化人体，消除不良气味	诊断、治愈、缓解、治疗或预防疾病
使用对象	健康人	健康人或尚未达到病态、有轻度异常的人	病人
对人体作用功能	保持人体内部各种成分的恒常性、缓和外界环境对皮肤和头发的影响，辅助维持其原来的防御机能，作用缓和及安全	防止或预防身体内部失调，不愉快的感觉以及尚未达到病态与诊治的轻度异常，各类制品有其特定使用对象和范围，作用缓和、安全，有一定疗效	对人体结构和机能有影响，对症下药，具有治疗功效，使用安全
效能和效果	效果依赖于构成制剂的物质和作为构成配方主体的基质的效果	效果依赖于所配合的有效成分的种类和配合量，以及基质的效能和作用	效果依赖于药物成分的效能和作用及使用剂量
使用方法	外用（包括涂抹、倾倒、散布和喷雾等）	外用（包括涂抹、倾倒、散布和喷雾等）	外用、内服和注射，有严格剂量限制

续表

项　目	化　妆　品	功效化妆品	药品
使用期	常用	常用或间断使用	在一定时间内使用，病愈停药
生产和质量管理法规	受《化妆品生产管理条例》、《化妆品卫生监督条例》、《化妆品卫生监督条例实施细则》、《化妆品卫生标准》和有关国家标准及专业标准制约	除受化妆品有关法规制约外，还受《中华人民共和国药典》和《中华人民共和国药品管理法》的制约	受《中华人民共和国药典》和《中华人民共和国药品管理法》的制约

四、功效化妆品原料的法规管理

近年来，在全国化妆品市场中，尤其是功效化妆品市场，不管是国内企业还是跨国企业，都多次出现因添加违禁原料或过量添加限用原料而被曝光，这给国家相关管理部门带来了很大的管理压力。国家卫生和计划生育委员会和国家质量监督检验检疫总局也不断采取措施，加强管理，以确保化妆品的使用安全。

2015 年，卫计委发布了《化妆品安全技术规范》代替《化妆品卫生规范》对原料设立了更加严格的标准，禁用原料增加了 100 多种，原料名称大多采用与国际接轨的 INCI 名。对特殊用途化妆品使用的原料，进一步规范其检测方法，对特殊用途化妆品的审批更加严格。先后多次吊销违规企业的特殊用途化妆品批件。

国家标准《化妆品卫生标准》（GB 7916—1987）规定了对化妆品及其原料、产品微生物和有毒物质的要求。国家标准《化妆品安全性评价程序和方法》（GB 7919—1987）规定了安全评价程序的方法。

现在，全国化妆品质量管理工作委员会又专门设立"化妆品原料 QA 工作部"，以协助及推进化妆品原料方面的质量监管，以确保化妆品原料使用安全。

第二节　化妆品功效体系设计

化妆品功效体系的设计是功效化妆品设计的核心，是实现产品总体设计的有力保证。化妆品功效体系的设计要在设计基本原则的指导下，落实设计步骤并进行评价，方能实现产品的设计目标。

一、化妆品功效体系设计的基本原则

化妆品功效体系设计要在正确方向下进行，否则容易走偏，不能有效达到设计目标。我们在多年研究化妆品的工作基础上，总结出以下功效体系设计原则。

1．安全性原则

功效化妆品强调的是产品的功效，要实现产品的功效，一般要求添加功效原料，而功效原料的很多品种具有一定的刺激性，这些对皮肤有不同刺激的物质有可能给皮肤健康带来影响。例如：染发剂，其用量过大，可能会带来致癌的危险。

配方师设计化妆品的目的是给消费者带来美的享受，而不是将对皮肤有危险的化妆品带给消费者，所以设计的功效化妆品必须要强调安全。只有在化妆品安全的前提下，消费者才能感受使用化妆品的快乐。

国内外政府管理部门都对功效化妆品加强管理，包括使用的原料、生产工艺和产品检测，从多方面来确保产品的安全，杜绝有质量问题的产品上市，防止消费者在使用过程中受伤害。因此，安全性原则是设计化妆品功效体系的必要原则。

2．针对性原则

从前面的功效化妆品分类可以看出，功效化妆品品种很多，而且诉求点的差异比较大，所以不同的诉求在功效体系设计时选用的原料各不相同，设计功效体系必须要有针对性。

另一方面，设计一款产品不能包括所有功能，即使添加各种功效原料，也因为原料性质各有不同，功效原料之间也可能存在相互作用，相互抵消作用效果，所以其功效也不能体现出来，况且，功效原料一般比较贵，一个配方中添加品种过多的功效原料，只可能增加成本，这也降低推向市场的可能性。所以，想在一个化妆品产品中包括多种功效也不太现实。

综合上述两点，设计化妆品功效体系必须遵守针对性原则。

3．全面性原则

在设计化妆品功效体系时，必须先弄清发挥功效的机理，在此基础上，再来优选原料。一方面，发挥功效作用的机理往往不是一个，而每个机理过程中，往往包括多个步骤，不同机理和不同机理中的不同步骤，都是帮助功效实现的不同途径；另一方面，一种功效原料有可能只在机理的某个过程中发挥作用，例如：熊果苷在实现美白功效时，只对酪氨酸酶活性有抑制作用。所以，设计化妆品功效体系要求做全面的考虑。

在保证所设计化妆品功效更明显、更持久的同时，配方师还应考虑肌肤的调理、修复和预防肌肤再次发生问题等。所以，这些都说明了在化妆品配方功效体系的设计过程中，一定要坚持全面性原则。

4．经济性原则

化妆品是市场化的产品，在产品的设计过程中必须考虑市场价值。要保证产品能在市场上获得更多的利润，就必须在保证产品功效质量的前提下，降低成本。经济性原则是功效体系设计不可少的基本原则。

功效体系原料在整个原料成本中占据较大比例，功效体系设计合理与否，对成本影响特别大，是降低成本的关键。在设计功效体系时，配方师可以通过性价比来衡量功效体系是否合理。

 ## 二、化妆品功效体系设计的方式与方法

要设计符合市场、作用明显的功效化妆品，就要完成和落实以下工作。

1. 确定设计目标

（1）产品定位　主要指价格定位。设计的化妆品销售价格定位将决定成本的高低，而功效体系成本对产品的成本影响较大，所以，在设计前必须确定。

（2）目标人群　不同的人群肌肤特质不同，肌肤所产生问题原因也各不同。要使设计产品有针对性，将使用效果充分展现给消费者，目标消费人群必须明确。

（3）销售区域　由于我国的疆土辽阔，南北气候相差大，对人体皮肤的影响各异，所以对功效体系要求也不相同。

（4）感观要求　化妆品的剂型、色泽、香气都属于感观。有些功效体系原料对感观影响比较大，所以在设计前必须重点考虑。

2. 明确实现目标的机理

要保证所设计功效产品实现预期功效，就要清楚掌握问题肌肤产生机理和功效体系原料作用机理。

肌肤问题产生机理是指皮肤代谢过程中，由内在因素或外在因素，促使问题肌肤产生的原因。不同问题肌肤产生的机理不同，随着科学技术的发展，对问题肌肤产生机理的认识也在逐渐发展。同一问题肌肤产生机理也可能有多个。只有对问题肌肤产生机理的充分掌握，才能找到问题的根源，以便找到对应的措施来解决皮肤问题。

功效原料作用机理是指功效原料发挥作用的生理、物理或化学过程。功效原料作用机理是通过功效原料的功能基团、分子结构来实现其功能的。应该强调的是，现在很多原料生产商为了推广其生产的原料，将原料功能过于夸大。所以，在对原料的功效性认识方面，配方师要准确、科学地认识其功能，通过实践经验进行总结，不要过多的相信原料商的宣传。只有这样，才能在设计功效体系过程中，为优选功效原料做好准备。

在明确上述两个机理的基础上，分析肌肤问题产生的机理，找到解决问题的办法，发挥功效性原料的作用，从而实现目标。

3. 找到解决的途径

肌肤问题产生机理一般由物理反应和一个或多个化学反应构成，要抑制这个反应的进行，可以通过以下几方面的措施。

（1）通过物理作用来抑制物理反应的进行。例如：用油脂膜来防止水分的挥发，从而达到保湿的作用。

（2）通过催化剂（酶）抑制反应的进行。例如：通过添加物质来抑制酪氨酸酶的活性，来抑制黑色素的生成，实现美白功效。

（3）通过反应竞争抑制反应进行。例如：通过防止自由基产生和对自由基的捕获，减弱自由基进一步反应，防止衰老反应的进行。

（4）对已经发生的反应物进行分解，以减弱肌肤问题的显现。例如：通过添加营养成分，对受损肌肤进行修复。

其实，生理问题比较复杂，随着科学的进步，还会总结出更多机理，找到更多的解决办法，这些解决办法都是通过添加具有对应机理作用的原料来实现的。办法的寻找过程，就是解决问题的过程。

4. 功效原料的选配

（1）基础调理性作用原料　这类原料主要是起到对肌肤进行护理和调理的作用，使肌肤保持健康状态，使功效成分更好发挥作用。这类原料包括润肤油脂、基础保湿剂等。

（2）功效性作用原料　这类原料主要是发挥产品功效的原料，能对肌肤问题产生的机理反应起到减弱或消除作用。这类原料包括美白剂、抗衰老添加剂等。

（3）预防性作用原料　这类原料主要是对问题肌肤产生机理反应有预防作用。这类原料包括防晒剂（在美白或抗衰老的产品中）、抗氧化剂等。

（4）增效剂作用原料　这类原料本身对问题肌肤的产生机理反应没有任何作用，但能对功效作用原料渗透和吸收起到促进作用。这类原料包括渗透促进剂等。

5. 设计功效体系

对功效体系进行设计，必须在以上 4 个原则基础上，对问题肌肤产生机理和功效原料作用机理充分掌握，找到解决途径和办法，再对功效体系原料进行配选，从而设计出具有功效的体系。设计流程见图 7-2。

经过上述流程，方能完成功效体系的设计。在完成设计后，还必须对配方进行优化，找出最佳功效体系的设计方案。

6. 优化功效体系

对设计体系进行优化是功效体系设计的一个重要工作。优化主要包括：原料品种的优化、原料使用量的优化、原料间复配优化、生产工艺的优化、成本的优化这五个方面。

（1）原料选择品种的优化　实现同一功效的不同原料在功效作用机理方面会有所不同，即使是同系列原料，其功效性强度也会有所不同，所以对原料的品种要进行优化。优化品种的方法是基于对原

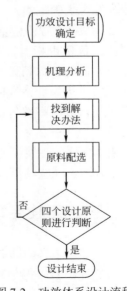

图 7-2　功效体系设计流程

料作用机理、功效强度及原料其他功能的对比和试验测试效果，再结合使用经验进行综合，优选出好品质的原料。

（2）原料使用量的优化　功效原料使用量越大并不代表其功效一定越明显。这与皮肤的吸收等多种因素有关。而不同剂型的化妆品，皮肤的吸收量都会有所不同。例如：皮肤对水剂产品的吸收比对膏霜的吸收性好。所以，功效原料添加量的选择必须具有合理性。对功效原料使用量的优选一般由试验结果、原料供应商推荐用量和使用经验共同来决定。

（3）原料间复配优化　在对功效原料进行配选时，必须重点考虑原料之间复配优化。针对上述基础调理性作用原料、功效性作用原料、预防性作用原料、增效剂作用原料这4种原料，考虑以下方面内容：

① 作用原料并不仅仅是一种原料，可能选用几种，当多种原料共存时，就存在复配问题；

② 不同作用机理原料间的复配问题；

③ 功效体系原料与产品其他体系原料的配伍性。

复配优化最主要的目的是保证原料间的协同增效和产品的稳定。这就要根据理论分析判断、试验结果评价和使用经验综合来确定优化设计。

（4）生产工艺的优化　功效体系设计完成后，要实现功能效果，制作生产工艺也十分重要。很多功效原料对温度等多种因素都比较敏感，有些功效原料的体系稳定性对不同工艺条件比较敏感，所以生产工艺要进行优化。

生产工艺设计的优化的主要目的是保证功效体系原料的功能不受影响和产品体系的稳定。优化的措施是基于理论分析判断、试验结果评价、试生产结果和使用经验综合来确定的。

（5）成本的优化　随着化妆品的技术发展，原料也不断推陈出新，同种功效原料的价格也相差甚远。在设计功效体系时，一方面配方师不能只追求使用新原料，认为新原料效果一定比老原料效果好；另一方面，也不能只是用价格高的原料，认为价格高的原料效果好。配方师设计功效体系时一定要考虑原料的性价比，选用高性价比的功效体系才有市场价值，开发的产品在市场才有竞争力。

成本优化的主要目的是优选高性价比的功效体系原料。优化的措施是基于理论分析判断、试验结果评价、使用经验和成本核算综合来确定的。

三、化妆品功效体系设计评价

化妆品功效体系设计评价是对所设计的功效体系调制成配方后，通过仪器或其他各种试验，得到对所设计体系的一个评价，它能反映功效体系的设计成功与否。

1．化妆品功效评价的意义

化妆品功效评价在化妆品研发、销售及监管各个环节中都具有重要的意义。

（1）研究开发的需要　功效产品强调的是产品的功能效果，开发是否成功，必须在开发过程中得到确认，确认必须通过功效评价来实现。功效评价能修正开发思路，帮助开发的产品达到要求。

（2）市场销售的需要　对产品客观的功效评价有利于增强销售人员的信心，也有利增加消费者购买的动力，给消费者重要的信心保证。目前，在产品的销售过程中，利用功效评价进行宣传的企业并不多，所以加强功效评价的建立和完善将给企业带来更多的机会。

（3）监管的需要　为了更好地维护消费者的利益，防止生产企业夸大宣传，监管部门也需要加强功效评价管理，让消费者放心，保证化妆品行业的健康发展。

2．评价的方法

要保证功效评价的准确性，必须建立健全功效评价的方法。目前，功效评价主要有简易对比法、仪器法、人体法三种方法。

（1）简易对比法　这种方法就是将两个产品作简单的对比，通过感观等主观因素表述出来。其结果并不一定可靠，只能作一初步判断。其特点是简洁、不繁琐，因此在实验开发阶段经常使用。

（2）仪器法　这种方法是通过仪器测试来反映功效化妆品的功效，一般通过数据和图形来表述功效测试结果，这些数据和图形能客观反映产品的功效，常用于研发阶段的最后定型，保证产品开发的质量。

（3）人体法　这种方法是通过人体使用产品，然后通过仪器测试皮肤的改善情况，此法能客观反映产品的功能效果。目前，国家监管部门用人体法对特殊用途化妆品进行测试，测试合格后，方能获得相关证件，才能取得销售资格。因此，很多企业也逐步将此方法应用到产品开发中。

第三节　保湿功效化妆品的设计

保湿是通过防止皮肤内水分的丢失和吸收外界环境的水分来达到使皮肤内含有一定水分的目的。保湿化妆品就是实现保湿功效的化妆品，是一类基础皮肤护理的化妆品。

一、保湿机理

要设计出更为合理的保湿体系化妆品配方，就必须对皮肤的保湿机理充分了解。皮肤水分的代谢机理见图7-3。

图 7-3　皮肤水分的代谢机理

　　实现保湿功能通过三个途径：①是通过在皮肤表面形成一层封闭体系，防止皮肤中水分蒸发到空气中去；②在皮肤上涂上保湿剂，吸收空气中的水分；同时也可以阻止皮肤的水分散失；③现代的仿生保湿功效成分通过皮肤吸收后，能与皮肤中的游离水结合使之不容易挥发。此外，它还可以在皮肤上形成一层透气的薄膜，防止水分流失，在不影响皮肤的呼吸的同时，达到保湿效果，也可以与体内的某种结构作用，保护各组织的功能正常。

二、保湿化妆品原料

　　根据保湿机理可将保湿功效成分分为三类：封闭剂、吸湿剂和仿生剂。常见的保湿剂原料见表 7-2。

表 7-2　常见保湿剂原料

分类	原料名称	INCI 名称	作用及性质	商品名
仿生剂类	神经酰胺	神经酰胺	① 调节皮肤屏障功能和防止皮肤的水分损失； ② 增强细胞黏合和皮肤对外界的适应能力	Ceramide H03
	透明质酸	透明质酸	① 维持真皮结缔组织中的水分，使结缔组织处于疏松状态，防止胶原蛋白由溶解状态变为不溶解状态从而令肌肤处于饱满光滑，柔软细润。所以，HA 在真皮中主要起到组织保水作用及由此而产生的一系列维持皮肤正常生理的功能； ② 与其他保湿剂相比，周围环境对其保湿性影响较小； ③ 透明质酸还具有营养、抗衰老、稳定乳化、抗菌消炎、促进伤口愈合及药物载体等特殊功能	透明质酸

分类	原料名称	INCI 名称	作用及性质	商品名
仿生剂类	吡咯酮羧酸钠	PCA	是天然保湿因子中起主要作用的天然保湿成分,具有良好的吸湿和保湿效能	吡咯酮羧酸钠
	燕麦 β-葡聚糖	燕麦 β-葡聚糖	① β-葡聚糖具有激活免疫和生物调节器的作用,增强皮肤自身的免疫保护功能,高效修护皮肤,减少皱纹的产生,延缓皮肤衰老; ② 可提高角质层的更新能力,保持皮肤水分,减少由于使用去污剂而导致的表皮水分损失; ③ 具有成膜性,因此有助于提高细胞的许多生化活性	燕麦 β-葡聚糖
	乳酸	乳酸	① 在 NMF 中占 12%,具有良好的保湿性,有修复表皮屏障功能; ② 易溶于水,不会形成结晶,与其他成分配伍性好	乳酸
	尿囊素	尿囊素	① 可增强肌肤及毛发最外层的吸水能力,改善角质蛋白分子的亲水力,使遭受损害的角质层得以修复,恢复其天然的吸水能力; ② 还能在皮肤表面形成一层润滑膜,封闭水分	尿囊素
	海藻糖	海藻糖	容易溶解,具有保湿和保护蛋白的作用,还能延长产品的货架寿命	海藻糖
	Fungus-TFP(α-甘露聚糖)	银耳提取物	① Fungus-TFP 分子中富含大量羟基、羧基等极性基团,可与水分子形成氢键,从而结合大量的水分; ② 其分子间相互交织形成网状,与水分子中的氢结合,具有极强的锁水保湿性能,发挥高效保湿护肤功能; ③ 小分子量的 α-甘露聚糖具有良好的吸水性能,大分子量的 α-甘露聚糖具有极好的成膜性,赋予肌肤水润丝滑的感觉	Fungus-TFP(α-甘露聚糖)
	羟乙基碳酰胺	羟乙基碳酰胺	① 能够深入扩散到皮肤角质层,增加皮肤弹性; ② 同其他保湿剂有较好的协同作用	Brillian-BSJ15
吸水剂类	甘油	甘油	吸收空气中的水分,防止水分蒸发,从而达到保湿效果	甘油
	丙二醇	丙二醇		丙二醇
	丁二醇	1,3-丁二醇		丁二醇
封闭剂类	C_{16}~C_{18} 醇	鲸蜡硬脂醇	在皮肤表面形成一层油膜,阻止皮肤水分的散失	C_{16}~C_{18} 醇
	二甲基硅油	二甲基硅氧烷		DM100
	GTCC	辛酸/癸酸甘油三酸酯		GTCC
	乳木果油	牛油树脂		SB45
	单甘酯	单硬脂酸甘油酯		单甘酯
	C24	棕榈酸乙基己酯		C24

（1）封闭剂类 封闭剂主要是一些油脂类，它们通过在皮肤上形成封闭的油膜，可以防止皮肤水分散失，从而达到保湿效果。下面列举几种封闭剂类的保湿剂，例如：凡士林、白油、羊毛脂、脂肪醇、硬脂酸酯、牛油树脂、卵磷脂等。

（2）吸湿剂类 吸湿剂主要是一些多元醇类，主要有甘油、丁二醇、丙二醇、山梨醇。它们从空气中吸收水分，同时也可以阻止皮肤水分的散失，从而达到保湿效果。

（3）仿生剂类 仿生剂是指通过皮肤吸收后，能与体内的某种物质或结构发生作用，从而达到皮肤保湿效果的保湿剂，例如：透明质酸、维生素类、神经酰胺等。

 # 三、保湿功效体系设计

不同剂型化妆品的保湿体系的设计主要包括：保湿乳液、保湿膏霜、爽肤水及保湿凝胶、保湿面膜和保湿洗面奶等。

设计乳液配方时，三类保湿剂都可以选，在选择封闭剂时，建议少选一些固体油脂，以免乳液太稠；同时由于乳液的设计理念是比较清爽的，所以，在选择油脂方面，也要尽可能少地选择封闭性油脂，例如：白油、凡士林这样的油脂要少选，多选择一些清爽性的油脂，如合成角鲨烷、GTCC、IPM等。

1. 保湿乳液的保湿体系设计（见表7-3、表7-4）。

表7-3 保湿乳液保湿体系的设计

保湿剂种类	原料名称	INCI 名称	百分含量/%
封闭剂	合成角鲨烷	氢化聚异丁烯	5.0
	GTCC	辛酸/癸酸甘油三酯	3.0
	EHP	棕榈酸乙基己酯	4.0
	二甲基硅油	二甲基硅氧烷	2.0
吸水剂	甘油	甘油	3.0
	丙二醇	丙二醇	3.0
仿生剂	透明质酸	透明质酸	1.0
	维生素 E	生育酚	0.5
	海藻糖	海藻糖	3.0

2. 保湿膏霜保湿功效体系设计

设计膏霜产品时，封闭剂可以多选择一些熔点高的油脂，例如 $C_{16} \sim C_{18}$ 醇、单甘酯、二十二碳醇等；再有就是可以把整个体系设计得滋润一些，这样我们就要相应地把油脂的量提高一些，也可以选择一些封闭性的油脂。其他的保湿剂基本和乳液一致，见表7-5、表7-6。

表 7-4　保湿乳液配方

组相	原料名称	INCI 名称	百分含量/%
A 相	Eumulgin S2	鲸蜡硬脂醇醚-2	1.2
	Eumulgin S21	鲸蜡硬脂醇醚-21	1.5
	合成角鲨烷	氢化聚异丁烯	5.0
	GTCC	辛酸/癸酸甘油三酯	3.0
	EHP	棕榈酸乙基己酯	4.0
	DM100	聚二甲基硅氧烷	2.0
	维生素 E	生育酚	0.5
	尼泊金甲酯/尼泊金乙酯	尼泊金甲酯/尼泊金乙酯	0.2/0.1
B 相	卡波 940	卡波姆	0.1
	甘油	甘油	5.0
	海藻糖	海藻糖	3.0
	丙二醇	丙二醇	3.0
	去离子水	去离子水	至 100
C 相	三乙醇胺	三乙醇胺	0.1
	透明质酸	透明质酸	0.1

表 7-5　保湿膏霜保湿体系的设计

保湿剂种类	原料名称	INCI 名称	百分含量/%
封闭剂	白油	液体石蜡	3.0
	凡士林	凡士林	2.0
	GTCC	辛酸/癸酸甘油三酯	4.0
	DM100	聚二甲基硅氧烷	2.0
	2EHP	棕榈酸乙基己酯	3.0
	IPM	十四酸异丙酯	3.0
	$C_{16} \sim C_{18}$ 醇	鲸蜡硬脂醇	2.0
	单甘酯	单硬脂酸甘油酯	1.0
吸水剂	甘油	甘油	4.0
	丙二醇	丙二醇	3.0
仿生剂	透明质酸	透明质酸	0.1
	α-甘露聚糖	银耳提取物	3.0
	海藻糖	海藻糖	3.0

表 7-6   保湿膏霜配方

组相	原料名称	INCI 名称	百分含量/%
A 相	Eumulgin S2	鲸蜡硬脂醇醚-2	1.5
	Eumulgin S21	鲸蜡硬脂醇醚-21	2.0
	白油	液体石蜡	3.0
	凡士林	凡士林	2.0
	混醇	鲸蜡硬脂醇	2.0
	单甘酯	单硬脂酸甘油酯	1.0
	GTCC	辛酸/癸酸甘油三酯	4.0
	EHP	棕榈酸乙基己酯	3.0
	DM100	聚二甲基硅氧烷	2.0
	IPM	十四酸异丙酯	3.0
	尼泊金甲酯/尼泊金乙酯	尼泊金甲酯/尼泊金乙酯	0.2/0.1
B 相	卡波 940	卡波姆	0.2
	甘油	甘油	4.0
	海藻糖	海藻糖	3.0
	α-甘露聚糖	银耳提取物	3.0
	丙二醇	丙二醇	3.0
	去离子水	去离子水	至 100
C 相	三乙醇胺	三乙醇胺	0.2
	透明质酸	透明质酸	0.05

3. 保湿爽肤水保湿功效体系设计

设计爽肤水产品时，在保湿剂的选择上尽量不要选择封闭剂类的保湿剂，因为这些油脂一般都不溶于水，但可以选用一些经过改性的油脂，比如水溶性霍霍巴油、PEG-7 橄榄油酯等。这种经改性的油脂不仅可以在皮肤表面形成封闭的油膜，阻止水分散失；而且，由于其结构含有很多羟基，还可以吸收水分，达到保湿的目的。其他两类保湿剂则都可以选用，见表 7-7、表 7-8。

表 7-7   保湿水保湿体系的设计

保湿剂种类	原料名称	INCI 名称	百分含量/%
封闭剂	水溶性霍霍巴油	PEG-20 霍霍巴油	0.2
吸水剂	甘油	甘油	5.0
	丙二醇	丙二醇	3.0
仿生剂	燕麦 β-葡聚糖	燕麦 β-葡聚糖	3.0
	海藻糖	海藻糖	3.0
	α-甘露聚糖	银耳提取物	3.0

表 7-8　保湿水配方

组相	原料名称	INCI 名称	百分含量/%
A 相	甘油	甘油	5.0
	丙二醇	丙二醇	3.0
	燕麦 β-葡聚糖	燕麦 β-葡聚糖	3.0
	α-甘露聚糖	银耳提取物	3.0
	海藻糖	海藻糖	3.0
	泛醇	D-泛醇	0.3
	水溶性霍霍巴油	PEG-20 霍霍巴油	0.2
	去离子水	去离子水	至 100
B 相	极马Ⅱ	重氮咪唑烷基脲	0.2

4. 保湿啫喱保湿功效体系设计

设计啫喱保湿功效体系时,除了可以和爽肤水保湿功效体系的设计一致以外,还可添加在水剂产品中不易悬浮的保湿包埋彩色粒子,增加产品功能和视角,更能促进消费者购买欲。值得注意的是在做凝胶产品时,在选择保湿剂的时候需要考虑保湿剂与增稠剂之间的配伍性。比如说选择的保湿剂离子含量很高,就不建议用卡波 940 作为增稠剂。体系设计见表 7-9、表 7-10。

表 7-9　保湿啫喱保湿体系的设计表

保湿剂种类	原料名称	INCI 名称	百分含量/%
吸水剂	甘油	甘油	5.0
	丙二醇	丙二醇	4.0
仿生剂	泛醇	D-泛醇	0.3
	保湿包埋彩色粒子		0.05
	燕麦 β-葡聚糖	燕麦 β-葡聚糖	3.0
	透明质酸	透明质酸	0.05
	海藻糖	海藻糖	3.0

表 7-10　保湿啫喱配方

组相	原料名称	INCI 名称	百分含量/%
A 相	甘油	甘油	5.0
	丙二醇	丙二醇	4.0
	卡波 U20	丙烯酸酯/C_{10}～C_{30} 烷基丙烯酸酯交链共聚物	0.6
	海藻糖	海藻糖	3.0
	燕麦 β-葡聚糖	燕麦 β-葡聚糖	3.0
	去离子水	去离子水	至 100
B 相	极马Ⅱ	重氮咪唑烷基脲	0.2
	TEA	三乙醇胺	0.6
	透明质酸	透明质酸	0.05

5. 保湿面膜保湿功效体系的设计

面膜的种类比较多，这里就列举几种来说明。

（1）现在市场上比较流行的一种透明的啫喱状睡眠面膜，在设计这种面膜时可以参照保湿凝胶的体系设计。

（2）无纺布的面膜保湿功效体系的种类比较多，有凝胶体系的，有稀乳液体系的，还有水剂的等，在设计这类面膜时可以参照相应的保湿凝胶、保湿乳液、保湿水的体系进行设计。

6. 保湿洗面奶保湿体系的设计

在设计保湿洗面奶时，通常是在洗面奶的体系中添加一些油脂，达到赋脂的目的，从而减少因表面活性剂过度脱脂引起的干燥。保湿洗面奶的配方见表 7-11。

表 7-11　保湿洗面奶的配方

组相	原料名称	INCI 名称	百分含量/%
A 相	单甘酯	单硬脂酸甘油酯	2.0
	DC200	聚二甲基硅氧烷	1.0
	IPM	十四酸异丙酯	4.0
	$C_{16}\sim C_{18}$ 醇	鲸蜡硬脂醇	7.0
	A165	单硬脂酸甘油酯	0.3
B 相	卡波 940	卡波姆	0.3
	甘油	甘油	4.0
	K12	烷基硫酸钠	0.4
	AES	烷基醚硫酸钠	3.0
	去离子水	去离子水	至 100
C 相	TEA	三乙醇胺	0.3
	Neolone MXP	甲基异噻唑啉酮/苯氧基乙醇/尼泊金甲酯/尼泊金丙酯	0.4

7. 适合不同区域销售的保湿化妆品的保湿功效体系设计

由于我国地域辽阔，南北气候、东西气候以及高原与平原的气候相差很大，这些问题在我们设计保湿产品配方时都需要考虑。比如南方的气候比较湿润，北方天气比较干燥，因此，在设计产品时，应该将南方用的产品设计得清爽一点；北方用的相应地设计得滋润一些。配方设计见表 7-12～表 7-15。

表 7-12　北方的保湿霜保湿体系

保湿剂种类	原料名称	INCI 名称	百分含量/%
封闭剂	白油	液体石蜡	5.0
	凡士林	凡士林	3.0
	GTCC	辛酸/癸酸甘油三酯	7.0
	EHP	棕榈酸乙基己酯	3.0
	二甲基硅油	二甲基硅氧烷	2.0
	$C_{16}\sim C_{18}$ 醇	鲸蜡硬脂醇	2.0
	单甘酯	单硬脂酸甘油酯	1.5

保湿剂种类	原料名称	INCI 名称	百分含量/%
吸水剂	甘油	甘油	4.0
	丙二醇	丙二醇	3.0
仿生剂	透明质酸	透明质酸	0.05
	燕麦 β-葡聚糖	燕麦 β-葡聚糖	3.0
	海藻糖	海藻糖	3.0

表 7-13　北方保湿霜的配方

组相	原料名称	INCI 名称	百分含量/%
A 相	EumulginS2	鲸蜡硬脂醇醚-2	1.5
	EumulginS21	鲸蜡硬脂醇醚-21	2.0
	白油	液体石蜡	5.0
	凡士林	凡士林	3.0
	混醇	鲸蜡硬脂醇	2.0
	单甘酯	单硬脂酸甘油酯	1.5
	GTCC	辛酸/癸酸甘油三酸酯	7.0
	EHP	棕榈酸乙基己酯	3.0
	DM100	聚二甲基硅氧烷	2.0
	尼泊金甲酯/尼泊金乙酯	尼泊金甲酯/尼泊金乙酯	0.2/0.1
B 相	卡波 940	卡波姆	0.2
	甘油	甘油	4.0
	海藻糖	海藻糖	3.0
	燕麦 β-葡聚糖	燕麦 β-葡聚糖	3.0
	丙二醇	丙二醇	3.0
	去离子水	去离子水	至 100
C 相	三乙醇胺	三乙醇胺	0.2
	透明质酸	透明质酸	0.05

表 7-14　南方的保湿霜保湿体系

保湿剂种类	原料名称	INCI 名称	百分含量/%
封闭剂	IPM	十四酸异丙酯	3.0
	GTCC	辛酸/癸酸甘油三酸酯	5.0
	2EHP	棕榈酸乙基己酯	4.0
	DM100	聚二甲基硅氧烷	2.0
	单甘酯	单硬脂酸甘油酯	1.5
	$C_{16} \sim C_{18}$ 醇	鲸蜡硬脂醇	2.0
吸水剂	甘油	甘油	4.0
	丙二醇	丙二醇	3.0
仿生剂	燕麦 β-葡聚糖	燕麦 β-葡聚糖	3.0
	海藻糖	海藻糖	3.0
	α-甘露聚糖	银耳提取物	3.0

表 7-15 南方保湿霜配方

组相	原料名称	INCI 名称	百分含量/%
A 相	Eumulgin S2	鲸蜡硬脂醇醚-2	1.5
	Eumulgin S21	鲸蜡硬脂醇醚-21	2.0
	IPM	十四酸异丙酯	3.0
	C_{16}~C_{18} 醇	鲸蜡硬脂醇	2.0
	单甘酯	单硬脂酸甘油酯	1.5
	GTCC	辛酸/癸酸甘油三酸酯	5.0
	EHP	棕榈酸乙基己酯	4.0
	DM100	聚二甲基硅氧烷	2.0
	尼泊金甲酯/尼泊金乙酯	尼泊金甲酯/尼泊金乙酯	0.2/0.1
B 相	卡波 940	卡波姆	0.2
	甘油	甘油	4.0
	海藻糖	海藻糖	3.0
	燕麦 β-葡聚糖	燕麦 β-葡聚糖	3.0
	α-甘露聚糖	银耳提取物	3.0
	丙二醇	丙二醇	3.0
	去离子水	去离子水	至 100
C 相	三乙醇胺	三乙醇胺	0.2

四、保湿体系设计优化

保湿剂功效体系的优化可从几个方面考虑。

1. 保湿剂功效体系的优化

（1）保湿剂种类的优化 在选择保湿剂时，不是越贵的保湿剂就越好，我们要根据经验及功效评价，选择性价比高的保湿剂。

（2）保湿剂用量的优化 在添加保湿剂时也不是添加得越多保湿效果越好，在很多情况下保湿剂加多了，会影响产品的肤感。例如甘油，添加多了不仅肤感黏腻，而且由于甘油强的吸水性，添加多了会吸收大量真皮中的水分，使真皮缺水。

（3）增效复配的优化 要根据各个保湿剂的保湿机理进行复配，选择不同作用机理的保湿剂进行复配，比如说，在设计一款膏霜时，封闭剂、吸水剂、仿生剂这三类保湿剂都要选。

（4）成本优化 在选择复配保湿剂的同时要综合其价格，选择最高性价比的保湿剂组合。

优化保湿体系见表 7-16。

表 7-16　优化保湿剂复配比例

种类	原料名称	INCI 名称	百分含量/%
封闭剂	白油	液体石蜡	4.0
	GTCC	辛酸/癸酸甘油三酸酯	5.0
	$C_{16} \sim C_{18}$ 醇	鲸蜡硬脂醇	2.0
	单甘酯	单硬脂酸甘油酯	1.5
	EHP	棕榈酸乙基己酯	3.5
	DM100	聚二甲基硅氧烷	2.0
吸水剂	甘油	甘油	3.0
	丙二醇	丙二醇	3.0
仿生剂	透明质酸	透明质酸	0.5
	燕麦多肽	燕麦提取物	3.0
	燕麦 β-葡聚糖	燕麦 β-葡聚糖	3.0

2．其他体系的优化

在设计保湿产品时，所设计的保湿体系要考虑是否能和其他体系如乳化体系、增稠体系、防腐体系、抗氧化体系、感官修饰体系相配伍。

3．保湿产品工艺的优化

由于某些功效添加剂对工艺有特殊要求，就需要对产品生产工艺进行优化。比如影响工艺调整优化的因素有：①保湿剂的溶解性问题，是油溶性的还是水溶性的；②有的保湿剂不能耐高温，需要降温后添加；③有的保湿剂既不油溶又不水溶，要通过某种手段将其分散在体系中去。

 五、保湿体系的功效评价

要优选出好的保湿体系，必须要有客观科学的评价手段。下面介绍几种国际上通用的检测方法。

1．体外称重法

由于化妆品成分吸湿、保湿性能的差异，不同的保湿剂分子对水分子的作用力不同，吸收水分和保持水分的能力也不同。油分对水分有封闭作用，可防止水分的散失。吸湿作用力大的，对水分子结合力强，吸收和保持水分的量也比较大，封闭性好的，水分散失的也少。利用胶带模仿角质层、表皮等生物材料，在胶带上涂布化妆品，模拟实际化妆品的应用状况。保持恒温恒湿的条件，一定时间后计算样品放置前后的质量差，求出样品量的损失，可以计算出保湿成分保湿的效果。

2．体内法

皮肤水分含量是由内部和外部两种因素决定的。内部因素中，皮肤角质层保持水分能力变化较大，水分含量可以从 10% 至 60% 变化，但是最重要的还是皮肤

第七章　功效体系设计

145

出汗的呼吸过程及皮肤中水混合物的组成。外部因素包括环境温度、湿度、药品和化妆品等，都能决定和改变皮肤中的水分含量，最终各种因素共同作用，会使皮肤的水分条件达到一个平衡状态。当然随年龄、性别和皮肤部位不同，水分含量也不相同，因此不能简单地提供一个正常皮肤水分的平均值。皮肤水分含量会影响皮肤表面的皮脂膜的形成，而这层保护膜对防止皮肤的衰老是非常重要的。因此定量化的测试皮肤水分含量及相对一定护理阶段后的变化量是很有用的。通常是测量皮肤的水分含量（MMV）和经皮水分散失量（TEWL）两个指标。

第四节　抗衰老化妆品的设计

皮肤的抗衰老是指延缓皮肤因时间的推移而发生渐进性的功能和器质性的退性改变，表现为防止产生皱纹、干燥、起屑、粗糙、松弛和色斑。抗衰老化妆品就是实现抗衰老功效的化妆品，是重要的功效化妆品之一。

一、抗衰老机理

1. **自由基-非酶糖基化衰老学说**

机理如图 7-4 所示。

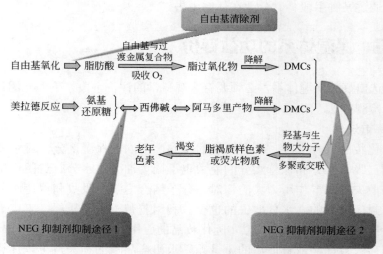

图 7-4　自由基-非酶糖基化衰老学说机理

对此机理理论分析得出，要解决皮肤抗衰老问题，就要从三方面着手：①自由基氧化反应生成脂肪酸的过程中，通过加入自由基清除剂，阻止反应进行；②在美拉德反应中，阻止西佛碱生成；③阻止 DMCs 进一步反应形成色素问题。

2. 自由基衰老学说

机理如图 7-5 所示。

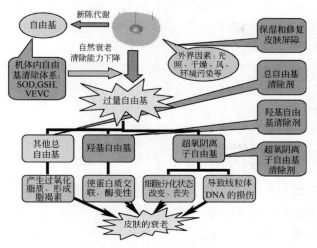

图 7-5　自由基衰老学说机理

对此机理理论分析得出，要解决皮肤抗衰老问题，就要从三方面着手：①通过对皮肤的保护，防止外界的污染而导致的细胞产生自由基；②通过添加抗氧化成分，防止细胞内的自由基产生；③通过添加有效成分，捕获已形成的自由基。

3. 光老化学说

机理如图 7-6 所示。

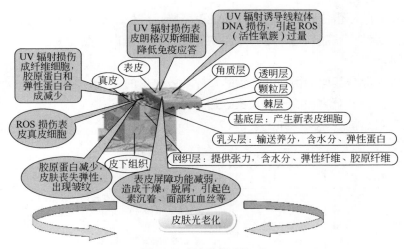

图 7-6　光老化学说机理

对此机理理论分析得出，要解决皮肤抗衰老问题，就要从三方面着手：①防止 UV 辐射损伤纤维细胞，造成胶原蛋白和弹性胶原蛋白减少；②防止 UV 辐射损伤表皮朗格汉斯细胞，造成细胞免疫力降低；③防止 UV 辐射诱导线粒体 DNA 损伤，引起 ROS（活性氧族）过量，导致自由基增多。

以上三种抗衰老机理，各自强调的重点不同，但又有相同之处。综合上述三种机理，来探讨实现皮肤抗衰老途径，抗衰老主要有以下几种途径和措施：保护皮肤细胞免受外界环境刺激，如阻止 UV 对皮肤的伤害、进行防晒保护；清除细胞内多余的自由基；对皮肤细胞进行修复，补充营养。

二、抗衰老化妆品原料

1．清除自由基类

体内多余的自由基会和体内的不饱和脂肪酸反应，降低膜的柔软性，导致细胞膜功能异常，使机体处于不正常状态，表现在皮肤上则是皮肤干燥，出现皱纹；接着进一步反应生成荧光物质，这些物质聚集后在皮肤上就表现为老年斑；另外，自由基还会引起结缔组织中胶原蛋白的交联，使胶原蛋白的溶解性降低，表现在机体上就是皮肤没有弹性、无光泽、骨骼变脆、眼晶状体变浑浊等。清除自由基的原料有：超氧化物歧化酶（SOD）、维生素 E 等。

2．吸收紫外线类

这些产品主要是一些防晒剂，通过吸收紫外线，减少由于光照产生的自由基，有 4-甲基亚苄基樟脑、二苯酮-3、二苯酮-4、丁基甲氧基二苯甲酰基甲烷等。

3．细胞修复类

真皮层胶原蛋白减少，皮肤的弹性就下降，产生皱纹。因此促进胶原蛋白的生长也能缓解皮肤的衰老。这些原料主要有：胶原蛋白、燕麦多肽等。

4．保湿类

皮肤保湿是其他一切功效化妆品发挥功效作用的前提，这类原料主要有 α-甘露聚糖、燕麦 β-葡聚糖、透明质酸、海藻糖等。

几类重点抗衰老原料详见表 7-17。

表 7-17　重点抗衰老原料

分类	原料名称	INCI 名称	作用及性质	商品名
清除自由基类	超氧化物歧化酶	超氧化物歧化酶	① 能有效消除人体内生成的过多致衰因子，具有调节体内的氧化代谢和延缓衰老、抗皱等生物效果； ② 治疗脂质过氧化物引起的皮炎，减轻色素沉着	超氧歧化酶

分类	原料名称	INCI 名称	作用及性质	商品名
清除自由基类	燕麦多肽	燕麦提取物	① 燕麦多肽可在低浓度下成膜，在皮肤和头发表面形成保护层； ② 燕麦多肽可抑制 MMP-1 活性，增加皮肤中胶原蛋白含量，可有效阻断对皮肤伤害性极大的链式反应，从而维持皮肤构质完整，抑制皮肤变薄，增强皮肤弹性； ③ 燕麦多肽中的小分子生物活性肽，与细胞生长因子（EGF）非常相似，可加快细胞增殖，促进皮肤新陈代谢，活化肌肤，减少皮肤粗糙度，使皮肤焕发娇艳风采； ④ 燕麦多肽可以作为自由基捕捉剂，抑制自由基反应，减少皮肤因剧烈氧化而造成的损害。长期使用可以明显地抑制皮肤变薄及弹性降低，减缓各类皮肤皱纹的形成	燕麦多肽
清除自由基类	维生素 E	生育酚	① 维生素 E 与生物体脂质有密切关系，不仅可以保护不饱和脂肪酸，还可以作为一种抗氧化剂，防止因细胞的损伤或酶失活而引起的脂肪酸氧化物的伤害。生物体内的过氧化是引起组织老化现象的根源； ② 维生素 E 能与自由基反应，结束脂质体自由基的链式反应，并形成稳定能态低的生育酚氧自由基，这种低能态的自由基不能诱发脂质膜的链式反应，并在其他抗氧化剂的作用下可又变为生育酚； ③ 可防止人体内过氧化歧化酶（SOD）受 UVA 和 UVB 辐射而失活； ④ 具有延缓衰老、防晒、抑制日晒红斑、平滑皮肤、减少皮肤皱纹、润肤和消炎等作用	维生素 E
细胞修复类	维甲酸酯		① 维甲酸酯能有效地促进表皮代谢，使表皮及结缔组织增生； ② 维甲酸酯是由维甲酸经结构修饰而得到的新型产品，既保持了维甲酸的卓越效果，又降低了过敏性，同时又能调节和减缓表皮层和真皮层的老化进程，增加皮肤弹性，去除皱纹，并对粉刺治疗有明显效果	维甲酸酯
	维生素 A	视黄醇	① 维生素 A 可通过皮肤吸收，有助于保持皮肤柔软和丰满，改进皮肤作为水的阻隔层的功能； ② 维生素的激励作用与衰老过程相反； ③ 维生素 A 可增强新陈代谢和有丝分裂，因而可使皮肤保持更年轻的状态； ④ 如果缺乏维生素 A 可能引起如同毛囊那样相似于粉刺的黑头，以致皮脂腺被堵塞	维生素 A

第七章　功效体系设计

续表

分类	原料名称	INCI 名称	作用及性质	商品名
	燕麦 β-葡聚糖	燕麦 β-葡聚糖	见表 7-2	燕麦 β-葡聚糖
细胞修复类	水解胶原蛋白	HYDROLYZED COLLAGEN	能被皮肤吸收并填充在皮肤基质之间，从而使皮肤丰满，皱纹舒展。同时提高皮肤的密度，增加皮肤弹性；刺激皮肤微循环，促进皮肤新陈代谢，使皮肤光滑、亮泽，减少皱纹	Brillian-KS18
	辅酶 Q10	泛醌	① 辅酶 Q10 是组成细胞线粒体呼吸链的成分之一，氧化还原酶，是传递电子、质子的递氢体，能激活细胞呼吸，加速产生 ATP，是代谢的活化剂； ② 又是细胞产生的天然抗氧化剂，能抑制线粒体的过氧化，保护生物膜结构的完整性，对免疫细胞有非特异性的增强作用，能提高吞噬细胞的吞噬率，增加抗体的产生，改善 T 细胞的功能； ③ 外用主要取其能提高皮肤的生物利用率，调理皮肤，抑制皮肤老化	辅酶 Q10
吸收紫外线类	4-甲基亚苄基樟脑	4-甲基亚苄基樟脑	吸收 UVB 段紫外线	Parsol 5000
	甲氧基肉桂酸乙基己酯	甲氧基肉桂酸乙基己酯		Escalol 557
	水杨酸乙基己酯	水杨酸乙基己酯		Escal 587
	丁基甲氧基二苯甲酰基甲烷	丁基甲氧基二苯甲酰基甲烷	吸收 UVA 段紫外线	Par 801 1789
	二苯酮-4/二苯酮-5	二苯酮-4/二苯酮-5		Uvasorbs 5, Uvinul MS-40
促渗剂	水溶性氮酮	氮酮/PEG40 氢化蓖麻油	促进活性成分的吸收	
保湿类原料	见表 7-2			

三、抗衰老体系设计

在设计过程中，将这四类原料进行组合，形成完整符合要求的抗衰老体系。下面主要介绍不同剂型化妆品的抗衰老体系设计和不同年龄段化妆品的抗衰老体系设计。

1. 不同剂型化妆品的抗衰老体系的设计

不同剂型的化妆品包括乳液、膏霜、爽肤水、啫喱、面膜和洗面奶等产品。

（1）乳液抗衰老体系设计　见表 7-18。抗衰老乳液设计配方见表 7-19，抗衰老膏霜配方见表 7-20。

表 7-18 抗衰老乳液功效体系的设计

抗衰老剂种类	原料名称	INCI 名称	百分含量/%
清除自由基类	自由基网络清除剂	丁香提取物	0.4
	燕麦多肽	燕麦提取物	3.0
	维生素 E	生育酚	0.5
吸收紫外线类	丁基甲氧基二苯甲酰基甲烷	丁基甲氧基二苯甲酰基甲烷	0.5
	4-甲基亚苄基樟脑	4-甲基亚苄基樟脑	0.5
细胞修复类	胶原蛋白	水解蛋白	0.5
	燕麦 β-葡聚糖	燕麦 β-葡聚糖	3.0
保湿类	海藻糖	海藻糖	3.0
	α-甘露聚糖	银耳提取物	3.0
促渗剂	水溶性氮酮	氮酮/PEG40 氢化蓖麻油	1.0

表 7-19 抗衰老乳液的设计配方

组相	原料名称	INCI 名称	百分含量/%
A 相	S2	鲸蜡硬脂醇醚-2	1.2
	S21	鲸蜡硬脂醇醚-21	1.5
	合成角鲨烷	氢化聚异丁烯	5.0
	丁基甲氧基二苯甲酰基甲烷	丁基甲氧基二苯甲酰基甲烷	0.5
	4-甲基亚苄基樟脑	4-甲基亚苄基樟脑	0.5
	GTCC	辛酸/癸酸甘油三酸酯	3.0
	EHP	棕榈酸乙基己酯	4.0
	DM100	聚二甲基硅氧烷	2.0
	维生素 E	生育酚	0.5
	尼泊金甲酯/尼泊金乙酯	尼泊金甲酯/尼泊金乙酯	0.2/0.1
B 相	卡波 940	卡波姆	0.1
	甘油	甘油	5.0
	海藻糖	海藻糖	3.0
	燕麦多肽	燕麦提取物	3.0
	燕麦 β-葡聚糖	燕麦 β-葡聚糖	3.0
	α-甘露聚糖	银耳提取物	3.0
	自由基网络清除剂	丁香提取物	
	丙二醇	丙二醇	3.0
	去离子水	去离子水	至 100
C 相	三乙醇胺	三乙醇胺	0.1
	水溶性氮酮	氮酮/PEG40 氢化蓖麻油	1.0

表 7-20　抗衰老膏霜配方

组相	原料名称	INCI 名称	百分含量/%
A 相	Eumulgin S2	鲸蜡硬脂醇醚-2	1.5
	Eumulgin S21	鲸蜡硬脂醇醚-21	2.0
	白油	液体石蜡	3.0
	凡士林	凡士林	2.0
	混醇	鲸蜡硬脂醇	2.0
	维生素 E	生育酚	0.5
	单甘酯	单硬脂酸甘油酯	1.0
	GTCC	辛酸/癸酸甘油三酸酯	4.0
	EHP	棕榈酸乙基己酯	3.0
	DM100	聚二甲基硅氧烷	2.0
	IPM	十四酸异丙酯	3.0
	尼泊金甲酯/尼泊金乙酯	尼泊金甲酯/尼泊金乙酯	0.2/0.1
B 相	卡波 940	卡波姆	0.2
	甘油	甘油	4.0
	燕麦 β-葡聚糖	燕麦 β-葡聚糖	3.0
	燕麦多肽	燕麦提取物	3.0
	自由基网络清除剂	丁香提取物	0.4
	海藻糖	海藻糖	3.0
	α-甘露聚糖	银耳提取物	3.0
	丙二醇	丙二醇	3.0
	去离子水	去离子水	至 100
C 相	三乙醇胺	三乙醇胺	0.2
	水溶性氮酮	氮酮/PEG40 氢化蓖麻油	1.0
	胶原蛋白	水解蛋白	0.5

　　膏霜的抗衰老功效体系设计与乳液的抗衰老体系设计基本一致，需要注意的是膏霜的黏稠度比较大。

　　（2）爽肤水抗衰老体系设计　爽肤水的特质要求所选用的抗衰老成分都要求是水溶性的。抗衰老爽肤水的抗衰老体系设计见表 7-21，抗衰老爽肤水配方见表 7-22。

表 7-21　抗衰老爽肤水功效体系设计

抗衰老剂	原料名称	INCI 名称	百分含量/%
清除自由基类	燕麦多肽	燕麦提取物	2.0
	自由基网络清除剂	丁香提取物	0.4
吸收紫外线类	二苯酮-4/二苯酮-5	二苯酮-4/二苯酮-5	0.5
细胞修复类	胶原蛋白	水解蛋白	0.5
	燕麦 β-葡聚糖	燕麦 β-葡聚糖	3.0
保湿类	α-甘露聚糖	银耳提取物	3.0
	海藻糖	海藻糖	3.0
促渗类	水溶性氮酮	氮酮/PEG40 氢化蓖麻油	1.0

表7-22 抗衰老爽肤水配方

组相	商品名	INCI 名称	百分含量/%
A 相	甘油	甘油	5.0
	丙二醇	丙二醇	3.0
	燕麦多肽	燕麦提取物	2.0
	二苯酮-4/二苯酮-5	二苯酮-4/二苯酮-5	0.5
	燕麦 β-葡聚糖	燕麦 β-葡聚糖	3.0
	α-甘露聚糖	银耳提取物	3.0
	海藻糖	海藻糖	3.0
	自由基网络清除剂	丁香提取物	0.4
	去离子水	去离子水	至 100
B 相	极马II	重氮咪唑烷基脲	0.2
	水溶性氮酮	氮酮/PEG40 氢化蓖麻油	1.0
	胶原蛋白	水解蛋白	0.5
	TEA	三乙醇胺	0.25

（3）抗衰老啫喱中抗衰老体系设计

设计抗衰老啫喱在抗衰老剂的选择上基本和爽肤水一致。配方见表7-23。

表7-23 抗衰老啫喱配方

组相	商品名	INCI 名称	百分含量/%
A 相	卡波 U20	丙烯酸酯/C_{10}～C_{30}烷基丙烯酸酯交链共聚物	0.65
	甘油	甘油	5.0
	丙二醇	丙二醇	3.0
	燕麦多肽	燕麦提取物	2.0
	二苯酮-4/二苯酮-5	二苯酮-4/二苯酮-5	0.5
	燕麦 β-葡聚糖	燕麦 β-葡聚糖	3.0
	α-甘露聚糖	银耳提取物	3.0
	海藻糖	海藻糖	3.0
	自由基网络清除剂	丁香提取物	0.4
	去离子水	去离子水	100
B 相	极马II	重氮咪唑烷基脲	0.2
	水溶性氮酮	氮酮/PEG40 氢化蓖麻油	1.0
	胶原蛋白	水解蛋白	0.5
	TEA	三乙醇胺	0.9

2. 不同年龄段化妆品抗衰老体系的设计

不同年龄段预防衰老的作用机理不一样，在设计相应的抗衰老体系时也是有区别的。35 岁以上年龄段的人体内清除自由基能力差；在设计此类产品时清除自由基的功效成分要多加。而对于二十几岁的年轻肌肤来说，主要是注重皮肤的保养，这类产品就要就更注重细胞的修复。

（1）高龄的抗衰老体系设计　　见表 7-24，高龄抗衰老膏霜的配方见表 7-25。

表 7-24　高龄抗衰老功效体系设计

种类	原料名称	INCI 名称	百分含量/%
保湿类	海藻糖	海藻糖	3.0
	α-甘露聚糖	银耳提取物	3.0
	尿囊素	尿囊素	0.2
紫外线吸收剂	丁基甲氧基二苯甲酰基甲烷	丁基甲氧基二苯甲酰基甲烷	0.5
	4-甲基亚苄基樟脑	4-甲基亚苄基樟脑	0.5
自由基清除剂	维生素 E	生育酚	0.5
	燕麦多肽	燕麦提取物	3.0
	自由基网络清除剂	丁香提取物	0.5
细胞修复类	燕麦 β-葡聚糖	燕麦 β-葡聚糖	3.0
促渗类	水溶性氮酮	氮酮/PEG40 氢化蓖麻油	1.0

表 7-25　高龄抗衰老霜配方

组相	原料名称	INCI 名称	百分含量/%
A 相	Eumulgin S2	鲸蜡硬脂醇醚-2	1.5
	Eumulgin S21	鲸蜡硬脂醇醚-21	2.0
	白油	液体石蜡	3.0
	丁基甲氧基二苯甲酰基甲烷	丁基甲氧基二苯甲酰基甲烷	0.5
	4-甲基亚苄基樟脑	4-甲基亚苄基樟脑	0.5
	混醇	鲸蜡硬脂醇	2.0
	单甘酯	单硬脂酸甘油酯	1.0
	GTCC	辛酸/癸酸甘油三酸酯	4.0
	EHP	棕榈酸乙基己酯	3.0
	DM100	聚二甲基硅氧烷	2.0
	IPM	十四酸异丙酯	3.0
	维生素 E	生育酚	0.5
	尼泊金甲酯/尼泊金乙酯	尼泊金甲酯/尼泊金乙酯	0.2/0.1
B 相	卡波 940	卡波姆	0.2
	甘油	甘油	4.0
	海藻糖	海藻糖	3.0
	燕麦多肽	燕麦提取物	3.0
	自由基网络清除剂	丁香提取物	0.5
	尿囊素	尿囊素	0.2
	燕麦 β-葡聚糖	燕麦 β-葡聚糖	3.0
	α-甘露聚糖	银耳提取物	3.0
	丙二醇	丙二醇	3.0
	去离子水	去离子水	至 100
C 相	三乙醇胺	三乙醇胺	0.2
	水溶性氮酮	氮酮/PEG40 氢化蓖麻油	1.0

（2）年轻肌肤抗衰老体系设计　见表7-26。年轻肌肤抗衰老霜配方设计见表7-27。

表7-26　年轻肌肤抗衰老功效体系设计

种类	原料名称	INCI 名称	百分含量/%
自由基清除剂	维生素 E	生育酚	0.3
	自由基网络清除剂	丁香提取物	0.3
紫外线吸收剂	丁基甲氧基二苯甲酰基甲烷	丁基甲氧基二苯甲酰基甲烷	0.5
	4-甲基亚苄基樟脑	4-甲基亚苄基樟脑	0.5
保湿类	透明质酸	透明质酸	0.05
	海藻糖	海藻糖	3.0
	α-甘露聚糖	银耳提取物	3.0
细胞修复类	胶原蛋白	水解蛋白	1.0
	燕麦 β-葡聚糖	燕麦 β-葡聚糖	3.0
促渗类	水溶性氮酮	氮酮/PEG40 氢化蓖麻油	1.0

表7-27　年轻肌肤抗衰老膏霜配方

组相	原料名称	INCI 名称	百分含量/%
A 相	Eumulgin S2	鲸蜡硬脂醇醚-2	1.5
	Eumulgin S21	鲸蜡硬脂醇醚-21	2.0
	白油	液体石蜡	3.0
	丁基甲氧基二苯甲酰基甲烷	丁基甲氧基二苯甲酰基甲烷	0.5
	4-甲基亚苄基樟脑	4-甲基亚苄基樟脑	0.5
	混醇	鲸蜡硬脂醇	2.0
	单甘酯	单硬脂酸甘油酯	1.0
	GTCC	辛酸/癸酸甘油三酸酯	4.0
	EHP	棕榈酸乙基己酯	3.0
	DM100	聚二甲基硅氧烷	2.0
	IPM	十四酸异丙酯	3.0
	维生素 E	生育酚	0.3
	尼泊金甲酯/尼泊金乙酯	尼泊金甲酯/尼泊金乙酯	0.2/0.1
B 相	卡波 940	卡波姆	0.2
	甘油	甘油	4.0
	海藻糖	海藻糖	3.0
	自由基网络清除剂	丁香提取物	0.3
	燕麦 β-葡聚糖	燕麦 β-葡聚糖	3.0
	α-甘露聚糖	银耳提取物	3.0
	丙二醇	丙二醇	3.0
	去离子水	去离子水	至 100
C 相	三乙醇胺	三乙醇胺	0.2
	胶原蛋白	水解蛋白	1.0
	透明质酸	透明质酸	0.05
	水溶性氮酮	氮酮/PEG40 氢化蓖麻油	1.0

四、抗衰老产品的功效评价

目前,抗衰老化妆品的功效评价可为体外评价(in vitro)和人体评价(in vivo)。

1. 体外评价 (in vitro)

体外评价是通过测试化妆品对清除自由基、DPPH、超氧阴离子、羟自由基的能力以及成纤维细胞体外增殖能力来判断其抗衰老功效的强弱。

2. 人体评价 (in vivo)

皮肤衰老外观上以色素失调、表面粗糙、皱纹形成和皮肤松弛为特征,可表现为皮肤色度、湿度、酸碱度、光泽度、粗糙度、油脂分泌量、含水量、弹性、皮肤和皮脂厚度、皱纹数量、长短及深浅等多种理化指标和综合指标的变化,因此通过比较抗衰老化妆品使用前后对皮肤衰老各方面特征的影响,可以比较客观地评价抗衰老化妆品的功效。

第五节 美白化妆品的设计

美白是通过抑制体内黑色素的形成,或是分解皮肤中已有的黑色素达到美白效果。美白化妆品是一种达到美白功效的功效型化妆品。

一、美白机理

随着对美白化妆品的深入研究,皮肤黑色素形成主要通过以下途径,见图7-7。

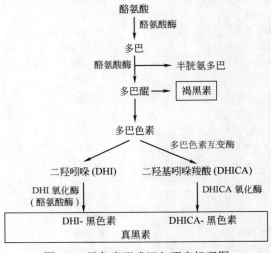

图 7-7 黑色素形成深入研究机理图

对此机理理论分析得出，要解决皮肤美白问题，就要从 4 个方面着手：①抑制酪氨酸酶的活性；②通过添加有效成分，捕获已形成的自由基；③通过添加防晒成分，减少自由基的形成；④分解已生成的黑色素。

二、美白化妆品原料

美白化妆品原料分类如下。

（1）抑制酪氨酸酶活性类　酪氨酸酶是一种多酚氧化酶，在黑色素形成过程中主要起催化作用，因此，抑制酪氨酸酶的活性就能减少黑色素的形成。这类物质主要有：熊果苷、曲酸及其衍生物、甘草提取物等。

（2）吸收紫外线类　这些产品主要是一些防晒剂，通过吸收紫外线，减少由于光照产生的自由基，有 4-甲基苄亚基樟脑、二苯酮-3、二苯酮-4、二苯酮-5、丁基甲氧基二苯甲酰基甲烷等。

（3）清除自由基类　自由基参与黑色素形成的过程，清除自由基类的产品主要有抗坏血酸及其衍生物、生育酚、网络自由基清除剂等。

几类重点美白原料见表 7-28。

表 7-28　重点美白原料

分类	原料名称	INCI 名称	作用及性质	商品名
抑制络氨酸酶类	熊果苷	熊果苷	① 熊果苷能显著抑制酪氨酸酶活性，减少酪氨酸酶在皮层中积累； ② 对皮肤有漂白作用，可有效抑制黑色素的形成，对防止日晒性肝斑、雀斑极为有用	熊果苷
	曲酸	曲酸	有效抑制酪氨酸酶活性，阻断或延缓黑色素形成，能与铜离子结合，从而使铜离子失去对酪氨酸酶的激活作用。适用于美白护肤、祛斑等高级化妆品中	Brillian-MB218
	甘草黄酮	GLABRIDIN/PROPYLENEGLYCOL	有效地抑制酪氨酸酶活性；具有清除自由基的功能；还具有抑菌杀菌能力	Brillian-MB16
	维生素 C 乙基醚	乙基抗坏血酸	进入皮肤后被生物酶分解而发挥维生素 C 的活性，抑制酪氨酸酶的铜离子的活性，阻断黑色素的形成，防止日光引起的皮肤炎症，改善皮肤色泽，促进胶原蛋白的形成，增加皮肤弹性	Brillian-MB268
	内拮抗剂 8#		① 阻止内皮素与黑色素细胞上的受点结合，抑制新的黑色素形成； ② 抑制内皮素激活酪氨酸酶的活性	内拮抗剂 8#

续表

分类	原料名称	INCI 名称	作用及性质	商品名
清除 自由 基类	超氧化物歧化酶	超氧化物歧化酶	见表 7-17	
	维生素 A	视黄醇	见表 7-17	维生素 A
	维生素 C 磷酸酯钠	抗坏血酸磷酸酯钠	经皮吸收后能迅速分解为游离的维生素 C,维生素 C 能促进胶原蛋白的合成和抑制类脂化合物的氧化	Brillian-MB300
	维生素 C	抗坏血酸	① 维生素 C 美白机理表现为两种方式,一是抑制酪氨酸酶的作用,二是使氧化性黑色素还原为无色的还原性黑色素,其美白、祛斑效果十分明显; ② 维生素 C 还具有抗氧化和清除自由基的作用	维生素 C
保湿类	见表 7-2			
促渗类	见表 7-17			

三、美白体系设计

在掌握美白机理和美白原料的基础上,接下来探讨美白功效体系的设计。前面已经讨论了解决美白问题的途径和措施,并对原料进行了分析,在设计过程中,将这 4 类原料进行组合,设计成完整的符合要求的美白体系。依据设计的不同要求,下面主要介绍针对不同剂型的美白体系设计和适用于不同区域的美白体系设计。

1. 不同剂型化妆品美白体系的设计

包括:乳液、膏霜、爽肤水、啫喱水、面膜及洗面奶等产品。

(1)乳液美白体系设计 见表 7-29,美白乳液配方见表 7-30。

表 7-29 乳液美白体系设计

美白剂种类	原料名称	INCI 名称	百分含量/%
酪氨酸酶抑制剂	甘草黄酮	GLABRIDIN/PROPYLENE GLYCOL	0.2
紫外线吸收剂	丁基甲氧基二苯甲酰基甲烷	丁基甲氧基二苯甲酰基甲烷	0.5
	4-甲基亚苄基樟脑	4-甲基亚苄基樟脑	0.5
清除自由基类	维生素 E	生育酚	0.5
	自由基网络清除剂	丁香提取物	0.4
保湿类	α-甘露聚糖	银耳提取物	3.0
	海藻糖	海藻糖	3.0
促渗类	水溶性氮酮	氮酮/PEG40 氢化蓖麻油	1.0

表 7-30　美白乳液配方

组相	原料名称	INCI 名称	百分含量/%
A 相	EumulginS2	鲸蜡硬脂醇醚-2	1.2
	EumulginS21	鲸蜡硬脂醇醚-21	1.5
	丁基甲氧基二苯甲酰基甲烷	丁基甲氧基二苯甲酰基甲烷	0.5
	4-甲基亚苄基樟脑	4-甲基亚苄基樟脑	0.5
	合成角鲨烷	氢化聚异丁烯	5.0
	GTCC	辛酸/癸酸甘油三酯	3.0
	EHP	棕榈酸乙基己酯	4.0
	DM100	聚二甲基硅氧烷	2.0
	维生素 E	生育酚	0.5
	尼泊金甲酯/尼泊金乙酯	尼泊金甲酯/尼泊金乙酯	0.2/0.1
B 相	卡波 U20	丙烯酸酯/$C_{10} \sim C_{30}$烷基丙烯酸酯交链共聚物	0.1
	甘油	甘油	5.0
	自由基网络清除剂	丁香提取物	0.4
	α-甘露聚糖	银耳提取物	3.0
	海藻糖	海藻糖	3.0
	丁二醇	1，3-丁二醇	3.0
	去离子水	去离子水	至 100
C 相	三乙醇胺	三乙醇胺	0.1
	甘草黄酮	GLABRIDIN/PROPYLENEGLYCOL	0.2
	水溶性氮酮	氮酮/PEG40 氢化蓖麻油	1.0

（2）爽肤水中美白体系设计　爽肤水的特质要求所选用的美白成分都须是水溶性的，美白功效体系见表 7-31。

表 7-31　美白水中美白功效体系的设计

种类	原料名称	INCI 名称	百分含量/%
抑制酪氨酸酶活性类	熊果苷	熊果苷	4.0
	维生素 C 乙基醚	VC 乙基醚	1.0
紫外线吸收类	二苯酮-4/二苯酮-5	二苯酮-4/二苯酮-5	0.5
清除自由基类	自由基网络清除剂	丁香提取物	0.4
迁移局部色素类	烟酰胺	烟酰胺	1.5
保湿类	海藻糖	海藻糖	3.0
	α-甘露聚糖	水、银耳提取物	3.0
促渗类	水溶性氮酮	氮酮/PEG40 氢化蓖麻油	1.0

2. 适用于不同区域美白化妆品的设计

我国地域辽阔，南北、东西及高原和平原的气候条件均不一样，因此我们在

第七章　功效体系设计

设计产品时也要考虑这些因素。比如说高原的紫外线强度大，平原的紫外线强度相对较弱，所以在我们设计产品时，把高原的产品设计得吸收紫外线能力强一些，平原的产品紫外线吸收能力弱一些。

（1）高原美白膏霜的美白体系的设计　见表 7-32。高原美白膏霜配方见表 7-33。

表 7-32　高原美白膏霜的美白体系设计

美白剂的种类	产品名称	INCI 名称	百分含量/%
抑制酪氨酸酶活性类	甘草黄酮	甘草黄酮	5.0
紫外线吸收类	丁基甲氧基二苯甲酰基甲烷	丁基甲氧基二苯甲酰基甲烷	0.5
	甲氧基肉桂酸乙基己酯	甲氧基肉桂酸乙基己酯	0.5
	水杨酸乙基酯	水杨酸乙基己酯	0.5
	4-甲基亚苄基樟脑	4-甲基亚苄基樟脑	0.5
清除自由基类	自由基网络清除剂	丁香提取物	0.4
	维生素 E	生育酚	0.5
保湿类	α-甘露聚糖	银耳提取物	3.0
	海藻糖	海藻糖	3.0
促渗剂	水溶性氮酮	氮酮/PEG40 氢化蓖麻油	1.0

表 7-33　高原美白膏霜配方

组相	原料名称	INCI 名称	百分含量/%
A 相	EumulginS2	鲸蜡硬脂醇醚-2	1.5
	EumulginS21	鲸蜡硬脂醇醚-21	2.0
	白油	液体石蜡	3.0
	丁基甲氧基二苯甲酰基甲烷	丁基甲氧基二苯甲酰基甲烷	0.5
	4-甲基亚苄基樟脑	4-甲基亚苄基樟脑	0.5
	甲氧基肉桂酸乙基己酯	甲氧基肉桂酸乙基己酯	0.5
	水杨酸乙基己酯	水杨酸乙基己酯	0.5
	混醇	鲸蜡硬脂醇	2.0
	单甘酯	单硬脂酸甘油酯	1.0
	GTCC	辛酸/癸酸甘油三酸酯	4.0
	EHP	棕榈酸乙基己酯	3.0
	DM100	聚二甲基硅氧烷	2.0
	IPM	十四酸异丙酯	3.0
	尼泊金甲酯/尼泊金乙酯	尼泊金甲酯/尼泊金乙酯	0.2/0.1

组相	原料名称	INCI 名称	百分含量/%
B 相	卡波 U20	卡波姆	0.2
	甘油	甘油	4.0
	自由基网络清除剂	丁香提取物	0.4
	海藻糖	海藻糖	3.0
	α-甘露聚糖	银耳提取物	3.0
	丁二醇	1，3-丁二醇	3.0
	去离子水	去离子水	至 100
C 相	三乙醇胺	三乙醇胺	0.2
	甘草黄酮	甘草黄酮	0.2
	水溶性氮酮	氮酮/PEG40 氢化蓖麻油 Hyhrogenated castor	1.0

（2）平原美白膏霜的美白体系的设计　见表 7-34。平原美白膏霜配方见表 7-35。

表7-34　平原美白膏霜美白体系设计

美白剂的种类	产品名称	INCI 名称	百分含量/%
抑制酪氨酸酶活性类	甘草黄酮	甘草黄酮	5.0
紫外线吸收类	丁基甲氧基二苯甲酰基甲烷	丁基甲氧基二苯甲酰基甲烷	0.3
	4-甲基亚苄基樟脑	4-甲基亚苄基樟脑	0.3
清除自由基类	自由基网络清除剂	丁香提取物	0.4
	维生素 E	生育酚	0.5
保湿类	α-甘露聚糖	银耳提取物	3.0
	海藻糖	海藻糖	3.0
促渗剂	水溶性氮酮	氮酮/PEG40 氢化蓖麻油	1.0

表7-35　平原美白膏霜配方

组相	原料名称	INCI 名称	百分含量/%
A 相	EumulginS2	鲸蜡硬脂醇醚-2	1.5
	EumulginS21	鲸蜡硬脂醇醚-21	2.0
	白油	液体石蜡	3.0
	丁基甲氧基二苯甲酰基甲烷	丁基甲氧基二苯甲酰基甲烷	0.3
	4-甲基亚苄基樟脑	4-甲基亚苄基樟脑	0.3
	混醇	鲸蜡硬脂醇	2.0
	单甘酯	单硬脂酸甘油酯	1.0
	GTCC	辛酸/癸酸甘油三酸酯	4.0
	EHP	棕榈酸乙基己酯	3.0
	DM100	聚二甲基硅氧烷	2.0
	IPM	十四酸异丙酯	3.0
	尼泊金甲酯/尼泊金乙酯	尼泊金甲酯/尼泊金乙酯	0.2/0.1

续表

组相	原料名称	INCI 名称	百分含量/%
B 相	卡波 U20	卡波姆	0.2
	甘油	甘油	4.0
	自由基网络清除剂	丁香提取物	0.4
	海藻糖	海藻糖	3.0
	α-甘露聚糖	银耳提取物	3.0
	丁二醇	1,3-丁二醇	3.0
	去离子水	去离子水	至 100
C 相	三乙醇胺	三乙醇胺	0.2
	甘草黄酮	甘草黄酮	0.2
	水溶性氮酮	氮酮/PEG40 氢化蓖麻油	1.0

四、美白产品的功效评价

根据美白作用通路，美白剂美白功效评价方法主要包括生化水平评价、细胞水平评价、动物试验和人体评价。其中生化水平评价试验主要包括功效物质的抗氧化损伤测试、酪氨酸酶抑制试验。细胞水平评价方法主要包括黑素细胞试验、角质形成细胞中炎性因子、成纤维细胞基质金属蛋白酶、黑色素聚集激素、蛋白激酶含量的测试，以及荧光微粒的角化细胞的吞噬作用抑制试验。人体评价试验主要包括对皮肤颜色的分析以及对角质层含水量的测试、皮肤血液微循环的改善性测试。

1. 生化水平评价方法

（1）抗氧化试验　由于酪氨酸酶可以传递自由基，通过自由基的引发和酪氨酸酶的催化作用使酪氨酸逐步氧化；并且一些金属离子能够促进自由基氧化而导致产生色斑，所以可以测试化妆品对清除自由基以及与金属离子的螯合能力来表明该产品抗氧化能力的大小。

（2）酪氨酸酶抑制试验　酪氨酸酶是黑色素合成途径中的限速酶，它主要通过影响酪氨酸转化成多巴，以及多巴氧化为多巴醌来影响黑色素的生成，可以通过测定美白剂对酪氨酸酶的抑制结果来评价其功效。

2. 细胞水平评价方法

（1）黑素生成抑制试验　通过 B-16 黑素瘤细胞体外培养，测定美白剂对黑色素细胞中的酪氨酸酶活性以及黑色素生成的影响，来表明该美白剂的美白效果。

（2）黑色素转移试验　抑制黑色素从黑色素细胞向角质细胞的转移和分布同样可用于评价化妆品的美白功效。根据黑色素转移通路，可从抑制黑色素细胞突起形成、阻碍角质细胞对黑色素的摄取、抑制角质细胞吞噬活性、作用于 MITF

抑制黑色素转移等关键步骤设计试验研究美白剂的作用。其中角质细胞黑色素摄取试验是一种评价美白作用的新方法。

（3）其他类型细胞试验 根据上述美白机理新途径可知：细胞中产生的炎性因子、基质金属蛋白酶、黑色素聚集激素、蛋白激酶含量都会直接或间接地对皮肤的颜色、光泽等产生重要影响。试验可以通过测定功效物质对人成纤维细胞增殖率、胶原蛋白含量、SOD 的活性、脂质过氧化程度的影响以及对成纤维细胞 MMP-1、MMP-2、MMP-9 的表达影响阐明美白剂对胶原蛋白合成的促进及抗氧化损伤的作用机制。

3．动物试验法

试验采用的是豚鼠，其皮肤的黑素小体和黑素细胞的分布与人类非常相似，试验结果重复性高，亦可建立美白功效评价动物模型并应用。选取花色豚鼠为试验动物，建立紫外线诱发皮肤黑化模型，利用皮肤生物物理检测技术，结合组织化学染色及图像分析技术对皮肤内的黑素颗粒定量，应用于美白化妆品的功效评价。

4．人体评价方法

人体试验法一般以人体前臂皮肤为受试部位，以避免光照对皮肤色度的影响。将美白剂涂于人体皮肤上，采用皮肤颜色测定仪，观察涂敷美白剂前后皮肤颜色的分析，并进行对角质层含水量的测试、皮肤血液微循环的改善性测试以评价美白效果。

对于护肤品的功效评价，除防晒产品外，目前仍没有一个统一的评价标准，这给如何正确评价产品带来一定的困难，因而建立美白化妆品功效评价的标准检测方法显得尤为重要。从上面的阐述中可以看到，将生物技术和现代仪器分析手段相结合来评价护肤品的综合功效，是今后化妆品功效性评价的趋势。这将使化妆品行业在向生物技术、计算机技术等高科技领域渗透的基础上，沿着科学的方向发展。将体外法和人体法结合使用，全面评价美白护肤品的功效。

随着美白化妆品需求量的增长，许多化妆品公司和研究机构投入大量物力人力开发新型美白剂，试图从植物中提取有效成分或合成新的化合物。各种声称具有美白作用的原料和化妆品越来越多，但是评价和检测美白功效的方法还没有太大突破。其原因与人们对皮肤颜色形成机制和黑色素复杂的生物学过程认知有限有关。目前美白功效评价方法仍然是以细胞水平的酪氨酸酶抑制为主。随着人们对黑色素形成生物学关键通路的认识，随着分子生物学技术、细胞培养技术、组织工程技术的发展，以黑色素生物学机制关键通路作为终点建立新的体外评价技术和试验方法，不仅可检测美白剂的效果，还可作为靶点寻找新的美白剂。

此外，加强对化妆品功效成分透皮吸收作用机制及途径的研究，可为化妆品是否到达有效作用位点提供依据，成为体外功效评价方法的有力补充，有利于更加全面、科学地对美白化妆品功效做出评价。

　　总之，化妆品功效的发挥与两方面的因素有关：一是活性成分自身具有功效，二是该活性成分须有效地以一定浓度被传送至作用位点。体外分析方法，操作简单快捷，对于研发人员快速筛选新型功效性原料具有实际意义。但是，由于条件的局限性，它不能全面地反映评估体系的作用机理，也不能反映功效成分是否到达作用靶点有效发挥作用，从而在应用中受到限制。可将活性物质配成膏、霜等剂型，直接涂于重建表皮或离体皮肤。由于它们具有正常表皮的分化特征，可观察化妆品对表皮增殖分化能力、表真皮组织及功能的影响，使得体外研究更具意义。动物试验中，动物个体差别会引起试验误差，使试验重复性差，且动物试验的结果与人体试验结果亦不能完全等同。人体皮肤细胞的体外培养技术评估产品可消除不同种属之间的差异，也可确定某一物质引起的生物学反应以及该物质的剂量反应。随着三维细胞培养技术的发展，表皮和真皮模拟技术的研究，将来可以在体外培养中模拟人体皮肤构造以及皮肤不同细胞间、细胞与细胞基质间的各种反应，使它更有效地应用于化妆品工业。在体外评价的基础上，利用人体试验结合现代仪器分析技术对化妆品进行功效评价，可以客观、全面地考察样品的综合作用效果。这是一种非损害性的客观评价方法，它有别于传统主观评价方法（如评价者主观分析以及志愿者使用感觉评价等）。一方面，测试样品直接作用于人，观察结果较少受环境差别的影响；另一方面，确定客观指标，有利于试用前后的功效对比。

第八章

Chapter **8**

安全保障体系设计

安全保障体系是化妆品配方应用的关键，一方面可以抵御化妆品配方中的潜在过敏原导致的过敏现象，另一方面可以改善敏感肌肤症状及相关的皮肤过敏问题。本章对化妆品中常见过敏源进行整理，对皮肤过敏机制及抗敏活性物质评价方法进行汇总，并举例说明安全保障体系在化妆品中的应用。

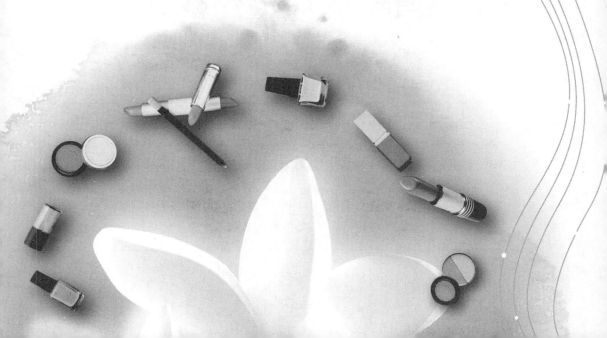

第一节 安全保障体系设计概述

随着现代社会的发展，人们生活水平的提高，个人清洁产品早已成为日常生活必备产品，除了产品的使用效果，消费者在产品安全性方面投入越来越多的关注。

近年来，化妆品导致的皮肤敏感及过敏现象频发，人们已经意识到化妆品配方中的防腐剂、香精香料、化学及物理性防晒剂、表面活性剂等原料均可以刺激皮肤，并引起皮肤屏障功能受损、皮肤瘙痒、红肿等过敏现象。据报道，某研究组于 2005~2007 年采用急性皮肤刺激性试验对洁面类、面膜类、芳香类、发用类、浴液类、卸妆类、按摩类、磨砂祛角质类共计 917 种化妆品样品进行测试，结果表明各类受试化妆品显示出不同程度的急性皮肤刺激性损害效应。洁面类、发用类、浴液类、按摩类和磨砂祛角质类化妆品在试验中出现了较高的皮肤刺激性。样品检出率：轻刺激性为 58.8%~69.3%，中刺激性为 0~5.9%。引发皮肤红斑损伤：明显红斑占 5.7%~9.8%，中度及以上红斑占 0~4.3%。面膜和芳香类化妆品样品试验中引发皮肤刺激性损伤在 72h 内恢复者为主（>90%），洁面类（0.8%）、发用类（0.7%）和浴液类（5.9%），样品中各种不同比例样品引发皮肤刺激性损伤可延续至 14 天以上。

基于此，需要在化妆品配方中建立安全保障体系，确保化妆品配方的安全。

第二节 皮肤敏感及过敏机理

敏感皮肤、皮肤刺激和皮肤过敏的区别与联系见表 8-1。

表 8-1 敏感皮肤、皮肤刺激和皮肤过敏的区别与联系

项目	敏感皮肤	皮肤刺激	皮肤过敏
性质	皮肤状态	皮肤反应	皮肤反应
成因	屏障功能受损、神经功能异常	敏感皮肤、理化刺激（酸性物质、有机溶剂、表面活性剂）	屏障功能差/易敏体质、过敏原（脂溶性、低分子量物质）
细胞	角质细胞、角质形成细胞、成纤维细胞	肥大细胞、嗜碱性粒细胞、非特异性 T 淋巴细胞	朗格汉斯细胞、吞噬细胞、特异性 T 淋巴细胞
物质	细胞及角质层结构相关成分	组胺、激肽原酶（催化激肽、缓激肽形成）	淋巴因子（cytokine，CK）、白细胞介素（interleukin，IL 因子）

项目	敏感皮肤	皮肤刺激	皮肤过敏
表现	表皮结构受损、干燥、紧绷、发红	红斑、水肿、脱屑、角质形成细胞囊泡化样变	与刺激反应类似、全身病变
特点	刺激耐受性差（阈值降低）、易发过敏反应	接触后直接反应、接触局部反应、任何物质都有可能（具有阈值）	有潜伏期（再接触反应）、复杂的全身性反应、发病部位对称性
关系	敏感皮肤易发生皮肤刺激和过敏，可视为两者产生的原因之一 皮肤刺激和过敏，都是敏感皮肤受到外源刺激后的反应		

化妆品配方安全保障体系的建立是为了缓解皮肤敏感导致的皮肤刺激及皮肤过敏现象。

第三节　化妆品过敏源

化妆品中常见并已确认的过敏源见表 8-2。在我国发布的《化妆品皮肤病诊断标准与处理原则》以及实施指南中也有类似的表格，列出了化妆品中常见过敏源及斑试浓度、不同种类化妆品斑试方法指南等。化妆品中常见过敏源主要有以下几种。

（1）防腐剂　在统计的化妆品皮炎致敏物中约 30%～40%为防腐剂，较多的为对羟基苯甲酸酯类、咪唑烷基脲、季铵盐-15(Q-15)、甲醛和异噻唑啉酮类。在 11 个国家的 16 个研究中心进行了一项关于常用防腐剂过敏率的 10 年调查分析结果显示：甲醛和甲基异噻唑啉酮的过敏率一直处于高水平。特别需要说明的是，甲醛很少作为化妆品防腐剂使用，但化妆品中许多其他防腐剂在使用后可以释放出甲醛，如咪唑烷基脲、双咪唑烷基脲、季铵盐-15、DMDM 乙内酰脲以及溴硝丙二醇（在 pH 极端改变的情况下）。在我国和欧盟的化妆品法规中，规定化妆品中游离甲醛的含量不得超过 0.2%，然而，文献报道甲醛引起过敏或皮炎所需的阈浓度远低于此，分别为 30μg/L（0.003%）和 250μg/L（0.025%）。为了提高化妆品特别是儿童化妆品的温和性和安全性，近年来许多研究者尝试减少或取代化学合成防腐剂配制化妆品的可行性，特别是在崇尚自然、绿色的今天，植物源防腐剂已经是化妆品防腐剂研究的热点，植物源防腐剂在起到防腐作用的同时，也具有一定的营养价值，是儿童化妆品理想的防腐剂。

（2）香料　香料是引起皮肤过敏的常见成分，约占化妆品皮炎致敏物的 20%~30%。香料成分可在应用部位引起皮炎或光敏性接触性皮炎，这也是为什么近年来各种无添加护肤品风行市场的原因之一。

（3）表面活性剂　表面活性剂是引起皮肤敏感和刺激的另一主要因素，约占致敏物的 15%。如油酰胺丙基二胺阳离子乳化剂，是一种近来报道较多的过敏原。表面活性剂对人体皮肤、眼睛、毛发，特别是对皮肤、眼睛的刺激性是一个颇难定义的概念，截至目前仍然没有统一的标准。表面活性剂根据结构、品种的不同，其刺激强度有明显的差异，而且即使是同样的化学结构，因生产厂家、工艺路线和所采用的原料不同也会有很大的差别。表面活性剂对皮肤或黏膜产生的刺激性或致敏性主要由以下三个因素引起。

① 溶出性　指表面活性剂对皮肤本身的保湿成分、细胞间脂质及角质层中游离氨基酸和脂肪的溶出程度。这些成分的过分溶出将使皮肤表层受到破坏，皮肤保水能力下降，引起细胞成皮屑脱落，从而造成皮肤紧绷、刺痛或干燥感。

② 渗入性　指表面活性剂经皮渗透的能力，这种作用被认为是引发皮肤各种炎症的原因之一。表面活性剂渗入改变了皮肤的原始结构状态和相邻分子间的相容性，从而造成皮肤刺激作用甚至引起过敏反应，使皮肤上出现红斑和水肿现象。表面活性剂对皮肤黏膜的刺激作用以阳离子型最甚，阴离子型次之，非离子型和两性离子型最小。

③ 反应性　指表面活性剂对蛋白质的吸附，致使蛋白质变性以及改变皮肤pH条件等的作用。试验表明非离子型表面活性剂的反应性较小，阴离子型表面活性剂的反应性较大。

④ 染发剂　染发类化妆品引起皮肤和眼睛不良反应的概率也相当高，而且对眼的刺激性较皮肤明显，尤其是对苯二胺。值得注意的是，对皮肤无刺激的样品，不能排除对眼睛有刺激性，反之亦然。

⑤ 其他过敏源　除此之外，化妆品中的防晒剂、抗氧化剂、抗菌剂等都是皮肤敏感和刺激常见的致敏源。

表 8-2　化妆品原料中常见过敏源

功能	过敏源	斑试浓度/%
防腐剂	溴硝丙二醇（布罗波尔）	0.5/pet
	双咪唑烷基脲	2/pet
	咪唑烷基脲	2/pet
	DMDM 乙内酰脲	2/aq
	碘丙炔基丁基氨基甲酸酯	0.1/pet
	甲醛	1/aq
	甲基异噻唑啉酮/甲基二溴戊二腈	0.01/aq
	对羟基苯甲酸酯类混合物	10/pet
	苯氧乙醇	1/pet
	季铵盐-15	5/pet
抗氧化剂	丁基化羟基茴香醚	2/pet
	丁基化羟氢甲苯	2/pet
香精/香料	香料混合物	8/pet
	羟基-异己基-3-环己烯甲醛	5/pet
	秘鲁香脂	0.3/pet
	茶树油	10/pet

功能	过敏源	斑试浓度/%
表面活性剂	amerchol™ L101	1/aq
	鲸蜡基/硬脂醇	20/pet
	椰油酰胺丙基甜菜碱	1/aq
	羊毛脂醇	5/pet
染发剂	p-苯二胺	16/pet
遮光剂	二苯甲酮-3	10/pet
	4-氨基苯甲酸	25/pet
护甲树脂	甲苯磺酰胺/甲醛树脂	1/pet

第四节　安全保障体系的设计

一、常见的植物来源抗敏活性成分

随着人们追求天然、追求绿色、追求健康与安全的意识增强，以植物活性成分为主的天然美容化妆品越来越受到消费者的青睐。同时随着免疫学研究的发展，中药抗过敏的研究也逐渐显现出优势，其作用机制具有多靶点、多层次的特点，表现在过敏介质理论的多个环节上，如在提高细胞内 AMP 水平、稳定细胞膜、抑制或减少生物活性物质的释放、中和抗原、抑制 IgE 的形成等多个环节起作用且副作用少而轻微，临床用于防治敏感性疾病也取得了较好疗效。常见的植物来源抗敏活性成分见表 8-3。

表 8-3　常见植物来源抗敏活性成分

功效	常用植物原料	植物作用
祛风除湿	荆芥	具有发汗解表、宣毒透疹和止血作用，防风配伍时为祛风止痒方剂的基础，可用于风疹、皮肤瘙痒等症
	防风	具有散寒解标、胜湿止痛、祛风止痉、止痒作用。用于风邪克于皮肤之风疹、瘾疹、疮疡等症
	薄荷	具有散风解表、行气解郁、祛风止痒、透斑疹作用，可用于皮肤瘙痒、风疹等症
	生姜	具有发表散寒、解毒健胃、温经行气作用，配合其他药物调敷，用于湿疹疮疡
	徐长卿	具有祛风止痛、利水退肿、活血解毒、抗炎功效
	白附子	具有祛风豁痰、通络、消肿散节等作用
	防己	具有祛风除湿、利水消肿功效，有抗炎、抗敏感的作用
	白蒺藜	具有祛风止痒、明目等功效，能够减少炎症因子的释放

续表

功效	常用植物原料	植物作用
清热解毒	甘草	具有清热解毒、调和药性、祛痰止咳作用
	马齿苋	清热解毒、散血消肿、消炎止痛等功效
	黄芩	具有清热燥湿、泻火解毒、止血抑菌作用
	黄连	具有清热燥湿、泻火解毒、凉血抑菌作用
	黄柏	具有清热燥湿、泻火解毒、滋阴降火作用，与苍术配伍用于疮疡肿毒、湿疹、痒疹等症
	金银花	具有清热解毒、抗炎作用，能控制炎症的渗出和炎性增生
	连翘	具有清热解毒、消肿散结的作用，具有强大的抗炎抑菌作用
	钩藤	具有清热平肝、息风止痉作用，有抗组胺作用
	薏苡仁	具有清热利湿、健脾止痒、利尿排脓作用，现代常用于敏感性疾病辅助治疗
	青蒿	具有清透虚热、凉血除蒸等功效
补肝益肾	五加皮	具有补益肝肾、祛风湿、强筋骨作用，外用可治疗皮肤瘙痒症。
	黄芪	补益脾土、固表止汗、托疮生肌等作用，能改善疮疡组织的血液循环，促进病变组织的吸收或化脓
	山茱萸	具有补肝益肾、收敛固涩的功效
	乌梅	具有敛肺、涩肠、生津的功效
活血化瘀	艾叶	具有温经止血、散寒止痛作用
	赤芍	有清热凉血、祛淤止痛、抗炎疗溃疡作用，对平滑肌有解痉作用
	牡丹皮	具有清热凉血，活血散瘀之功效

这些中药材通常经过一定的工艺提取后，按照体外试验或者动物试验筛选出来的起效剂量和安全剂量添加到化妆品配方中。这些植物原料在配方应用过程中可能出现一定的溶解性及稳定性的问题，那么需要通过筛选乳化剂的类型及使用剂量尽可能改变溶解性，此外，我们要重点关注植物提取物的稳定性，一些含有植物多酚类的成分，虽然功效性较好，但在实际应用中，特别是与生产设备接触后，经常出现变色等问题，这就要求植物原料来源要符合化妆品生产规范要求，具有良好的稳定性和配方适用性。

通常情况下会将安全保障体系与功效体系相结合，两者相辅相成从而既保证功效又保证配方的安全性。保湿功效产品辅以补肝益肾中药植物提取物，美白、抗衰老功效产品辅以活血化瘀中药植物提取物，祛痘功效产品辅以祛风除湿、清热解毒类中药植物提取物协同增效。

二、其他抗敏成分

过敏反应通常的治疗方法包括抗组胺药物、肥大细胞稳定剂、激素疗法、免疫疗法、抗菌及抗真菌治疗、抗细胞因子抗体治疗等。可以在化妆品中应用的其他抗敏成分见表 8-4。此外，我们可以加入增强皮肤屏障功能、清除过剩自由基等有效成分作为抗敏止痒体系的成分复合应用。

表 8-4　其他抗敏成分

分类	原料名称	INCI 名称	作用及性质
抗炎	红没药醇	*BISABOLOL*	1. 降低皮肤炎症水平 2. 提高皮肤的抗刺激能力 3. 修复有炎症损伤的皮肤
	甘草酸二钾	*DIPOTASSIUM GLYCYRRHIZATE*	1. 抑制组胺释放 2. 抑菌作用

第五节　抗刺激及抗敏效果评价

　　评价刺激性的常用方法分为体外试验、动物试验、人体评测三大类。常用的体外试验有抑制透明质酸酶试验、红细胞溶血试验、鸡胚绒毛尿囊膜试验；常用的动物试验有豚鼠皮肤瘙痒模型止痒试验、豚鼠皮肤脱水模型的皮肤修复作用试验、被动皮肤过敏模型抗敏作用试验；常用的人体评测试验有人体斑贴试验。

 一、体外试验

1. 抑制透明质酸酶试验

　　透明质酸酶（hyaluronidase，Haase）是透明质酸（hyaluronic acid，HA）的特异性裂解酶，HA 在人体许多发育和调控过程如细胞黏附、器官形成、创伤愈合、肿瘤发生和血管形成起重要的抑制作用，抑制 HAase 的活性可使 HA 不被分解，维持正常的生理功能。透明质酸酶是 I 型过敏反应的参与者，大多数过敏反应是与体内透明质酸酶活性有关的 I 型过敏反应，透明质酸酶的抑制试验用于抗过敏试验研究，与整体动物试验具有较好的相关性，样品对透明质酸酶的抑制能力，反映了其抑制 I 型过敏反应的能力。

2. 红细胞溶血试验

　　多因素分析显示 Draiz 试验原理大部分可以用蛋白变性和细胞膜破坏来解释，由此而发展了测定漏出红细胞的血红蛋白量来评价膜损伤的替代方法——血红细胞溶血试验。由于化妆品过敏源具有溶血性，故以细胞溶解、蛋白质构型改变为检测终点的红细胞溶血试验被认为是评价表面活性剂成分眼刺激性的有效手段。根据血红蛋白变性可引起吸光度特性改变的原理，血红蛋白变性试验可以检测表面活性剂对血红蛋白结构活性的量化改变。

3．鸡胚绒毛尿囊膜试验

鸡胚绒毛尿囊膜试验是利用孵化的鸡蛋胚胎中期血管化透明的绒毛尿囊膜，将一定量被评估物质滴加在上面，在一段时间之后观察绒毛尿囊膜上的血管及其网络的形态结构、颜色和通透性的变化，结合绒毛尿囊膜蛋白质性质改变判断其受损程度，评估受试物的刺激性。可根据血管充血、渗血和蛋白凝固、毛细血管末梢的变化、整个毛细血管网变化、主血管和较粗血管的改变、绒毛尿囊膜及其周围蛋白质的变化反映绒毛尿囊膜损伤程度。

二、动物试验

1．豚鼠皮肤瘙痒模型止痒试验

取豚鼠 36 只，于试验前 1 天右后足背剃毛，随机分组：模型对照组、①号受试品、②号大剂量组、中剂量组和小剂量组。连续 3 天于剃毛处分别均匀涂抹相应剂量受试品，模型对照组给予蒸馏水涂抹。试验第 3 天，精密称取磷酸组胺适量，临用前以蒸馏水配成 0.01%、0.02%、0.03%、0.04%、0.05%、0.06%、0.07%、0.08%、0.09%、0.10%梯度浓度备用。用粗砂纸将豚鼠右后足背剃毛处擦伤，面积约 $1cm^2$，局部再涂药 1 次，于末次涂药 10min 后在擦伤处滴 0.01%磷酸组胺 0.05mL，以后每隔 3min 依 0.01%、0.02%、0.03%、0.04%…递增浓度，每次均为 0.05 mL。直到出现豚鼠回头舔右后足，以最后出现豚鼠回头舔右后足时所滴取的磷酸组胺总量为致痒阈。计算各组致痒阈并比较组间的差异性。

2．豚鼠皮肤脱水模型的皮肤修复作用试验

取豚鼠 36 只，于试验前 1 天颈背部剃毛，面积约为 $2×2cm^2$，随机分组：空白对照组、模型对照组、①号受试品、②号受试品大剂量组、中剂量组和小剂量组。除空白对照组豚鼠，其余各组取丙酮:乙醚=1:1 混合液 150μL 滴于去毛处，10min 后分别取相应样品涂抹于去毛部位，一天 2 次，连续 5 天，空白对照组和模型对照组豚鼠给予蒸馏水涂抹于去毛处。于第 5 天给予样品后 20min 测量豚鼠脱毛处皮肤含水量，比较组间差异，并计算水分散失保护率。

3．被动皮肤过敏模型抗敏作用试验

取大鼠 36 只，雌性，室温环境下分笼饲养，自由取食及摄水，适应性饲养 5 天后按体重随机分组，分别为空白对照组、模型对照组、①号受试品、②号受试品大剂量组、中剂量组和小剂量组，每组 6 只。背部剃毛后，除空白对照组外，其余各组大鼠背部选取 3 个点，每点皮下注射 anti-DNP IgE 0.5μg（0.5μL）。48h 后，各组大鼠尾静脉注射含有 4%伊文思蓝的 DNP-HAS 100μg（100μL）。在尾静脉注射 DNP-HAS 前 1h，在给药各组大鼠背部，以注射 anti-DNP IgE 的点为中心，每点涂抹 $2cm^2$ 面积的相应药物。静脉注射 DNP-HAS 后 30min 处死大鼠。剪下蓝染皮肤，使用 1 :1 丙酮-生理盐水混合溶液浸泡 24h，离心取上清，用分光光度

计于 620nm 处检测 OD 值。使用伊文思蓝溶液制作标准曲线，计算每只大鼠背部皮肤染料含量及 PCA 反应抑制率。

$$抑制率 = \frac{模型对照组染料含量 - 用药组染料含量}{模型对照组染料含量} \times 100\%$$

三、人体斑贴试验

按受试者入选标准选择受试人员，人数为 30。选用合格斑贴材料，将样品放入斑试器内（样品用量为 0.020~0.025g），对照孔为空白（不置任何物质）。将样品和空白对照均贴于受试者的前臂曲侧，用手掌轻压使之均匀地贴敷于皮肤上，持续 24h。去除斑贴器后间隔 30min，待压痕消失后观察皮肤反应。斑贴试验后 24h 和 48h 分别再观察一次，观察皮肤反应。皮肤不良反应分级标准见表 8-5。皮肤封闭型斑贴试验结果解释：30 例受试者中出现 1 级皮肤不良反应的人数多于 5 例，或 2 级皮肤不良反应的人数多于 2 例，或出现任何 1 例 3 级或 3 级以上皮肤不良反应时，判定受试物对人体有不良反应。

表 8-5　皮肤不良反应分级

反应程度	评分等级	皮肤反应
−	0	阴性反应
±	1	可疑反应：仅有微弱红斑
+	2	弱阳性反应（红斑反应）：红斑、浸润、水肿，可有丘疹
++	3	强阳性反应（红斑反应）：红斑、浸润、水肿，可有丘疹；反应可超出受试区
+++	4	极强阳性反应（红斑反应）：明显红斑、严重浸润、水肿、融合性疱疹；反应超出受试区

第六节　抗敏止痒剂和刺激抑制因子产品开发应用实例

本节以安全保障体系产品抗敏止痒剂、刺激抑制因子在化妆品配方中的应用举例，阐述安全保障体系在配方中的应用。

抗敏止痒剂和刺激抑制因子主要是针对化妆品中致敏物质所造成皮肤瘙痒等情况而研发，刺激抑制因子是针对化妆品中潜在的致敏物质所研发，两者相互搭配构建安全保障体系。通过构建安全保障体系配方与无安全保障体系配方进行安全性试验对比（配方见表 8-6），可见构建安全保障体系对化妆品配方的重要性。

表8-6 护肤水配方（配方Ⅰ）

组相	原料名称	标准中文名称	添加量（质量分数）/%	作用
A	丁二醇	丁二醇	3.00	保湿剂
	甘油	甘油	4.00	保湿剂
	透明汉生胶	黄原胶	0.05	黏度调节剂
	去离子水	水	至100	溶剂
B	海藻糖	海藻糖	2.00	保湿剂
	α-甘露聚糖	水/银耳（TREMELLAFUCIFORMIS）提取物	3.00	保湿剂
	燕麦β-葡聚糖	水/甘油/β-葡聚糖	2.00	营养剂
	EDTA-2Na	乙二胺四乙酸二钠	0.03	螯合剂
	抗敏止痒剂Ⅱ	水/甘油/海藻糖/麦冬（OPHIOPOGONJAPO-NICUS）根提取物/扭刺仙人掌（OPUNTIA-STREPTACANTHA）茎提取物/苦参（SOP-HORAFLAVESCENS）根提取物	1.0	安全保障体系
	刺激抑制因子	水/甘油/海藻糖/木薯淀粉/扭刺仙人掌（OPUNTIASTREPTACANTHA）茎提取物	1.5	
C	MTI	丙二醇/甲基异噻唑啉酮/碘丙炔醇丁基氨甲酸酯/氯化钠	0.15	防腐剂
	香精	（日用）香精	适量	赋香剂/增溶剂

表8-7 护肤水配方（配方Ⅱ）

组相	原料名称	标准中文名称	添加量（质量分数）/%	作用
A	丁二醇	丁二醇	3.00	保湿剂
	甘油	甘油	4.00	保湿剂
	透明汉生胶	黄原胶	0.05	黏度调节剂
	去离子水	水	至100	溶剂
B	海藻糖	海藻糖	2.00	保湿剂
	α-甘露聚糖	水/银耳（TREMELLAFUCIFORMIS）提取物	3.00	保湿剂
	燕麦β-葡聚糖	水/甘油/β-葡聚糖	2.00	营养剂
	EDTA-2Na	乙二胺四乙酸二钠	0.03	螯合剂
C	MTI	丙二醇/甲基异噻唑啉酮/碘丙炔醇丁基氨甲酸酯/氯化钠	0.15	防腐剂
	香精	（日用）香精	适量	赋香剂/增溶剂

配方Ⅰ（已构建安全保障体系）与配方Ⅱ（未构建安全保障体系）进行RBC溶血试验结果表明：配方Ⅰ的红细胞溶出率大大小于配方Ⅱ的红细胞溶出率，结果见图8-1。

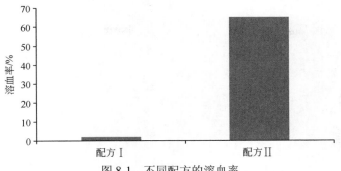

图 8-1　不同配方的溶血率

进行鸡胚绒毛尿囊膜试验表明：以配方Ⅰ为药物，加样 72h 后，鸡胚胚体活动活跃，血管呈叶脉状分布，颜色鲜红，见图 8-2。以配方Ⅱ为药物，加样 48h 后，鸡胚胚体上浮，颜色发白，活动停止，见图 8-3。

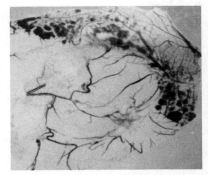

图 8-2　配方Ⅰ给药 72h 后鸡胚状态

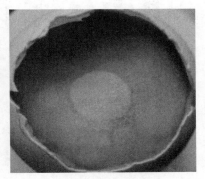

图 8-3　配方Ⅱ给药 48h 后鸡胚状态

对配方Ⅰ与配方Ⅱ进行 24h 斑贴试验，试验人群为皮肤敏感人群。试验结果显示：未构建安全保障体系的配方，出现 12 例 1 级反应，构建安全保障体系配方未见不良反应。

以上试验结果都揭示了安全保障体系对配方的重要性。

第九章

Chapter **9**

特殊用途化妆品
功效体系设计

针对卫生部规定的特殊用途化妆品，本章重点
介绍祛斑、防晒、染发、烫发、育发类化妆品的功
效体系设计。

我国《化妆品卫生监督条例》（1989 年）规定了 9 类特殊用途化妆品，包括祛斑功效化妆品、防晒功效化妆品、染发功效化妆品、烫发功效化妆品、育发功效化妆品、脱毛功效化妆品、丰胸功效化妆品、健美功效化妆品、除臭功效化妆品。由于这 9 类化妆品配方所用原料具有特殊性，国家对这类化妆品严加管理和审批，以确保消费者使用的安全性。针对这一特征，专设本章对特殊用途化妆品功效体系设计进行阐述，限于篇幅，本章只介绍前 5 类。

第一节　祛斑功效体系设计

因皮肤内色素增多而使皮肤上出现的黑色、黄褐色等小斑点，称之为色斑，医学名称为"色素障碍性皮肤病"，一般可分为：黄褐斑（妊娠斑、蝴蝶斑）、雀斑、晒斑、老年斑以及中毒性黑皮病等。针对皮肤局部区域的色素沉着而产生的色斑淡化或消退作用的化妆品叫作祛斑化妆品。目前，祛斑化妆品正朝着天然性和功效性发展。

一、祛斑机理

具体的祛斑机理与美白机理基本一致。根据祛斑机理，要实现祛斑的目的，可通过以下途径：①防止色素的生成，参见第七章第五节美白实现途径；②清理已生成的色素，包括还原淡化已合成的黑色素；促进表皮更新，加快黑色素、脂褐素和血红素向角质层转移，最终随老化的角质细胞脱落而排出体外；促进局部黑色素向周围迁移。

二、祛斑化妆品原料

祛斑原料可分为四类：一是防止色素生成类（见美白部分）；二是清理已生成的黑色素类，主要有果酸、胎盘提取物、V_{B_3} 等；三是促渗剂，如氮酮，对亲油、亲水性药物和活性成分均有明显的透皮助渗作用，使皮肤角质层与脂质相互作用，降低了有效物质向角质层间隙中脂质的相转移温度，增加了流动性，使药物或活性添加剂在角质层中的扩散阻力减少，起到很强的促渗作用；四是保湿剂，详见第七章第三节保湿原料的介绍。主要祛斑原料见表 9-1。

三、祛斑功效体系设计

按剂型分，祛斑化妆品包括祛斑乳液、祛斑霜、祛斑啫喱、祛斑水、祛斑面膜等。下面主要介绍祛斑乳液、祛斑霜、祛斑啫喱和祛斑水的功效体系设计。

表 9-1 主要祛斑原料

分类	原料名称	INCI 名称	作用及性质	商品名
防止黑色素生成类	见表 7-28 美白原料的介绍			
清理已生成的黑色素类	烟酰胺	烟酰胺	将局部黑色素迁移到周围的角化细胞中，起到淡斑的效果	烟酰胺 PC
	维生素 C 磷酸酯钠	抗坏血酸磷酸酯钠	淡化已形成的黑色素	Stay-C50
	果酸	α-hydroxyl acids, AHAs	化学剥脱剂，促进含有黑色素的角质细胞脱落，而新形成的角质细胞可能含有较少的黑色素	果酸
促渗剂	氮酮	氮酮	促渗剂。促进活性成分在皮肤上的吸收	氮酮
保湿剂类	见表 7-2 保湿剂原料的介绍			

1. 祛斑乳液祛斑功效体系的设计

在设计祛斑乳液时，体系对祛斑成分的选择没有太多的限制，祛斑的功效体系设计见表 9-2，祛斑乳液配方见表 9-3。

表 9-2 祛斑乳液功效体系

分类	名称	INCI 名称	百分含量/%
阻止黑色素形成类	光甘草定	光甘草定	0.1
	Parsol 1789	丁基甲氧基二苯甲酰基甲烷	0.5
	Escalol 557	甲氧基肉桂酸乙基己酯	0.5
促使已生成的色素排出体外类	烟酰胺	烟酰胺	2.0
	维生素 C 磷酸酯钠	抗坏血酸磷酸酯钠	0.5
促渗剂	氮酮	氮酮	1.0
保湿类	α-甘露聚糖	银耳提取物	3.0
	海藻糖	海藻糖	3.0

表 9-3 祛斑乳液配方

组相	原料名称	INCI 名称	百分含量/%
A 相	EumulginS2	鲸蜡硬脂醇醚-2	1.2
	EumulginS21	鲸蜡硬脂醇醚-21	1.5
	合成角鲨烷	氢化聚异丁烯	5.0
	GTCC	辛酸/癸酸甘油三酯	3.0
	EHP	棕榈酸乙基己酯	4.0
	Parsol1789	丁基甲氧基二苯甲酰基甲烷	0.5
	Escalol557	甲氧基肉桂酸乙基己酯	0.5
	氮酮	氮酮	1.0
	DM100	聚二甲基硅氧烷	2.0
	维生素 E	生育酚	0.5
	尼泊金甲酯/尼泊金乙酯	尼泊金甲酯/尼泊金乙酯	0.2/0.1

组相	原料名称	INCI 名称	百分含量/%
B 相	卡波 U20		0.1
	甘油	甘油	5.0
	烟酰胺	烟酰胺	2.0
	α-甘露聚糖	水、银耳提取物	3.0
	海藻糖	海藻糖	3.0
	丙二醇	丙二醇	4.0
	去离子水	去离子水	至 100
C 相	三乙醇胺	三乙醇胺	0.1
	维生素 C 磷酸酯钠	抗坏血酸磷酸酯钠	0.5
	光甘草定	光甘草定	0.1

2. 祛斑霜祛斑功效体系的设计

设计祛斑霜时，祛斑剂的选择与祛斑乳液基本一致，见表 9-2。祛斑霜配方的设计见表 9-4。

表 9-4　祛斑霜配方设计举例

组相	原料名称	INCI 名称	百分含量/%
A 相	EumulginS2	鲸蜡硬脂醇醚-2	1.5
	EumulginS21	鲸蜡硬脂醇醚-21	2.0
	白油	液体石蜡	3.0
	Parsol1789	丁基甲氧基二苯甲酰基甲烷	0.5
	Escalol557	甲氧基肉桂酸乙基己酯	0.5
	氮酮	氮酮	1.0
	乳木果油	牛油树脂	2.0
	混醇	鲸蜡硬脂醇	2.0
	单甘酯	单硬脂酸甘油酯	1.0
	GTCC	辛酸/癸酸甘油三酯	4.0
	EHP	棕榈酸乙基己酯	3.0
	DM100	聚二甲基硅氧烷	2.0
	IPM	肉豆蔻酸异丙酯	3.0
	尼泊金甲酯/尼泊金乙酯	尼泊金甲酯/尼泊金乙酯	0.2/0.1
B 相	卡波 U20		0.2
	甘油	丙三醇	4.0
	海藻糖	海藻糖	3.0
	烟酰胺	烟酰胺	2.0
	α-甘露聚糖	银耳提取物	3.0
	丙二醇	丙二醇	3.0
	去离子水	去离子水	至 100
C 相	三乙醇胺	三乙醇胺	0.2
	维生素 C 磷酸酯钠	抗坏血酸磷酸酯钠	0.5
	光甘草定	光甘草定	0.1

3．祛斑啫喱祛斑功效体系的设计

祛斑啫喱属水剂型的产品，在祛斑剂的选择时要考虑其溶解度，就要选择水溶性的功效添加剂，祛斑啫喱功效体系设计见表9-5。祛斑啫喱配方设计见表9-6。

表9-5　祛斑啫喱功效体系设计

分类	原料名称	INCI 名称	百分含量/%
阻止色素生成类	熊果苷	熊果苷	5.0
促使已生成的色素排出体外类	烟酰胺	烟酰胺	2.0
	维生素 C 磷酸酯钠	抗坏血酸磷酸酯钠	0.5
促渗剂	水溶性氮酮	水溶性氮酮	1.0
保湿类	α-甘露聚糖	银耳提取物	3.0
	海藻糖	海藻糖	3.0

4．祛斑水的功效体系的设计

祛斑水功效体系的设计和祛斑啫喱功效体系基本一致，功效体系设计见表9-5。祛斑水配方的设计见表9-7。

表9-6　祛斑啫喱配方设计举例

组相	原料名称	INCI 名称	百分含量/%
A 相	甘油	丙三醇	5.0
	丙二醇	丙二醇	4.0
	卡波 U20	丙烯酸酯/C_{10}～C_{30}烷基丙烯酸酯交链共聚物	0.8
	海藻糖	海藻糖	3.0
	熊果苷	熊果苷	5.0
	烟酰胺	烟酰胺	2.0
	α-甘露聚糖	银耳提取物	3.0
	去离子水	去离子水	至 100
B 相	极马Ⅱ	重氮咪唑烷基脲	0.2
	TEA	三乙醇胺	0.8
	水溶性氮酮	水溶性氮酮	1.0
	维生素 C 磷酸酯钠	抗坏血酸磷酸酯钠	0.5

表9-7　祛斑水的配方设计举例

组相	原料名称	INCI 名称	百分含量/%
A 相	甘油	丙三醇	5.0
	丙二醇	丙二醇	4.0
	海藻糖	海藻糖	3.0
	熊果苷	熊果苷	5.0
	烟酰胺	烟酰胺	2.0
	α-甘露聚糖	银耳提取物	3.0
	去离子水	去离子水	至 100

组相	原料名称	INCI 名称	百分含量/%
B 相	极马Ⅱ	重氮咪唑烷基脲	0.2
	水溶性氮酮	水溶性氮酮	1.0
	维生素C磷酸酯钠	抗坏血酸磷酸酯钠	0.5

四、体系优化

1. 祛斑功效体系的优化

（1）祛斑剂种类优化　在选择祛斑剂时，首先要考虑该祛斑剂的安全性，根据经验及功效评价结果选择性价比高的祛斑剂。

（2）祛斑剂量优化　并不是添加量越多，祛斑效果就越好，有的祛斑剂添加多了效果是会好点，但成本会上升很多，有的添加多了反而会刺激皮肤，比如说果酸，添加多了对皮肤的刺激性就很大。

（3）祛斑剂复配优化　在选择不同祛斑剂复配时，首先要考虑祛斑剂之间的配伍性，选择不同作用机理的祛斑剂复配，达到全面的祛斑效果。

（4）祛斑剂成本优化　在选择祛斑剂时，通过各功效成分的复配，达到性价比最高。

2. 祛斑体系与配方中其他体系的配伍性优化

祛斑剂的品种较多，选择时要注意原料之间的配伍性，比如说功效体系是否与乳化体系、增稠体系、防腐体系等配伍。

3. 祛斑体系工艺优化

很多祛斑功效添加剂具有不耐高温及不宜长时间的加热等缺点。因此在添加祛斑功效体系时需要考虑祛斑剂的综合性能，确定生产工艺。

五、祛斑功效评价

1. 照相法

早期曾经采用照相的方法，将色斑拍摄下来，在照片上分析皮肤色斑沉着的变化来评价祛斑化妆品的效果。但此法受照相时光线及冲印条件的影响很大，且反应的皮肤颜色黑白变化单一。目前常用的 FoToFinder dermoscope 仪器，是照相法的改进，主要由摄像机和显微镜头组成，可以对色素沉着区进行拍照、放大，并进行图像处理，计算各种参数如皮损大小、边缘情况、结构参数，同时作出安全评价，是一种常用的色斑评价法。不过，在对皮肤色斑颜色进行评价时仍然受拍照条件的影响较大，需要与其他皮肤颜色测定仪配合使用来进行准确的评价。

2. 皮肤荧光色素检测

荧光光谱是一种检测皮肤的无损技术，正常皮肤的特征荧光光谱与皮肤的组织学和形态学特征有关。不同皮肤内的发色团如黑色素、血红蛋白等的分布不同，在特定波长的激发下，使得皮肤呈现出不同的特征荧光光谱，由不同的荧光光谱能够对皮肤中所含的不同的发色团的相对含量进行定量，从而能对皮肤的色素沉着进行检测和分析，于是可以由祛斑化妆品使用前后皮肤荧光光谱的变化来对化妆品的祛斑效果进行评价。其中滤过紫外光灯（Wood 灯）就是一种典型的荧光光谱的应用，目前将 Wood 灯的成像方法和计算机图像分析的定量方法相结合，已广泛用于评价皮肤色素分布和沉着程度分析，Paraskevas以及 Wigger-Alberti 等分别将 Wood 灯成像方法用于临床上皮肤色斑分析和诊断，为评价各种皮肤色斑改变效果提供了准确的依据和记录。但由于光线在皮肤的不同表层、不同发色团上都会发生反射和折射现象以及各种发色团之间的荧光光谱的相互干扰，皮肤表层荧光光谱法的测量结果的准确性会受到一定的影响。

另外，由于红外光谱法主要通过检测血红蛋白发色团的吸收情况来监控组织器官携氧情况，而血红蛋白的含量对皮肤颜色尤其是红色起着决定作用，于是红外光谱也能对皮肤色斑颜色进行检测，但因其针对性强，应用面较窄。

第二节　防晒功效体系设计

由于环境污染等因素造成了大气臭氧层被破坏，使太阳光中能到达地球表面的紫外线（UV）的量不断增加、造成全球范围内日光性皮炎甚至皮肤癌患者明显增加，防晒已成为当今国际化妆品发展的热门话题之一。防晒化妆品是指具有吸收紫外线作用，能够减轻因日晒而引起的皮肤损伤的皮肤护理品。目前防晒化妆品的流行趋势为：继续开发高 SPF 值产品，提供广谱 UVB/UVA 防护；产品形式更便捷（如喷雾式、凝胶和纸巾等）；继续开发带特殊色彩的儿童系列用品；类似产品还有具有防晒效果或标识有 SPF 值的粉底类、口红唇膏类彩妆品，冬天雪地里的防晒、游泳时的防晒、头发防晒化妆品等。

另外，防晒不再是产品的唯一功能，而是和其他功效如保湿、营养、抗老化等结合在一起，使产品具有多重效果。例如加强产品的抗老化功能：一是加强产品对 UVA 的防护作用或使产品具有广谱防晒性能，可减缓皮肤光老化的发生；另一种途径是添加皮肤营养物质，除了维生素 E 等抗氧化剂外，还有增强皮肤弹性和张力的生物添加剂、保湿剂、改善皮肤血液微循环的植物提取物等。

一、防晒机理

紫外线对皮肤的伤害包括：晒红、晒黑和光老化。其中晒红的机理是紫外线照射皮肤后使皮肤各层组织发生生理及病理变化，表皮基底层出现液化变性，棘细胞层部分细胞胞浆均匀一致，核皱缩；真皮乳头层毛细血管扩张，数量增多，血液内细胞成分增加，血管通透性增强，白细胞游出，液体渗出，最终导致毛细血管内皮损伤，血管周围出现淋巴细胞及多形核细胞浸润等炎症反应。晒黑是指皮肤受紫外线照射后引起的皮肤黑化现象。光老化是由于长期的日光照射导致的皮肤衰老现象，是由反复日晒而致的累积性损伤。其机理是紫外线的照射使皮肤真皮中弹力纤维变形，增粗和分叉，从而导致皮肤松弛无弹性，同时影响胶原纤维的成分和结构，还会使氨基多糖裂解，可溶性增加，影响其结构和功能，最终仍会导致皮肤干燥松弛无弹性。

目前防晒化妆品正是从这些角度考虑，利用某些无机物对紫外光的散射或反射作用来减少紫外线对皮肤的侵害的紫外线散射剂，它们主要是在皮肤表面形成阻挡层，以防紫外线直接照射到皮肤上；或者利用具有吸收作用的紫外光吸收剂，它们的分子从紫外线中吸收的光能与引起分子"光化学激发"所需要的能量相等，这点就可把光能转化成热能和无害的可见光放射出来，从而有效地防止紫外线对皮肤的晒黑和晒伤作用，见图 9-1 和图 9-2。同时，防晒化妆品还可加入一些植物

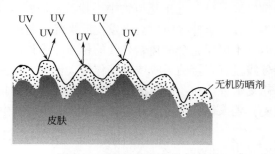

图 9-1　无机防晒剂的作用机理

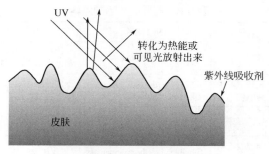

图 9-2　紫外线吸收剂的作用机理

活性物质，如：红景天提取物、芦荟提取物燕麦提取物等，能够清除或减少紫外线辐射造成的活性氧自由基，减少对皮肤组织的损伤。

因此，防晒化妆品实现防晒的途径有：①散射或反射紫外线的照射，通过添加物理防晒剂（如二氧化钛、氧化锌等）实现；②吸收紫外线的照射，通过添加化学紫外线吸收剂［如苯（甲）酮、邻氨基苯甲酸酯和二苯甲酰甲烷、氨基苯甲酸酯及其衍生物、水杨酸酯及其衍生物、肉桂酸酯类和樟脑类衍生物等］吸收紫外线。

二、重要的防晒剂原料

（1）化学防晒剂　这些紫外线吸收剂的分子能够吸收紫外线的能量，然后再以热能或无害的可见光效应释放出来，从而保护人体皮肤免受紫外线的伤害，此类称之为化学防晒剂。化学防晒剂又分为 UVA 防晒剂和 UVB 防晒剂。UVA 防晒剂有二苯（甲）酮、邻氨基苯甲酸酯和二苯甲酰甲烷类化合物等；UVB 防晒剂有氨基苯甲酸酯及其衍生物、水杨酸酯及其衍生物、肉桂酸酯类和樟脑类衍生物等。

（2）物理防晒剂　即紫外线屏蔽剂，是通过反射及散射紫外线，对皮肤起保护作用，主要为无机粒子，其典型代表为二氧化钛和氧化锌粒子。

（3）抗炎剂　防晒剂本身具有一定的刺激性。目前，较常用的抗炎剂有 α-红没药醇、甘草酸二钾等。另外，近年从植物中寻找抗炎原料为研发热点。

（4）保湿修复类　过量紫外线照射会引发皮肤炎症，防晒化妆品对皮肤具有良好的保护功能，但是不可能完全避免紫外线的伤害。天然植物提取物中许多植物提取物虽然对紫外线没有直接的吸收或屏蔽作用，但加入产品后可通过抗氧化或抗自由基作用，修复紫外线对皮肤造成的辐射损伤，从而间接加强产品的防晒性能，如芦荟，燕麦 β-葡聚糖，燕麦多肽，富含维生素 E、维生素 C 的植物萃取液等。

重要的防晒原料见表 9-8。

表 9-8　重要的防晒剂原料

分类	原料名称	INCI 名称	作用及性质	商品名
紫外线吸收剂（UVA）	二苯酮-3	Benzophenone-3	UVA 和 UVB 广谱防晒剂，可用于日霜和唇膏等	Escalol 567
	丁基甲氧基二苯甲酰基甲烷	Butyl methoxydibenzoyl methane	广谱的 UVA 防晒剂，可用于防晒制品	Parsol 1789
紫外线吸收剂（UVB）	水杨酸乙基己酯	Ethylhexyl salicylate	UVB 吸收剂	Escal 587
	甲氧基肉桂酸乙基己酯	Ethylhexyl methoxycinnamate	UVB 吸收剂	Escalol 557

续表

分类	原料名称	INCI 名称	作用及性质	商品名
紫外线吸收剂（UVB）	4-甲基苄亚基樟脑	4-Methylbenzylidene camphor	UVB 吸收剂，与其他防晒剂匹配使用可增加 SPF 值，适用于防水配方	Parsol 5000
	苯基苯并咪唑磺酸及其钾、钠和三乙醇胺盐	Phenylbenzimidazole sulfonic acid and its potassium, sodium, and triethanolamine salts	主要用于水剂或水凝胶型的防晒制品，用作 UVB 吸收剂。也可与其他油溶型 UV 吸收剂配耐水的防晒制品	Parsol HS
紫外线屏蔽剂	二氧化钛	Titantum dioxide	纳米级超细二氧化钛是利用光散射作用阻挡 UV 辐射，可抵御 UVA 和 UVB	SI-UFT R-Z
	氧化锌	Zinc oxide	氧化锌是 UVA 和 UVB 广谱防晒剂，安全，无刺激作用，容易分散在各类油脂中，制成 O/W 或 W/O 乳液	
抗炎剂	α-红没药醇	Bisabolol	减轻防晒剂的刺激作用	α-红没药醇
	甘草酸二钾	Dipotassium Glycyrrhizate		甘草酸二钾
保湿修复类	燕麦 β-葡聚糖	见表 7-17 抗衰老原料的介绍		
	α-甘露聚糖	见表 7-2 保湿类原料的介绍		
	燕麦多肽	见表 7-17 抗衰老原料的介绍		

 # 三、防晒功效体系设计

前面已经探讨了解决防晒的途径和措施，并针对原料进行了分析，在设计过程中，将这几类原料进行组合，可建立完整符合要求的防晒功效体系。按化妆品剂型进行防晒体系的设计，产品包括：防晒乳液、防晒霜、防晒棒等。下面以防晒乳液功效体系设计为例，来说明设计的过程。

设计乳液产品时，有两种乳化体系，分别为 O/W 和 W/O。O/W 乳液肤感清爽，但容易被汗水洗脱；W/O 乳液比较滋润，不容易被汗水冲洗。这两类防晒乳液在防晒剂选择上没有很大区别。所有类型的防晒剂均可选择，防晒乳液功效体系设计见表 9-9，防晒乳液配方设计见表 9-10 和表 9-11。

表 9-9　防晒乳液功效体系设计

分类	原料名称	INCI 名称	百分含量/%
紫外线吸收剂（UVA）	Parsol 1789	丁基甲氧基二苯甲酰基甲烷	2.0
紫外线吸收剂（UVB）	Escalol 557	甲氧基肉桂酸乙基己酯	5.0
	Parsol 5000	4-甲基苄亚基樟脑	1.0
保湿修复类	燕麦 β-葡聚糖	燕麦 β-葡聚糖	4.0
	α-甘露聚糖	银耳提取物	3.0
抗炎类	α-红没药醇	α-红没药醇	0.3

表 9-10　防晒乳液配方（O/W）

组相	原料名称	INCI 名称	百分含量/%
A	Eumulgin BA25	二十二碳醇醚-25	3.0
	Escalol 557	甲氧基肉桂酸乙基己酯	5.0
	Parsol 1789	丁基甲氧基二苯甲酰基甲烷	2.5
	Parsol 5000	4-甲基苄亚基樟脑	1.0
	GTCC	辛酸癸酸甘油三酯	2.0
	$C_{12}\sim C_{15}$ 苯甲酸酯	$C_{12}\sim C_{15}$ 苯甲酸酯	3.0
	DC200	聚二甲基硅氧烷	2.0
	2EHP	棕榈酸乙基己酯	3.0
	α-红没药醇	α-红没药醇	0.3
B	卡波 940	卡波姆	0.2
	EDTA-2Na	EDTA-2Na	0.2
	甘油	甘油	3.0
	丙二醇	丙二醇	3.0
	燕麦 β-葡聚糖	燕麦 β-葡聚糖	4.0
	α-甘露聚糖	银耳提取物	3.0
C	TEA	三乙醇胺	0.2
	香精		适量
	防腐剂		适量
	去离子水		加至 100

防晒霜防晒功效的设计，基本上和防晒乳的相同，此处不再详述。

四、体系优化

1．防晒功效体系的优化

（1）防晒剂种类的优化　目前市场上的防晒剂种类不是很多，需要根据自己的经验及功效评价选择防晒剂；

（2）防晒剂量的优化　不是防晒剂添加得多效果就好，防晒剂本身具有一定的刺激性，加多了反而会造成产品过敏，添加防晒剂的量要根据产品设计的 SPF 值及 PA 值做合理选择；

（3）防晒剂复配的优化　在做防晒产品时，选择不同段紫外线吸收的防晒剂复配，同时也可以配以物理防晒剂，降低产品的刺激性；

（4）防晒剂成本的优化　以选择高性价比的添加剂为准则。防晒剂价格比较高，所以一般情况下，SPF 值越高，产品的成本越高，反映在产品的售价上，也就是价格越高。因此，应根据制品的目标 SPF 值确定防晒剂的选择。

表 9-11　防晒乳液配方（W/O）

组相	原料名称	INCI 名称	百分含量/%
A	EM 90	鲸蜡基聚乙二醇/聚丙二醇-10/1 二甲基硅酮	3.0
	Escalol 557	甲氧基肉桂酸乙基己酯	5.0
	Parsol 1789	丁基甲氧基二苯甲酰基甲烷	2.5
	Parsol 5000	4-甲基苄亚基樟脑	1.0
	GTCC	心酸癸酸甘油三酯	5.0
	$C_{12}\sim C_{15}$ 苯甲酸酯	$C_{12}\sim C_{15}$ 苯甲酸酯	9.0
	DC200	聚二甲基硅氧烷	3.0
	EHP	棕榈酸乙基己酯	4.0
	微晶蜡	微晶蜡	0.5
	氢化蓖麻油	氢化蓖麻油	0.5
	硬脂酸镁	硬脂酸镁	0.3
	α-红没药醇	α-红没药醇	0.3
B	NaCl	NaCl	0.8
	EDTA-2Na	EDTA-2Na	0.1
	甘油	甘油	3.0
	丙二醇	丙二醇	3.0
	燕麦 β-葡聚糖	燕麦 β-葡聚糖	4.0
	α-甘露聚糖	银耳提取物	3.0
C	香精	—	适量
	防腐剂	—	适量
	去离子水	—	加至 100

2. 防晒体系与配方中其他体系的配伍性的优化

（1）防晒体系与基质油的优化　通常油相原料会对防晒剂在皮肤上的涂展与渗透产生影响。选择铺展性好的油脂作为防晒剂的载体，可有助于防晒剂在皮肤上均匀分散；而使用渗透性强的油脂与防晒剂相容，可以使防晒剂固定在上皮层成为可能。以上两点均有助于产品防晒能力的提高。应注意的是，一些与防晒剂相容的油相原料，在光的照射下会与防晒剂发生反应，促使其降解，并引起吸收峰的位移。在油脂中，降解较明显的防晒剂有丁基甲氧基二苯甲酰甲烷、4-异丙基二苯甲酰甲烷、N,N-二甲基 PABA 辛酯、对甲氧基水杨酸辛酯等。对散射型防晒剂来说，选择适宜的油脂同样重要，这与无机粉体的折射率和光的散射有很大关系。

（2）防晒体系与乳化体系的优化　在选择乳化剂时，还应考虑以下几点：①选择安全性高的乳化剂，以提高整个防晒制品的皮肤安全性，从此意义上说，应优先选用非离子型乳化剂；②使用最少量的乳化剂，既可增加产品的安全性，降低成本，又可防止在水存在下发生过乳化作用而造成防晒剂的损失；③尽量少用聚氧乙烯乳化剂，有研究认为在阳光和氧的存在下，这类乳化剂会发生自氧化作用，产生对皮肤有害的自由基；④减少高 HLB 值乳化剂的用量，尽量使用富脂型乳化剂，以提高产品的抗水性。

（3）防晒体系与防腐体系的优化　有的防晒剂不能与防腐剂配伍，比如说 Parsol 1789 不能和甲醛释放体的防腐剂配伍，因此，在做防晒产品时，对于防腐体系的选择很重要。

3．防晒体系工艺的优化

（1）防晒剂 Parsol 1789 遇铁离子容易变色，需要加螯合剂 EDTA 作为稳定剂，同时在生产过程中，不能与铁工具和容器接触，必须使用不锈钢或塑料工具和容器，以确保不变色。

（2）防晒剂 Parsol HS 在使用时要注意需要中和。

（3）防晒原料不能长时间地高温加热等。

这些问题都需要在生产过程中考虑。

五、防晒功效评价

1．防晒化妆品抗 UVA 能力仪器测定法

《化妆品安全技术规范》（2015 版）规定了仪器测定化妆品 UVA（320～400nm）能力的检测方法，适用于防晒化妆品抗 UVA 能力的测定，用 SPF 仪测定其临界波长 λ_C 及 UVA/UVB 比值 R。也可测 SPF 值，但《化妆品安全技术规范》并未提及。

仪器法是一种非损害性的评价方法，测定快速简单、费用低且不造成人体皮肤损伤，在研发过程中，为防晒化妆品反复测定抗 UVA 能力提供了切实可行的方法。其原理是该仪器通过多次、多点测量化妆品的紫外透射光谱，通过软件计算得出该化妆品的 PFA 值、SPF 值等。实验材料包括 3M 膜或单面磨毛之聚甲基丙烯酸甲酯（PMMA）板。在《化妆品安全技术规范》中指出 PMMA 板上结果仅作阴性判断用，得到阳性结果时需用 3M 膜结果确认。但已有文献进行验证，PMMA 板比 3M 膜与人体试验结果更接近。由于材料的局限性，仪器法无法全面的反应出防晒化妆品的作用机理，具有一定的局限性。一些有色的、质地黏稠的、含有皮肤修复活性物质的防晒霜往往也会影响仪器测定结果。

详细操作步骤可参见《化妆品安全技术规范（2015 版）》。

2．防晒化妆品长波紫外线防护指数（PFA 值）测定方法

UVA 防护指数（protection factor of UVA，PFA）是指引起被防晒化妆品防护的皮肤产生黑化所需的 MPPD 与未被防护的皮肤黑化所需的 MPPD 之比，为该防晒化妆品的 PFA 值。MPPD 是最小持续性黑化红斑量（minimal persistent pigment darkening dose），即辐射后 2～4h 在整个照射部位皮肤上产生轻微黑化所需要的最小紫外辐照剂量或最短辐照时间。

与仪器法不同，人体测试法测定防晒产品防护皮肤的最终效果。但某些因素会对人体试验产生影响。观察 MPPD 的时间、光线强度和专业人员以及受试者的皮肤类型具有一定的要求。在测定防晒产品的 PFA 值时，为保证试验结果的有效性和一致性，需要同时测定防晒标准品作为对照。详细操作步骤可参见《化妆品安全技术规范（2015 版）》。

UVA 防护产品的表示是根据所测 PFA 值的大小在产品标签上标识 UVA 防护等级 PA（protection of UVA）。PA 等级应和产品的 SPF 值一起标识。PFA 值只取整数部分，换算成 PA 等级：PFA 小于 2，无 UVA 防护效果；2≤PFA≤3，PA+；4≤PFA≤7，PA++；PFA≥8，PA+++。

3. 防晒化妆品防晒指数 SPF 测定方法

防晒指数 SPF（sun protection factor）也称为日光防护系数，它的定义是指用紫外线照射皮肤后，使用化妆品后的最小红斑量 MED（minimal erythema dose）与未使用化妆品的最小红斑量 MED 的比。它是防晒化妆品保护皮肤避免发生日晒红斑的一种性能指标，是最常用的 UVB 防护效果评价指标。

在测定防晒产品的 SPF 值时，为保证试验结果的有效性和一致性，需要同时测定防晒标准品作为对照。《化妆品安全技术规范》对受试者部位、涂抹量、涂抹面积、时间、辐照剂量梯度等进行了规范。并测试了三种情况的 MED：①未保护皮肤的 MED；②防护下的 MED；③标准品防护下的 MED。详细操作步骤可参见《化妆品安全技术规范（2015 版）》。

防晒标准的标识：SPF＜2，不标识防晒效果；2≤SPF≤30，标识 SPF 值；SPF＞30，且减去标准差后仍大于 3，标识为 SPF30+。

4. 防晒化妆品 SPF 值的抗水性测定

具有防水效果的防晒产品通常在标签上标识"防水防汗"、"适合游泳等户外活动"等。

防晒化妆品 SPF 抗水性测定对水池、水温、水质都有一定的要求。

如产品宣称具有一般抗水性，则所标识的 SPF 值应当是该产品经过下列 40min 的抗水性试验后测定的 SPF 值。如产品宣称具有强抗水性，则所标识的 SPF 值是该产品经过 80min 的抗水性试验后测定的 SPF 值。然后按照规范中的步骤，模拟人水中活动后，防晒霜表现出的 SPF 值，SPF 值的测定按我国《化妆品安全技术规范》的 SPF 测定方法进行紫外照射和测定。

第三节 染发功效体系设计

染发化妆品是指具有改变头发颜色作用的化妆品，俗称染发剂。目前，国内外染发剂的发展趋势呈现 5 大特点：天然染发剂崛起；复合染发剂畅销；彩色染发剂时髦；快速染发剂走俏；染发摩丝受青睐。

一、染发机理

1. 暂时性染发剂染发机理

暂时性染发剂的牢固度较差，不耐洗涤，这种染发剂常用相对分子质量较大的染料，只能以黏附或沉淀形式附着在头发表面而不会渗透到头发内部，经一次洗涤即可全部除去。机理如图9-3所示。

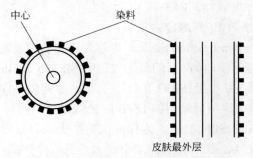

图9-3　暂时性染发剂作用机理

2. 半永久性染发剂染发机理

半永久性染发剂作用机理是相对分子质量较小的染料分子渗透进入头发表皮，部分进入皮质，使得它比暂时性染发剂更耐香波的清洗。机理如图9-4所示。

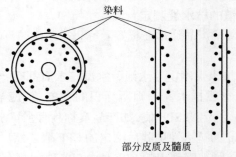

图9-4　半永久性染发剂作用机理

3. 永久性染发剂的染发机理

永久性染发剂是含有染料中间体和偶合剂或改性剂，这些中间体可以渗入到头发内部毛髓中，通过氧化反应、偶合和缩合反应，形成稳定的较大的染料分子，被封闭在头发纤维内，从而起到持久的染发作用。由于染料中间体和偶合剂的种类不同，含量比例的差别，故产生色调不同的反应产物，各种色调产物合成不同的色调，使头发染上不同的颜色。由于染料大分子是在头发纤维内通过毛发纤维的孔径被冲洗除去，使头发的色调有较长的持久性。永久性染发剂的染发机理如图 9-5 所示。

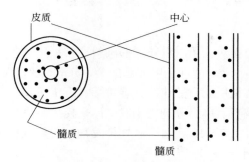

图 9-5　永久性染发剂作用机理

　　影响染发过程的因素很多，例如 pH 值对反应速度的影响，头发角蛋白的存在对反应定位的影响，反应混合物的复杂性，中间产物可能发生水解等。
　　头发色调的形成是通过一系列氧化作用和偶合反应完成的。色调形成的机理可分为三个阶段：二亚胺或醌亚胺的形成、二苯胺的形成、颜色的形成。其过程如图 9-6 所示。

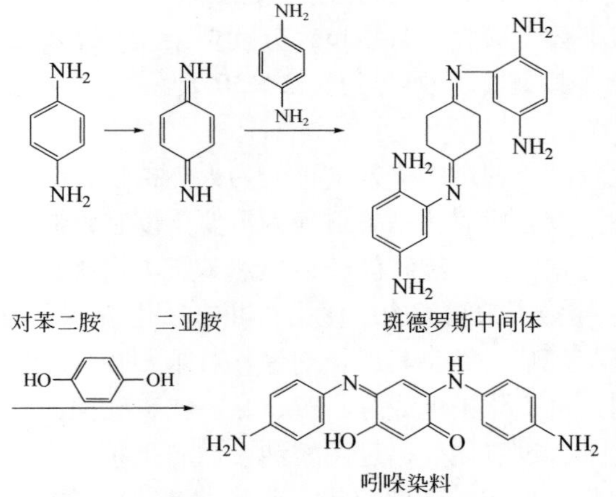

对苯二胺　　二亚胺　　　　　　　斑德罗斯中间体

吲哚染料

图 9-6　永久性染发剂反应机理

　　上述机理可简述为：小分子染料显色剂→渗入发质内部→经氧化剂氧化→与偶合剂进行缩合反应生成大分子染料→锁紧在发质内部→形成持久染色。
　　上述化学反应过程较缓慢，约需 10～15min，故可将显色剂、偶合剂及氧化剂在染发前混合好再使用，并在渗入发质内部后才进行反应。氧化型染发制品一般都为二剂型，以显色剂和偶合剂为主构成的染发 I 剂和以氧化剂构成的 II 剂组成。生产配制时二剂要分开进行，使用时，将二剂混合，再涂布渗入头发进行染色。

二、染发化妆品原料

1．暂时性染发剂

这种染发剂常用相对分子质量较大的染料，常采用的色素有炭黑和有机合成颜料（碱性染料如偶氮类，酸性染料如蒽醌类，分散性染料如三苯甲烷类等）；使用的天然植物染料有指甲花、散沫花、春黄菊、五倍子、苏木精等。更多的是将其制成液体、棒状或喷雾单组分剂型染发产品来使用。染后，色素附着于头发表面，其染发功效只维持 7～10 天。暂时性染发剂的天然染料来自大自然，因此是一种高安全性染发剂。

2．半永久性染发剂

半永久性染发剂所用的染料多数是直接染料，主要原料有金属盐染料、酸性染料、碱性染料等。例如，醋酸铅、酸性黑、酸性金黄、碱性棕、碱性玫瑰红等。为了增加染料往头发皮质里的渗透，可添加一些增效剂。增效剂主要包括一些溶剂和溶剂的混合物，例如聚氧乙烯酚醚类、N-取代甲酰、苯氧基乙醇、乙二醇乙酸酯、N,N-二甲基酰胺 C_5～C_9 单羧酸酯、N,N,N',N'-四甲基酰胺 C_9～C_{19} 二羧酸酯、二聚油酸、烷基乙二醇醚、苄醇、低碳羧酸酯、环己醇、尿素苄醇及 N-烷基吡咯烷酮等。将其制成液体、凝胶、膏霜单组分剂型染发产品。染后，色素依靠渗透剂的作用渗入发质，其染发功效可维持 15～30 天。

3．永久性染发剂

持久性染发化妆品所使用的染发剂可分为天然植物、金属盐类和合成氧化型染料三类，这其中又以合成氧化型染料最为重要，以它为原料配制的染发制品染色效果好、色调变化宽广、持续时间长，虽然苯胺类物质存在一定毒性和致敏作用，但自 20 世纪末至今，苯胺类的氧化染料在染发化妆品中仍占有重要地位，常用的有对苯二胺类、氨基酚类及其偶合剂等。对苯二胺与适量的酚类、胺类、醚类偶合剂复配使用，可氧化染色成金、黄、绿、红、红棕、蓝、黑等所需颜色。生产中常用的氧化剂有过氧化氢、过硼酸钠、过氧化尿素、过碳酸钠等。将氧化染料、碱剂、氧化剂等制成二剂型粉状、液状、膏霜染发产品。

染发剂原料分类见表 9-12。

表 9-12　染发剂原料分类

分类	原料类别	原料举例
暂时性染发剂	有机合成颜料	碱性染料如偶氮类
		酸性染料如蒽醌类
		分散性染料如三苯甲烷类
	微细颜料	炭黑、铜粉、电化铝粉、云母、珠光粉、氧化铁
	天然植物染料	指甲花、散沫花、春黄菊、五倍子、苏木精

分类	原料类别		原料举例
半永久性染发剂	直接染料	金属盐染料	醋酸铅
		酸性染料	酸性黑、酸性金黄
		碱性染料	碱性棕、碱性玫瑰红
	增效剂		聚氧乙烯酚醚类、N-取代甲酰、苯氧基乙醇、乙二醇乙酸酯、N,N-二甲基甲酰胺 $C_5\sim C_9$ 单羧酸酯、N,N,N',N'-四甲基酰胺 $C_9\sim C_{19}$ 二羧酸酯、二聚油酸、烷基乙二醇醚、苄醇和低碳羧酸酯或环己醇、尿素和苄醇及 N-烷基吡咯烷酮
永久性染发剂	显色剂和偶合剂	对苯二胺类	对苯二胺、2-氯对苯二胺、2-甲基对苯二胺、2-硝基对苯二胺、2-甲氧基对苯二胺、二甲基对苯二胺
		邻氨基酚类	邻氨基酚、4-氯邻氨基酚、4-硝基邻氨基酚、5-硝基邻氨基酚、对氨基酚、2,4-二氨基酚
	氧化剂		过氧化氢、过硼酸钠、过氧化尿素、过碳酸钠

 # 三、染发功效体系设计

1. 暂时性染发化妆品染发功效设计

暂时性染发剂有各种不同的剂型，包括染发润丝、染发喷剂、染发摩丝、染发凝胶、染发膏和染发条等。

（1）染发润丝染发功效设计 染发润丝是较普遍的一种暂时性染发剂。利用水溶性酸性染料，使灰发染上不同颜色，如紫、蓝、紫红等颜色，在黑发或深色头发上是染不上较浅的颜色的。一般将染料配入润丝的基质、染料浓度质量分数为 0.05%～0.1%，用柠檬酸调节 pH 值至 3.0～4.0 时，效果最好。也可将染料配入定型摩丝的基质，同时起着定型和染发的作用。染发摩丝有两类，一类不需冲洗，另一类需要冲洗，后者可称为染发润丝摩丝。配方举例见表 9-13。

表 9-13 染发润丝摩丝配方

原料名称	INCI 名称	百分含量/%
对氨蒽蓝（C.I.Acid Blue 20）	对氨蒽蓝	1.81
辛基十二烷基吡啶溴化物	辛基十二烷基吡啶溴化物	1.18
乙氧基化环烷烃表面活性剂	乙氧基化环烷烃表面活性剂	4.30
乳酸	乳酸	2.50
去离子水		加至 100

（2）染发凝胶染发功效设计 染发凝胶是将水溶性染料或水不溶的分散性颜料配入凝胶基质中，利用凝胶基质中水溶性或水分散的聚合物，使颜色染在头发上。通常，将一些很微细的颜料，如铜粉、电化铝粉、云母、珠光粉、炭黑和氧化铁等混入凝胶基质，梳在头发上，起到定型和染发的作用。配方举例见表 9-14。

表 9-14 染发凝胶配方

组相	原料名称	INCI 名称	百分含量/%
A	去离子水		33.35
	Carbopol 940	卡波姆	1.0
B	乙醇（95%）	乙醇	35.0
	三乙醇胺（99%）	三乙醇胺	1.9
	PPG-12-PEG-50 羊毛脂	PPG-12-PEG-50 羊毛脂	1.5
	月桂醇醚-23	月桂醇醚-23	0.75
	PVP/VA64	PVP/VA 64	4.0
	二甲基硅氧烷/聚醚	二甲基硅氧烷/聚醚	0.10
C	去离子水		10.0
	水解角蛋白乙酯（Crotein ASK）	水解角蛋白乙酯	1.2
	季铵化水解动物蛋白（Croquat HYA）	季铵化水解动物蛋白	0.5
	水解动物蛋白	水解动物蛋白	0.5
	透明质酸	透明质酸	0.05
D	氧化铁	氧化铁	2.0
	二氧化钛	二氧化钛	7.0
	云母	云母	0.2

（3）染发喷剂染发功效设计　染发喷剂是将颜料（如乳化石墨、炭黑或氧化铁等）配入喷发胶基质中，在其容器内置小球，使用时摇动均匀，利用特制阀门，可得细小的喷雾，这类染发喷剂，主要用于整发定型后的局部白发或灰发染色。配方举例见表 9-15。

表 9-15 染发喷剂配方

原料名称	INCI 名称	百分含量/%
原液：丙烯酸树脂烷醇胺液（50%液）	丙烯酸树脂烷醇胺液	6.0
聚二甲基硅氧烷	聚二甲基硅氧烷	1.0
乙醇	乙醇	91.0
颜料		2.0
香精		适量
气溶胶：原液	气溶胶	70.0
抛射剂（液化石油气）		30.0

2. 半永久性染发化妆品染发功效设计

半永久性染发剂的剂型包括染发香波、染发液、染发摩丝、染发凝胶、染发润丝和护发素、染发膏和焗油膏等。基质配方原料组成见表 9-16，半永久性染发液配方见表 9-17。

表 9-16　半永久性染发剂基质配方原料

组　成	组分	作用及性质	用量（质量分数）/%
着色剂	分散染料、硝基苯二胺类	功能着色	0.1～3.0
表面活性剂	椰油基酰胺 DEA，月桂基酰胺 DEA	增加渗透	0.5～5.0
溶剂	乙醇、二甘醇-乙醚、丁氧基乙醇	作载体溶剂	1.0～6.0
增稠剂	羟乙基纤维素	增加体系黏度	0.1～2.0
缓冲剂	油酸、柠檬酸	建立缓冲体系	适量
碱化剂	二乙醇胺、氨基甲基丙醇、甲基氨基乙醇	控制体系至碱性	控制 pH8.5～10.0
匀染剂	非离子表面活性剂，如油醇醚-20	保证色泽均匀	适量

表 9-17　半永久性染发液配方

组　相	原料名称	INCI 名称	百分含量/%
A	对硝基苯二胺	对硝基苯二胺	0.2
	邻硝基苯二胺	邻硝基苯二胺	0.3
	月桂基酰胺 DEA	月桂基酰胺 DEA	7.0
B	羟乙基纤维素	羟乙基纤维素	0.3
	柠檬酸	柠檬酸	适量
	氨基甲基丙醇	氨基甲基丙醇	至 pH8.5～10.0
	油醇醚-20	油醇醚-20	3.0
	乙醇	乙醇	加至 100

3. 永久性染发化妆品染发功效设计

永久性染发剂的剂型有乳液和膏体、凝胶、香波、粉末和气雾剂型等。永久性染发剂一般为双剂型，一种为氧化性染料基，另一种为氧化剂。氧化性染料基可以为膏体、凝胶、香波、粉末或气雾剂。氧化剂基质可以是溶液、膏体或粉末。

（1）氧化性染料基质配方　见表 9-18。

表 9-18　永久性染发化妆品氧化性染料基质配方

组　成	原料举例	作用及性质	百分含量/%
染料中间体和偶合剂	对苯二胺、邻氨基酚	显色剂	0.4～4.0
胶凝剂和增稠剂	油醇、乙氧基化脂肪醇、镁蒙脱土和羟乙基纤维素	形成凝胶或形成一定黏度的膏体，起着增稠、加溶和稳泡的作用	0.5～5.0
表面活性剂	月桂醇硫酸酯钠盐、烷基醇酰胺、乙氧基化脂肪胺、乙氧基化脂肪酸油酸盐等阴离子、阳离子或非离子表面活性剂，以及它们的复配组合物	起到分散、渗透、偶合、发泡及调理的作用，若是染发香波型，则表面活性剂还将作为清洁剂	2.0～10.0
脂肪酸	油酸、油酸铵	它们用作染料中间体、偶合剂和基质组分中其他原料的溶剂和分散剂，以及基质的缓冲剂	2.0～5.0
碱化剂	氨水、氨甲基丙醇、三乙醇胺	pH 值调节剂	1.0～5.0

续表

组 成	原料举例	作用及性质	百分含量/%
溶剂	乙醇、异丙醇、乙二醇、乙二醇醚、甘油、丙二醇、山梨醇和二甘醇一乙醚等	使染料中间体和染料基质中与水不混溶的其他组分加溶,匀染剂	2.0~10.0
调理剂	羊毛脂及其衍生物、硅油及其衍生物、水解角蛋白和聚乙烯吡咯烷酮等,还添加成膜剂,如 PVP、PVP/VA、丙烯酸树脂等	减少头发的损伤,加强对头发的保护作用	4.0~10.0
抗氧剂及抑制剂	亚硫酸钠、BHA、BHT、维生素 C 衍生物等	抗氧剂作用是阻止染料的自身氧化;抑制剂的作用是防止氧化作用太快	0.1~0.5
均染剂	丙二醇	使染料均匀分散在毛发上,并被均匀吸收	1.0~5.0
助渗剂	氮酮	帮助和促进染料等成分渗透进入皮肤的物质	0.5~2.0
氧化延迟剂	多羟基酚	控制氧化反应过程,抗氧化剂、氧化延迟剂和颜色改进剂的作用	微量
金属螯合剂	EDTA	增加基质稳定	0.1~0.5
防腐剂	凯松	防止体系细菌污染	0.05~0.1
香精	耐碱香精	赋香	适量
溶剂	去离子水	溶剂	加至 100

（2）氧化剂基质配方　其主要功能成分是过氧化氢。它可配制成水溶液,也可配制成膏状基质。单剂型永久性染发剂则采用一水合过硼酸钠作为氧化剂。这类基质配方见表9-19。

表9-19　永久性染发剂氧化剂基质配方

结构成分	主要功能	代表性原料	用量（质量分数）/%
氧化剂	氧化作用	H_2O_2（质量分数30%）或一水合过硼酸钠	13~20 / 9~12
赋形剂	基质	十六-十八醇、十六醇	2~8
乳化剂	乳化作用	十六-十八醇醚-6、十六-十八醇醚-25	3~6
稳定剂	稳定作用	8-羟基喹啉硫酸盐	0.1~0.3
酸度调节剂	调节 pH 值	磷酸	pH3.6±0.1
螯合剂	螯合金属离子	EDTA 盐	0.1~0.3
去离子水	溶剂	去离子水	适量

以上述两相设计为基础,再对永久性染发剂进行设计。
（3）永久性染发乳液染发功效设计　永久性染发乳液配方见表9-20。

表 9-20 永久性染发乳液配方

I 剂

组相	原料名称	INCI 名称	百分含量/%
A	对苯二胺	对苯二胺	2.0
	2,4-二氨基苯甲醚	2,4-二氨基苯甲醚	1.0
	间苯二酚	间苯二酚	0.2
	丙二醇	丙二醇	6.0
	棕榈酸异丙酯	棕榈酸异丙酯	4.0
	环状硅油	环状硅油	2.5
	硅油	聚二甲基硅氧烷	2.5
	羊毛脂	羊毛脂	0.5
	十六醇	鲸蜡醇	0.5
	羊毛脂	羊毛脂	3.0
	单硬脂酸甘油酯	单硬脂酸甘油酯	1.0
	Span-60	失水山梨醇单硬脂酸酯	0.8
B	三乙醇胺	三乙醇胺	0.5
	甘油	甘油	3.0
	亚硫酸钠	亚硫酸钠	0.2
	JR-125		0.2
	去离子水		72.1
C	防腐剂		适量
	香精		适量
	氨水（调 pH 至 9～11）		适量

II 剂

组相	原料名称	INCI 名称	百分含量/%
A	十六醇	鲸蜡醇	2.5
	聚氧乙烯硬脂酸酯	聚氧乙烯硬脂酸酯	2.5
B	过氧化氢（28%）	过氧化氢	17.0
	磷酸（调 pH 至 3～4）	磷酸	适量
	稳定剂		适量
	去离子水		78.0

（4）染发膏的染发功效设计　永久性染发膏配方举例见 9-21。

表 9-21 永久性染发膏配方

I 剂

组相	原料名称	INCI 名称	百分含量/%
A	对苯二胺	对苯二胺	4.0
	2,4-二氨基苯甲醚	2,4-二氨基苯甲醚	1.25
	1,5-二羟基萘	1,5-二羟基萘	0.1
	对氨基二苯基胺	对氨基二苯基胺	0.07
	4-硝基邻苯二胺	4-硝基邻苯二胺	0.1
	油酸	油酸	20.0
	氮酮	氮酮	1.0

组相	原料名称	INCI 名称	百分含量/%
I 剂			
B	Tween-80	聚氧乙烯失水山梨醇单油酸酯	10.0
	丙二醇	丙二醇	8.0
	十六醇	鲸蜡醇	2.0
	异丙醇	异丙醇	10.0
	水溶性硅油	水溶性硅油	4.0
	氨水		10.0
	亚硫酸钠	亚硫酸钠	适量
	EDTA-Na$_4$	EDTA-Na$_4$	适量
	去离子水		29.48

组相	原料名称	INCI 名称	百分含量/%
II 剂			
A	过氧化氢（28%）	过氧化氢	17.0
	十六醇	鲸蜡醇	10.0
	甘油	甘油	0.3
	聚氧乙烯硬脂酸酯	聚氧乙烯硬脂酸酯	2.5
	磷酸（调 pH 值至 3.5～4.0）	磷酸	适量
	去离子水		70.2

四、体系优化

1. 染发功效体系的优化

（1）染发剂种类的优化　在选择染发剂时，首先要考虑该染发剂的功效性；同时要考虑原料的安全性，不使用禁用成分等。

（2）染发剂量的优化　染发剂的用量要严格控制，并不是添加量越大染发效果越好，过多的添加量会产生刺激皮肤等许多不良的影响，但是较少的添加量有时不能达到效果。

（3）染发剂的配伍性优化　在染发制品中，染发剂的品种较多，选择时要注意原料之间的配伍性，避免原料之间发生反应，同时还要注意这些染发原料添加到基质中后是否会影响基质的稳定性等。

（4）染发剂成本的优化　以选择高性价比的添加剂为准则。

2. 染发体系与配方中其他体系的配伍性的优化

在设计染发产品配方时，必须添加适量的抗氧化剂，如亚硫酸钠等，以防止其氧化。第二剂中显色主剂为过氧化氢。过氧化氢是一种极易氧化的过氧化物，且只有在微酸性介质中才呈现出相对的稳定性。过氧化氢在 O/W 型乳化体系中或高温条件下更容易分解放氧（产气胀管无法保存），造成染发效果不佳或白发无法染黑等一系列产品质量问题。因此在第二剂配方设计时必须添加适量的抗氧化剂，如乙酰苯胺等，防止其氧化，使其保持相对的稳定性。

二剂型永久性染发霜产品除含有一定量的油脂和大量水分外，往往还添加维生素 B_5、丝蛋白、角蛋白、貂油、海藻、首乌提取物和灵芝提取物等多种毛发营养剂。在配方设计时必须添加适量的高效低毒防腐剂。

3. 染发化妆品工艺的优化

应该注意的是，永久性染发剂多为两剂型，灌装和包装时，应特别注意对应关系，以免装错。

五、染发功效评价

通过人体试用试验，检验和评价受试染发化妆品引起不良反应的可能性以及是否具有染发功效作用。

第四节　烫发功效体系设计

烫发化妆品是指具有改变头发弯曲度并维持其相对稳定的化妆品。目前，国内外冷烫化妆品呈现以下五大发展趋势：气味方面趋向于无臭型，剂型方面趋向于单剂型，热敷方面趋向于不热敷型，时间方面趋向于快速型，包装方面趋向于气压型。

一、烫发机理

冷烫是一种复杂的物理化学变化过程。该过程中毛发发生软化、卷曲和定型三部曲。人们认为头发几乎都是由一种叫角朊的蛋白质构成的，角朊中的主要成分是胱氨酸。在胱氨酸的多肽链之间，含有氢键、离子键、二硫键。

1. 软化

洗发时由于水、酸碱物质以及机械揉搓力已将氢键切断，离子键在温水中自然降解，但其中的二硫键由于结合力较强，仍未被切断。

2. 卷发

用烫发第一剂的碱性条件，利用还原剂切断破坏二硫键。反应式如下：

$$K\!-\!S\!-\!S\!-\!K + RS^- \xrightarrow{\text{还原剂}} K\!-\!S\!-\!S\!-\!R + KS^-$$

$$K\!-\!S\!-\!S\!-\!R + RS^- \xrightarrow{\hspace{1cm}} R\!-\!S\!-\!S\!-\!R + KS^-$$

K 表示角蛋白，RS^- 表示硫醇盐离子。

双硫键被破坏后，头发产生了游离的角蛋白巯基键基团 KS^-。在此过程中，如果适当加热，更有利于二硫键的断裂。这时，头发已扭曲变形。

3. 定型

为了保证头发扭曲形状，需要对其做定型处理，使角蛋白多肽键在新的位置重新键合。反应式如下：

$$2K—SH+H_2O_2 \longrightarrow K—S—S—K+2H_2O$$

新的二硫键重新生成，让扭曲的头发固定下来，产生永久性的扭曲。

烫发机理可表示为图 9-7。

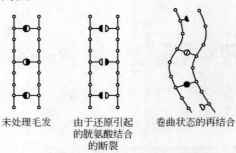

未处理毛发　　由于还原引起　　卷曲状态的再结合
　　　　　　　的胱氨酸结合
　　　　　　　的断裂

图 9-7　烫发的作用机理

 ## 二、烫发化妆品原料

（1）第一剂是碱性的卷发剂，通过还原反应破坏头发中的二硫键：常用的还原剂为巯基乙酸、巯基乙酸盐、亚硫酸盐、巯基乙酸单甘油酯、单巯基甘油和半胱氨酸。常用的碱化剂为氢氧化铵、三乙醇胺、单乙醇胺和碳酸盐。

（2）第二剂是酸性的中和剂，通过氧化反应重建二硫键。常用的氧化剂为过氧化氢、溴化钠、溴酸钾和过硼酸钠。为了使氧化剂保持稳定，保持较长的货架寿命，需要添加一定量的稳定剂，如六偏磷酸钠、锡酸钠。

重点烫发原料见表 9-22。

表 9-22　重点烫发原料

分　类		原料举例	INCI 名称	作用及性质
卷发剂	还原剂	巯基乙酸	巯基乙酸	通过还原反应破坏头发中的二硫键
		巯基乙酸盐	巯基乙酸盐	
		亚硫酸盐	亚硫酸盐	
		巯基乙酸单甘油酯	巯基乙酸单甘油酯	
		单巯基甘油	单巯基甘油	
		半胱氨酸	半胱氨酸	
	碱化剂	氢氧化铵	氢氧化铵	
		三乙醇胺	三乙醇胺	
		单乙醇胺	单乙醇胺	
		碳酸盐	碳酸盐	

分	类	原料举例	INCI 名称	作用及性质
中和剂	氧化剂	过氧化氢 溴化钠 溴酸钾 过硼酸钠	过氧化氢 溴化钠 溴酸钾 过硼酸钠	通过氧化反应重建二硫键
	稳定剂	六偏磷酸钠 锡酸钠	六偏磷酸钠 锡酸钠	

 三、烫发功效体系设计

不同剂型化妆品的烫发体系的设计包括第一型（还原剂）或第二型（氧化剂）。

（1）第一型（还原剂）功效体系的设计　主要功效原料是还原剂，常用原料见表9-23、配方举例见表9-24。

表9-23　第一型（还原剂）常用原料

结构成分	主要功能	代表性原料	用量/%
还原剂	破坏头发中胱氨酸的二硫键	巯基乙酸盐 亚硫酸盐 巯基乙酸单甘油酯 单巯基甘油 半胱氨酸	2～11 1.5～7.0 用于酸性 烫发液 1.5～7.5
碱化剂	保持 pH 值	氢氧化铵、三乙醇胺 单乙醇胺、碳酸铵、钠和钾	使 pH 值约为9.0
螯合剂	螯合重金属离子，防止还原剂发生氧化反应，增加稳定性	EDTA-Na$_4$，焦磷酸四钠	0.1～0.5
润湿剂	改善头发的润湿作用，使烫发液更均匀与头发接触	脂肪醇醚、脂肪醇硫酸酯盐类	2～4
调理剂	调理作用，减少烫发过程头发的损伤	蛋白质水解产物、季铵盐及其衍生物、赋脂剂：脂肪醇、羊毛脂、天然油脂、PEG 脂肪胺	适量
珠光剂	赋予烫发液珠光状外观	聚丙烯酸酯、聚苯二烯乳液	适量
溶剂	溶剂、介质	去离子水	适量
香精	赋香，掩盖巯基化合物和氨的气味		0.2～0.5

（2）第二型（氧化剂）功效体系的设计　主要功效原料是氧化剂，第二型（氧化剂）常用原料见表9-25。

表 9-24　第一型（还原剂）配方

组相	商品名称	INCI 名称	用量/%
A	巯基乙酸铵（50%）	巯基乙酸铵	27.00
	氢氧化铵（调节 pH9.5）	氢氧化铵	1.70
	香精		0.20
	聚氧乙烯壬基酚醚	聚氧乙烯壬基酚醚	0.80
	去离子水		70.30
B	三甲基十六烷基氯化铵	三甲基十六烷基氯化铵	1.00
	椰油基甜菜碱	椰油基甜菜碱	1.00
	马来酸	马来酸	4.00
	聚氧乙烯壬基酚醚	聚氧乙烯壬基酚醚	0.80
	香精		0.20
	去离子水		93.00

表 9-25　第二型（氧化剂）常用原料

结构成分	主要功能	代表性原料	用量/%
氧化剂	使被破坏的二硫键重新形成	过氧化氢（按 100%计）溴酸钠	<2.5 氧化活性>3.5
酸/缓冲剂	保持 pH 值	柠檬酸、乙酸、乳酸、酒石酸、磷酸	pH 2.5～4.5
稳定剂	防止过氧化氢分解	六偏磷酸钠、锡酸钠	适量
润湿剂	使中和剂充分润湿头发	脂肪醇醚、吐温系列、月桂醇硫酸酯铵盐	1～4
调理剂	调理作用，提供润湿配位性	水解蛋白、脂肪醇、季铵化合物、保湿剂	适量
珠光剂	赋予中和剂珠光外观	聚丙烯酸酯、聚苯乙烯乳液	适量
溶剂	溶解作用，介质	去离子水	适量
螯合剂	螯合重金属离子，提高稳定性	EDTA-Na$_4$	0.1～0.5

四、体系优化

（1）烫发体系与配方中其他体系的配伍性的优化　烫发产品的配方设计时，一定要添加螯合剂和稳定剂，螯合剂一般选用 EDTA；稳定剂一般选用六偏磷酸钠或锡酸钠等，以保证产品的质量。

（2）烫发化妆品工艺的优化　烫发剂生产时，要特别注意金属离子，由于金属离子存在，会对产品质量影响比较大，因此，生产时，一定不能使用铁制工具和容器，要用不锈钢或塑料材质的工具和容器。

五、烫发功效评价

烫发剂效果的评价方法，基本上是模拟实际的使用条件，用原发在规定的器具上测定。测试方法与其他种类的化妆品比较少得多。

第五节　育发功效体系设计

生发化妆品是指具有促进头发生长、产生新发及防止脱发功能的化妆品。在我国，生发化妆品又被称为育发化妆品。目前，国内外生发化妆品呈现以下三大发展趋势：中草药型生发剂走俏；化学药型生发剂畅销；生化药型生发剂时髦。

 一、育发的机理

育发机理见图 9-8。

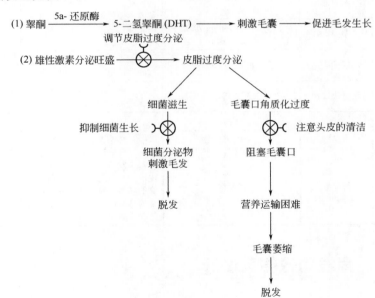

图 9-8　育发的机理

实现育发的途径：调节皮脂分泌；经常洗头；抑制细菌的滋生；促进血液循环。

二、育发化妆品原料

（1）**促进血液循环类**　主要作用是扩张头皮毛细血管，促进血液循环，使毛母细胞及毛乳头营养供应得以加强，恢复正常的新陈代谢。常用原料有维生素 E 及其衍生物、当归提取物、苦参提取物等。

（2）**刺激毛囊类**　其作用是增强毛囊活力，从而促进头发生长。常用原料有胎盘提取物、泛醇及其衍生物等。

（3）**抑制细菌滋生类**　能及时杀灭头皮上的细菌，防止其分解皮脂与头屑，以减轻对头皮的不良刺激。常用原料有水杨酸、薄荷醇等。

（4）**抑脂剂**　可减少皮脂的过量分泌，防治脂溢性脱发。常用成分有硫黄、维生素 B_6 等。

重要育发原料见表 9-26。

表 9-26　重要育发原料

分类	原料名称	INCI 名称	作用及性质	商品名
促进血液循环类	维生素 E	维生素 E 醋酸酯	扩张头皮毛细血管，促进血液循环，使毛母细胞及毛乳头营养供应得以加强，恢复正常的新陈代谢	维生素 E
	当归提取物	当归（*Angelica Polymorpha Sinensis*）根提取物		当归提取物
	苦参提取物	苦参（*Sophora Angustifolia*）根提取物		苦参提取物
调节皮脂分泌类	深层抑脂剂	丙二醇/10-羟基癸酸	可减少皮脂的过量分泌，防治脂溢性脱发	深层抑脂剂
刺激毛囊活性类	胎盘提取物	人胎盘提取物	其作用是增强毛囊活力，从而促进头发生长	胎盘提取物
	泛醇	泛醇		D-泛醇
抑菌类	水杨酸	水杨酸	能及时杀灭头皮上的细菌，防止其分解皮脂与头屑，以减轻对头发的不良刺激。保持头皮清洁，起到消炎、杀菌、防腐的功效，对皮肤的分泌起一定的抑制调节作用，从而达到防除头屑和止痒的作用	水杨酸
	薄荷醇	薄荷醇		薄荷醇

三、育发功效体系设计

在设计育发功效体系时，将这四类育发原料进行组合，建设成完整符合要求的育发体系。依据不同要求，主要针对不同剂型的育发体系设计来讨论。

不同剂型化妆品育发体系的设计包括：育发霜、育发液、育发香波、育发凝胶等。下面以育发霜和育发液为例分述产品的设计。

（1）育发霜功效体系的设计　育发霜功效体系设计见表9-27，育发霜的配方见表9-28。

表9-27　育发霜功效体系设计

分　类	原料名称	INCI名称	用量/%
促进血液循环类	维生素E	维生素E醋酸酯	0.5
	当归提取物	当归（Angelica Polymorpha Sinensis）根提取物	1.0
	苦参提取物	苦参（Sophora Angustifolia）根提取物	1.0
调节皮脂分泌类	深层抑脂剂	丙二醇/10-羟基癸酸	3.0
刺激毛囊活性类	胎盘提取物	人胎盘提取物	1.5
	泛醇	泛醇	0.3
抑菌类	改性水杨酸	水杨酸	0.5
	薄荷醇	薄荷醇	0.05

表9-28　育发霜的配方

组相	商品名称	INCI名称	用量/%
A	硬脂酸	硬脂酸	3.0
	十六醇	鲸蜡醇	1.0
	橄榄油	橄榄油	2.0
	甘油单硬脂酸酯	单硬脂酸甘油酯	1.0
	聚甘油异硬脂酸酯	甘油异硬脂酸酯	2.0
	甲基聚硅氧烷	甲基聚硅氧烷	1.0
	维生素E醋酸酯	维生素E醋酸酯	0.2
B	甘油	甘油	4.0
	D-泛醇	泛醇	0.3
	汉生胶	黄原胶	0.1
	L.G.P	丙二醇/双咪唑烷基脲/碘代丙炔基丁基氨基甲酸酯	适量
	去离子水	去离子水	84.2
C	植物（芦荟等）提取液	芦荟提取物	1.0
	深层抑脂剂	丙二醇/10-羟基癸酸	2.0
	维生素B$_6$	吡哆素	0.5

（2）育发液功效体系的设计　育发液功效体系的设计见表9-29，育发液配方的设计见表9-30。

表9-29　育发液功效体系设计

分　类	原料名称	INCI名称	用量/%
促进血液循环类	维生素E	维生素E醋酸酯	0.5
	当归提取物	当归（Angelica Polymorpha Sinensis）根提取物	1.0
	苦参提取物	苦参（Sophora Angustifolia）根提取物	1.0

续表

分　类	原料名称	INCI 名称	用量/%
调节皮脂分泌类	深层抑脂剂	丙二醇/10-羟基癸酸	3.0
刺激毛囊活性类	胎盘提取物	人胎盘提取物	1.5
	泛醇	泛醇	0.3
抑菌类	改性水杨酸	水杨酸	0.5
	薄荷醇	薄荷醇	0.05

表 9-30　育发液的配方

组相	商品名称	INCI 名称	用量/%
A	维生素 E 烟酸酯	维生素 E 烟酸酯	0.1
	肉豆蔻酸异丙酯	肉豆蔻酸异丙酯	3.0
	1-薄荷醇	薄荷醇	1.0
	泛酸钙	泛酸钙	0.05
	氯化羟吡啶素	氯化羟吡啶素	0.05
	二氯苯氧氯酚（Irgasan DP300）	二氯苯氧氯酚	0.2
B	乙醇（95%）	乙醇	80.0
	去离子水	去离子水	15.1

（3）育发香波功效体系的设计　育发香波的功效体系设计见表 9-31。育发香波的配方设计见表 9-32。

表 9-31　育发香波的功效体系设计

分　类	原料名称	INCI 名称	用量/%
促进血液循环类	维生素 E	维生素 E 醋酸酯	0.5
	当归提取物	当归（Angelica Polymorpha Sinensis）根提取物	1.0
	苦参提取物	苦参（Sophora Angustifolia）根提取物	1.0
调节皮脂分泌类	深层抑脂剂	丙二醇/10-羟基癸酸	3.0
刺激毛囊活性类	胎盘提取物	人胎盘提取物	1.5
	泛醇	泛醇	0.3
抑菌类	改性水杨酸	水杨酸	0.5
	薄荷醇	薄荷醇	0.05

表 9-32　育发香波的配方设计举例

组相	商品名称	INCI 名称	用量/%
A	月桂基硫酸三乙醇胺（40%）	月桂基硫酸三乙醇胺	34.0
	醇醚磺基琥珀酸单酯二钠盐（30%）	醇醚磺基琥珀酸单酯二钠盐	5.0
	十二烷基甜菜碱（30%）	十二烷基甜菜碱	10.0
	JR-400	聚季铵盐-10	0.4
	芦荟汁	芦荟提取物	20.0
	DC1785	聚二甲基硅氧烷醇（和）十二烷基苯磺酸三乙醇胺	1.0
	深层抑脂剂	丙二醇/10-羟基癸酸	1.0

组相	商品名称	INCI 名称	用量/%
B	EGDS	乙二醇双硬脂酸酯	2.0
	柠檬酸	柠檬酸	适量
	薄荷醇	薄荷醇	0.05
	L.G.P	丙二醇/双咪唑烷基脲/碘代丙炔基丁基甲氨酸酯	0.6
	去离子水	去离子水	加至100

（4）育发凝胶的功效体系的设计　育发凝胶功效体系的设计见表 9-33。育发凝胶的配方设计见表 9-34。

表 9-33　育发凝胶功效体系的设计

分　类	原料名称	INCI 名称	用量/%
促进血液循环类	维生素 E	维生素 E 醋酸酯	0.5
	当归提取物	当归（Angelica Polymorpha Sinensis）根提取物	1.0
	苦参提取物	苦参（Sophora Angustifolia）根提取物	1.0
调节皮脂分泌类	深层抑脂剂	丙二醇/10-羟基癸酸	3.0
刺激毛囊活性类	胎盘提取物	人胎盘提取物	1.5
	泛醇	泛醇	0.3
抑菌类	改性水杨酸	水杨酸	0.5
	薄荷醇	薄荷醇	0.05

表 9-34　育发凝胶配方的设计举例

组称	商品名称	INCI 名称	用量/%
A	Aculyn22	丙烯酸酯/十八硬脂醇聚氧乙烯醚（20）甲基丙烯酸酯共聚物	0.8
	去离子水	去离子水	83.4
B	异丙醇	异丙醇	10.0
	樟脑	樟脑	0.2
	D-泛醇	泛醇	0.6
	Tween-20	聚氧乙烯 20 失水山梨醇月桂酸酯	1.0
	丹参提取液	丹参提取液	1.0
	三乙醇胺	三乙醇胺	2.0
	EDTA-2Na	EDTA	0.05
	L.G.P	丙二醇/双咪唑烷基脲/碘代丙炔基丁基甲氨酸酯	0.5

四、育发功效评价

育发化妆品功效的评价，最重要的是观察在正确使用育发化妆品之后头发的生长情况。育发化妆品的功效评价，要求尽量做到指标量化、可重复和可对比，具有统计学意义。如何简单、方便、快捷地对育发化妆品功效进行评价是一个非常重要的研究课题。最近，细胞培养、器官培养等基础研究技术的进步以及图像解析等计测技术的进步，使得育发化妆品功效评价有了较大的进步。

头发的化妆品功效评价方法，可以分为人体直接试用和实验室间接评价两类评价方法。由于头发脱落的原因比较复杂，许多脱发疾病的发病原因和发病机理并不是十分清楚，缺乏理想的脱发疾病实验模型，所以，许多实验室的研究结果，与实际人体应用结果存在大小不等的差距，因此，最终以人体法为准。

第十章

Chapter **10**

化妆品配方设计案例

本章主要通过三个配方实例设计，重点说明配方设计的完整程序和方法，并体会不同体系设计在整体配方设计的使用。

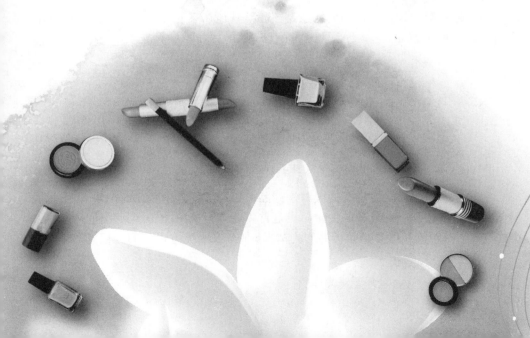

第一节　化妆品产品研发程序

化妆品的开发程序大致有以下环节：产品创意→市场需求、科技动态→产品配方设计→剂型、基质、添加剂、生产工艺→产品研制试验→产品质量控制→产品包装设计→产品→市场销售（见图10-1）。

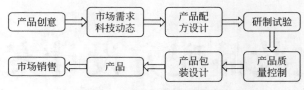

图 10-1　化妆品产品开发程序

一、产品创意

产品创意一般是由企业市场推广部或总经理直接领导下的市场推销人员、策划部门经过广泛的市场调查，了解目前国内外化妆品市场最热销最流行的产品行情后，向研发部门提出建议。同时企业的研发部门要充分调研和了解当前国内外化妆品的科技发展动态和信息。最后由企业高层管理、科研和市场策划负责人一起共同确立企业近期要开发的新产品，并进一步制定出企业的中、长期研发计划。

二、化妆品配方设计

在化妆品配方设计中，功效体系是核心，其他体系的设计应紧紧围绕功效体系而设计（见图10-2）。

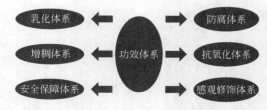

图 10-2　配方设计中七个体系之间的关系

功效体系一般是产品创新的关键，产品上市后的卖点主要由此产生。因此，功效体系的设计是配方设计的关键，也是首先必须要确定的一步。其他体系的设计，均必须以辅助和增强功效体系的为基本原则，产品配方设计的流程见图10-3。

图 10-3 产品配方设计流程

三、生产工艺设计

化妆品不是化学反应的产物，故配制工艺并不复杂，但这其中有许多复配的原则和经验，如乳化原则、溶剂极性相容原则和化学惰性原则（即切忌原料组分在生产和长期储存过程中，在光、热和氧作用下发生化学反应），原料的添加顺序及溶解顺序、加入的温度、搅拌速度及时间等都会影响最终产品的综合质量，所以，生产工艺是相当重要的一个环节，不可忽视。

四、其他

经配制形成产品后，产品还需要经过质量检测，包括理化检测和卫生检测（特殊用途化妆品还需通过安全性评价和功效检测），合格后，再经灌装、包装（在生产配制和包装过程中应避免一次污染），最后形成商品进入市场。

第二节 芦荟燕麦保湿霜配方设计

本节以一款芦荟和燕麦等天然植物提取物为主的强效保湿化妆品的设计为例来说明化妆品配方设计的整个过程。

一、保湿功效体系设计

根据保湿机理，为保证产品有较为明显的保湿效果，同时又避免使产品出现黏腻的感觉，设计了两种保湿功效体系组方，见表 10-1。

表 10-1 保湿功效体系组方

保湿剂	组方 I	组方 II	作用
天然角鲨烷/%	4	4	封闭剂
燕麦提取物/%	10	5	封闭剂、仿生剂类
芦荟提取物/%	0.5	0.3	封闭剂、仿生剂类
羟乙基尿素/%	0	2.0	吸湿
甘油/%	4	4	吸湿

将组方Ⅰ、组方Ⅱ加入到基本膏霜配方体系中（以下简称配方Ⅰ、配方Ⅱ），得到膏霜并与参照产品一起进行保湿试验。

从保水和锁水（见图10-4和图10-5）两个方面看，组方Ⅰ稍好于组方Ⅱ，说明组方Ⅱ已经达到或接近功效提升的限值。同时，考虑到产品成本，选用组方Ⅱ较合适。

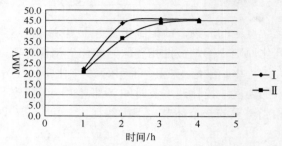

图10-4　不同功效体系组方对皮肤水分含量（MMV）的影响

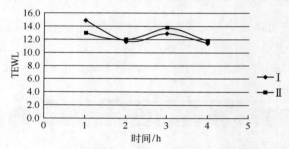

图10-5　不同功效体系组方对皮肤水分流失（TEWL）的影响

二、乳化体系的设计

根据保湿体系的要求，宜选用相对清爽的乳化体系，鉴于W/O型乳化体系过于油腻，故选用O/W型乳化体系。

1. 油相的选用

为了使产品在保持很好保湿效果的前提下，又没有"黏腻"的感觉，故以选择清爽型油质为主。经过查看油脂资料，确定配方中的油脂原料为：GTCC、棕榈酸二辛酯、IPM、天然角鲨烷等，油相的用量确定为11%～14%，详见表10-2。

经计算乳化油相的HLB值约为12.5。

2. 水相的确定

水相原料主要选用EDTA-2Na、甘油：5%，水相保湿添加剂，尿囊素0.1%。水相组成见表10-3。

表 10-2　油相组成

原料名称	百分含量/%	备　注	HLB 值
GTCC	4	甘油酯	13
2EHP（棕榈酸二辛酯）	4	脂肪酸酯	13
IPM	2	脂肪酸酯	12
天然角鲨烷	3	烃类	约 12

表 10-3　水相组成

原料名称	百分含量/%	备　注
EDTA-2Na	0.1	螯合剂
芦荟提取物（芦荟粉）	0.3	保湿剂
燕麦提取物	5.0	保湿剂
甘油	5.0	保湿剂

3. 乳化剂的确定

（1）乳化剂的初选　通过系列试验，直接选出较好的乳化剂。试验中对四种乳化剂进行了初选，试验结果见表 10-4。

表 10-4　乳化剂的初选

项目	乳化剂 1	乳化剂 2	乳化剂 3	乳化剂 4
稳定性（冷热循环）	5 个	>7 个	>7 个	>7 个
外观	白亮，有点泛粗	细腻	白亮，较细腻	细腻透亮
微观粒径	粗大	均匀细小	均匀细小	均匀细小
肤感	较轻爽	明显的油腻感	较轻爽	轻盈滑爽，明显提升肤感

根据试验结果：乳化剂 4 制得的体系有轻盈爽滑的肤感，膏体细腻、透亮，综合比较乳化效果最好。同时体系具有较强的耐电解质性能和较好的添加剂功效缓释性能，该体系能够添加多种植物添加剂，并能充分发挥出添加剂的功效。因此，初步选定乳化剂 4 为乳化剂。

（2）乳化剂用量的确定　对乳化剂 4 用量进行系列梯度试验，结果见表 10-5。

表 10-5　乳化剂用量确定实验

乳化剂 4 用量	2.0%	2.5%	3.0%	3.5%
稳定性（冷热循环）	8	8	9	9
微观粒径	均匀细小	均匀细小	均匀细小	均匀细小

由试验结果看出乳化剂 4 用量在 3.0% 和 3.5% 时得到的乳化体稳定性较好，考虑到成本，选用 3.0% 的用量。

（3）微调　加入助乳化剂混醇进行调整，通过试验最后确定混醇的用量为 1.5%。

三、增稠体系设计

增稠体系设计包括油相增稠和水相增稠两方面。油相增稠剂选用混醇、硅蜡。水相增稠筛选了 4 种增稠剂。试验中只对水相进行了稠度的调整，试验结果如下。

增稠剂 1 原料商提供的样品稳定性差，试验重复性差，因此放弃使用。增稠剂 2 对体系的增稠作用不明显，但是它们对体系具有很好的乳化作用，同时会给体系带来更多的清爽感觉。增稠剂 3 感觉厚重且因可能存在有害物质，故弃用。增稠剂 4 对乳化剂 4 体系具有很好的增稠效果，但是，用量太多会给体系带来较差的黏附性。最后经过试验，采用增稠剂 2 和增稠剂 4 复配（下称复合增稠剂），一方面解决增稠剂 4 因用量少而增稠效果不明显的问题，另一方面增稠剂 2 可增强乳化且能给体系带来更多的清爽感。

 四、其他体系设计

防腐抗氧化和感官修饰体系原料选用见表 10-6。

表 10-6 防腐抗氧化和感官修饰体系原料选用

体系	选用原料	备注
防腐体系	L.G.P、EDTA-2Na	
抗氧化体系	维生素 E	兼有营养
感官修饰体系	玫瑰香精	
	酒红色	

 五、配方样品的评价

对开发的产品进行了相关的评价，并以知名品牌保湿化妆品作为参照进行比对，结果如下。

1. 稳定性测试和理化指标（见表 10-7）

表 10-7 保湿霜的冷热循环试验和 pH 值

项目	样品
7 次冷热循环考验	通过
pH 值	6.0～6.4

2. 肤感评价（见图10-6）

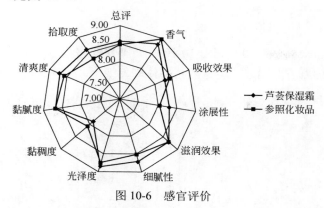

图 10-6 感官评价

从图 10-6 可以看出：芦荟保湿霜在拾取度、涂展性、细腻性和清爽度几个方面优于参照化妆品，其他方面的肤感与参照化妆品相差不大，总评好于参照化妆品。

3. 保湿功效评价

对设计的芦荟保湿霜和参照化妆品进行保湿功效的评价，结果见图 10-7 和图 10-8。

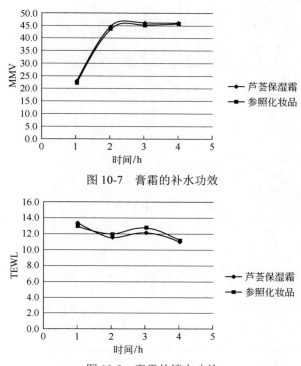

图 10-7 膏霜的补水功效

图 10-8 膏霜的锁水功效

从补水和锁水的功效来看，芦荟保湿霜和参照化妆品基本相当，略好于参照化妆品。

4．微观结构

从微观方面来看（图 10-9 和图 10-10），芦荟保湿霜和参照化妆品相比，乳化体的粒径和均匀度方面稍差，但分散相整体均匀细小。

图 10-9 芦荟保湿霜放大 400 倍的照片　　　图 10-10 参照化妆品放大 400 倍照片

六、确定配方

通过以上设计，最终确定的芦荟燕麦保湿霜配方见表 10-8。

表 10-8 芦荟保湿霜配方

组 相	原 料 名 称	用量/%
A 相	GTCC	4.00
	2EHP（棕榈酸二辛酯）	4.00
	IPM	2.00
	天然角鲨烷	3.00
	EDTA-2Na	0.10
	芦荟提取物（芦荟粉）	0.30
B 相	燕麦提取物	5.00
	甘油	5.00
	复合增稠剂	0.60
	LiquidGermallPlus	0.60
C 相	玫瑰香精	适量
	色素（酒红）	适量

第三节 臻白精华乳配方设计

这是一款针对 21～28 岁女性使用的美白精华类产品。根据这个年龄段女性的皮肤特点，这款精华乳在保证功效的前提下，要尽可能的轻薄。

一、美白功效体系设计

根据不同美白途径，加入不同的美白添加剂，同时产品也要兼具保湿的效果。试验中设计了两种美白功效体系组方，见表 10-9。

表 10-9 美白功效体系组方

功效成分	组方 1	组方 2	作用
烟酰胺/%	4	4	美白
维生素 C 乙基醚/%	2	2	美白
丹参提取物/%	2	0	美白
甘油/%	3	3	吸湿
丁二醇/%	0	2	吸湿
石斛提取物/%	2	0	保湿
麦冬提取物/%	1	0	抗敏

将组方 1 与组方 2 加入到臻白精华配方体系中，得到臻白精华乳（以下简称配方 1、配方 2）并与参照产品一起进行功效评价试验。现在美白类化妆品要求按照特殊用途化妆品进行管理，必须取得特殊用途化妆品批准证书后方可生产或进口，所以这也对产品提出了更高层次的要求，必须通过美白相关功效检测，证实确实有美白效果。我们对两个配方进行了保湿及美白两个方面的试验，结果见图 10-11 和图 10-12。

从保湿和美白两个方面看，配方 1 的效果要强于配方 2，但是配方 1 的成本要远高于配方 2。如果想要功效更突出，选择配方 1，如果有成本方面的考虑，选择配方 2。此次设计中，选择配方 1。

二、乳化体系设计

根据整个产品的要求选择乳化体系。此产品为一款美白精华乳，鉴于其使用方式，需要设计轻薄、水润不油腻的乳化体系，故选用 O/W 型乳化体。

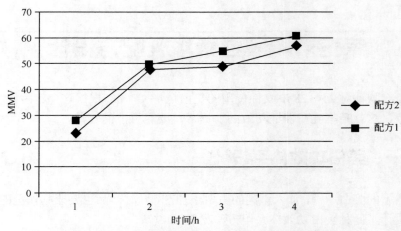

图 10-11　不同配方对皮肤水分含量（MMV）的影响

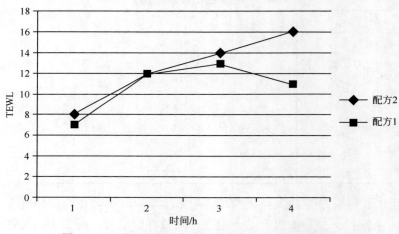

图 10-12　不同配方对皮肤水分流失（TWEL）的影响

1．油相的确定

根据整个产品的特点，油相原料宜选择清爽型油脂为主。经过查看相关资料，确定配方中的油脂原料为 GTCC、DM100、合成角鲨烷，油相的确定用量为 7%～15%，见表 10-10。

表 10-10　油相组成

原料名称	百分含量/%	备注	HLB 值
GTCC	5	甘油酯	13
DM100	4	脂肪酸酯	12
合成角鲨烷	4	烃类	12

经计算，乳化油相的 HLB 值约为 12。

2. 水相的确定

水相的组成见表 10-11。

表 10-11　水相组成

原料名称	百分含量/%	备注
石斛提取物	2	保湿剂
麦冬提取物	1	抗敏剂
丹参提取物	2	美白剂
甘油	3	保湿剂
烟酰胺	4	美白剂
维生素 C 乙基醚	2	美白剂

3. 乳化剂的确定

（1）乳化剂的初选　通过系列试验，直接选出较好的乳化剂。试验中对三种乳化剂进行了相应的筛选，试验结果见表 10-12。

表 10-12　乳化剂的初选

项目	乳化剂 1	乳化剂 2	乳化剂 3
外观	稍显粗糙	细腻	细腻
微观粒径	粗大	均匀细小	均匀细小
肤感	肤感黏腻	较轻爽	轻盈滑爽
离心	正常	正常	出现浮油现象
耐热	5 个	>7 个	>7 个
耐寒	>7 个	>7 个	>7 个
冷热交替	5 个	>7 个	>7 个

根据试验结果，虽然乳化剂 3 所得配方肤感最符合要求，但是在离心过程中出现浮油的现象，所以不能选用。乳化剂 1 所得配方，肤感黏腻，与要求不符。初步选定乳化剂 2 体系。

（2）乳化剂用量的确定　对乳化剂 2 用量进行梯度试验，结果见表 10-13。

表 10-13　乳化剂用量确定试验

项目	2.0%	2.5%	3.0%	3.5%
微观粒径	均匀细小	均匀细小	均匀细小	均匀细小
肤感	肤感稍有黏腻	清爽	清爽	清爽
离心	正常	正常	正常	正常
耐热	>7 个	>7 个	>7 个	>7 个
耐寒	>7 个	>7 个	>7 个	>7 个
冷热交替	>7 个	>7 个	>7 个	>7 个

由试验结果可以看出乳化剂用量在 2.5%～3.5% 之间时，状态、肤感、稳定性都比较好，考虑到成本问题，选用 2.5%。

（3）助乳化剂　助乳化剂可以调节乳化剂的 HLB 值，并形成更小的乳滴，从而起到更好的乳化效果。加入助乳化剂混醇对整个体系进行微调，最后确定助乳化剂的用量为 2.0%。

三、增稠体系设计

增稠分为油相增稠和水相增稠两方面，油相增稠选用混醇、硅蜡。水相增稠筛选了三种增稠剂。因为水相增稠对整个体系状态影响较大，所以试验中只对水相增稠进行了调整，试验结果如下。

增稠剂 1 不耐离子，使整个体系变得很稀薄。增稠剂 2 耐离子性质比较好，但是添加在配方中，使配方肤感黏腻。增稠剂 3 单独使用增稠效果差，但是能够稳定体系，而且对配方的肤感没有影响。最后经过试验，采用增稠剂 1 和增稠剂 3 复配使用进行增稠。既能保证体系状态又能使配方肤感保持清爽。

四、其他体系设计

防腐体系、抗氧化体系和感官修饰体系原料选用见表 10-14。

表 10-14　防腐体系、抗氧化体系和感官修饰体系原料选用

体系	选用原料	备注
防腐体系	MTI、PEHG	
抗氧化体系	生育酚	兼具营养物质
感官修饰体系	星辰花香精	

五、配方样品的评价

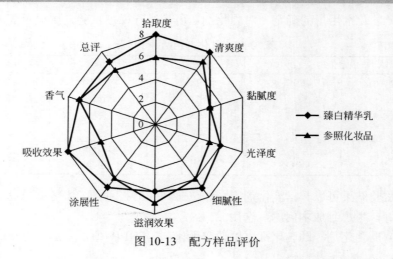

图 10-13　配方样品评价

从图 10-13 可以看出：臻白精华乳在拾取度、涂展性、清爽度、吸收效果等几个方面优于参照化妆品，总评好于参照化妆品。

六、确定配方

通过以上设计，最终确定的臻白精华乳配方见表 10-15。

表 10-15　臻白精华乳配方

组相	原料名称	百分含量/%
A	GTCC	5
	IPM	4
	合成角鲨烷	4
	乳化剂	3
	助乳化剂	2.5
B	石斛提取物	2
	麦冬提取物	1
	丹参提取物	2
	甘油	3
	维生素 C 乙基醚	4
	烟酰胺	2
	EDTA-2Na	0.08
	复合增稠剂	0.5
C	MTI	0.1
	PEHG	0.4
	星辰花香精	适量

第四节　防晒乳液（SPF30）配方设计

一、功效体系设计

单一防晒剂并不能起到 UVA/UVB 全波段防晒的功效，故采用防晒剂复合的方法来达到此功效。

经过对市售的防晒化妆品原料的初步遴选，并根据原料商提供的原料说明，选择 Escalol 517∶Escalol 557∶Escalol 587∶超细钛白粉=2.5∶8∶4∶2（质量比）复配，可以实现 UVA/UVB 全波段防晒。故选择 Escalol 517、Escalol 557、Escalol 587、超细钛白粉作为防晒剂,并且取 Escalol 517 用量 2.5%、Escalol 557 用量 8%、Escalol 587 用量 4%、超细钛白粉用量 2%符合 SPF30 的要求。

二、乳化体系设计

1. 乳化体类型确定

SPF30 的防晒乳,应该是户外适用,为了防止户外流汗时冲洗掉,采用抗水防汗设计,乳化体采用油包水体系。

2. 油相原料的选择

Escalol 517、Escalol 557 和 Escalol587 均在油相,油相其他原料的选用要考虑三个方面:一是必须和防晒剂很好地互溶(充当防晒剂溶剂);二是配方中有钛白粉物理防晒剂,必须对钛白粉具有很好的分散作用;三是产品主要在夏天使用,不能太油腻。故而选用常用的 C_{12}~C_{15} 烷基苯甲酸酯 9%和碳酸二辛酯 2%。

3. 乳化剂的选择及其用量的确定

乳化剂的选择是形成稳定乳液体系的关键,对乳液性质与结构具有重要影响,这一步对整个课题的进行是至关重要的。在防晒乳液基本配方基础上,选取 ABIL EM90、ABIL EM97、POLYALDO PGPR-75、DEHYMULS PGPH、Lameform TGI 及 Arlacel P135 六种油包水型乳化剂,根据其推荐用量,每种乳化剂选择三个用量进行梯度试验,制成样品,并考查样品的稳定性和微观颗粒,结果见表 10-16 和表 10-17。

表 10-16　乳化剂的选择及其用量确定

乳化剂	样品名称	用量/%	离心试验	冷热循环试验(循环)
	防晒乳 A	1.5	合格	四个
ABILEM-90	防晒乳 A'	2.0	一级品	四个
	防晒乳 A″	2.5	一级品	五个
	防晒乳 B	1.5		样品均质时破乳
ABILEM-97	防晒乳 B'	2.0		样品均质时破乳
	防晒乳 B″	2.5		样品均质时破乳
	防晒乳 C	2.0	一级品	四个
POLYALDO PGPR-75	防晒乳 C'	2.5	一级品	十个
	防晒乳 C″	3.0	一级品	五个
	防晒乳 D	3.0	优级品	四个
DEHYMULS PGPH	防晒乳 D'	4.0	一级品	三个
	防晒乳 D″	5.0	优级品	五个

乳化剂	样品名称	用量/%	离心试验	冷热循环试验（循环）
Lameform TGI	防晒乳 E	2.0		样品制成 6h 后破乳
	防晒乳 E′	2.5		样品制成 6h 后破乳
	防晒乳 E″	3.0		样品制成 6h 后破乳
PGPH/TGI	防晒乳 F	3.0/2.0	一级品	五个
Arlacel P135	防晒乳 G	2.0	优级品	八个
	防晒乳 G′	2.5	优级品	八个
	防晒乳 G″	3.0	优级品	八个

注：表中用量为质量分数，下同。

表 10-17 样品微观颗粒

样品名称	防晒乳 A	防晒乳 A′	防晒乳 A″
用量/%	1.5	2.0	2.5
第 8 天			

样品名称	防晒乳 B	防晒乳 B′	防晒乳 B″
用量/%	1.5	2.0	2.5
第 8 天			

样品名称	防晒乳 C	防晒乳 C′	防晒乳 C″
用量/%	2.0	2.5	3.0
第 8 天			

样品名称	防晒乳 D	防晒乳 D′	防晒乳 D″
用量/%	3.0	4.0	5.0
第 8 天			

样品名称	防晒乳 E	防晒乳 E′	防晒乳 E″
用量/%	2.0	2.5	3.0
第 8 天			

样品名称	防晒乳 G	防晒乳 G′	防晒乳 G″
用量/%	2.0	2.5	3.0
第 8 天			

从表 10-16 可以看出，六种乳化剂单独使用时，用量对体系的稳定性有一定影响。对比每个乳化剂的三个样品（PGPH/TGI 除外），得出如下结论：ABIL EM-90 用量为 2.5%、POLYALDO PGPR-75 用量为 3.0%、DEHYMULS PGPH 用量为 5.0%时，制成的各样品稳定性相对较好。对于 Arlacel P135 乳化剂，三个样品稳定性无差别。

对比上述样品和防晒乳 F 的稳定性，结果为：Arlacel P135＞POLYALDO PGPR-75（3.0%）＞DEHYMULS PGPH/Lameform TGI（3.0%/2.0%）＞DEHYMULS PGPH（5.0%）＞ABIL EM-90（2.5%）。

以 ABILEM-97 和 Lameform TGI 为乳化剂制成的样品均产生破乳现象，由此可知，在试验条件下，这两种乳化剂不适合此配方体系。

从表 10-17 可以看出，六种乳化剂单独使用时，用量对样品的微观颗粒有一定影响。对比每个乳化剂的三个样品，得出如下结论：ABIL EM-90 用量为 2.0%、POLYALDO PGPR-75 用量为 2.5%、DEHYMULS PGPH 用量为 3.0%、Arlacel P135 用量为 3.0%时，制成的各样品微观颗粒相对较好（颗粒细小均匀、排列紧密）。对比上述样品和防晒乳 F 的微观颗粒，结果为：Arlacel P135（3.0%）＞POLYALDO

PGPR-75（2.5%）＞ABIL EM-90（2.0%）＞DEHYMULS PGPH/Lameform TGI（3.0%/2.0%）=DEHYMULS PGPH（3.0%）。

总体来讲，稳定性试验：Arlacel P135＞DEHYMULS PGPH＞POLYALDO PGPR-75=DEHYMULS PGPH/LameformTGI＞ABIL EM-90＞ABIL EM-97=Lameform TGI。

样品颗粒均匀性：Arlacel P135＞ABIL EM-90＞DEHYMULS PGPH/Lameform TGI＞POLYALDO PGPR-75＞DEHYMULS PGPH＞ABIL M-97=Lameform TGI。

综上所述，选择 ArlacelP135 为乳化剂，用量为 3.0%。样品颗粒细小均匀，且排列紧密；4000r/min 离心 30min，无油水分离现象，为优级品；冷热循环八个周期无油水分离现象。

三、增稠体系设计

在防晒乳液参照配方基础上，分别选择硬脂酸镁、硅酸镁铝、PROTESIL F、汉生胶、混醇作为增稠稳定剂，制成样品，考查样品黏度、稳定性及微观颗粒，结果见表 10-18 和表 10-19。

表 10-18　增稠稳定剂的确定

增稠稳定剂	样品名称	用量/%	离心试验	冷热循环试验（循环）	黏度/Pa·s
硬脂酸镁	防晒乳 M	0.3	一级品	五个	6.734
硅酸镁铝	防晒乳 N	0.3	合格	三个	3.733
PROTESIL F	防晒乳 O	0.5	优级品	八个	7.027
汉生胶	防晒乳 P	0.2	一级品	七个	2.240
混醇	防晒乳 Q	0.5	一级品	六个	3.880

表 10-19　样品微观颗粒

样品名称	防晒乳 M	防晒乳 N	防晒乳 O	防晒乳 P	防晒乳 Q
增稠稳定剂	硬脂酸镁	硅酸镁铝	PROTESIL F	汉生胶	混醇
第 8 天					

从表 10-19 可以看出，各增稠稳定剂对样品稳定性和黏度的影响差别较大。样品稳定性：PROTESIL F＞汉生胶＞混醇＞硬脂酸镁＞硅酸镁铝。样品黏度：PROTESIL F＞硬脂酸镁＞混醇＞硅酸镁铝＞汉生胶。

从表 10-19 可以看出，各增稠稳定剂对样品微观颗粒的影响差别较大，结果为：PROTESIL F＞混醇＞汉生胶＞硬脂酸镁＞硅酸镁铝。

综合上述试验结果，选择 PROTESIL F 为增稠稳定剂，用量为 0.5%。样品微观颗粒细小、较均匀，且排列较紧密；4000r/min 离心 30min，无油水分离现象，为优级品；冷热循环八个周期无油水分离现象；黏度有所提高。

PROTESIL F 是由聚硅氧烷、多肽和烷基组合而成的高分子聚合物，对油相有良好的分散性，加入它可调制成稳定的 W/O 乳化物，赋予产品丝质般的涂抹感和平滑性，并形成清爽、光亮的保护膜。

四、配方微调优化

在此前防晒乳液配方基础上，固定氯化钠的用量在 0.8%，改变微晶蜡和氢化蓖麻油的用量比，制成样品，考查稳定性、黏度及微观颗粒，结果见表 10-20 和表 10-21。

表 10-20　体系黏度的调节

样品名称	微晶蜡：氢化蓖麻油（质量比）/%	离心试验	冷热循环试验（循环）	黏度/Pa·s
防晒乳 R	0.2：0.8	一级品	六个	6.454
防晒乳 S	0.4：0.6	一级品	六个	8.186
防晒乳 T	0.5：0.5	一级品	五个	6.734
防晒乳 U	0.6：0.4	一级品	六个	6.013
防晒乳 V	0.8：0.2	一级品	六个	8.920

表 10-21　样品微观颗粒

样品名称	防晒乳 R	防晒乳 S	防晒乳 T	防晒乳 U	防晒乳 V
微晶蜡：氢化蓖麻油质量比	0.2：0.8	0.4：0.6	0.5：0.5	0.6：0.4	0.8：0.2
第 8 天					

从表 10-20 可以看出，各用量比对样品稳定性的影响差别不大，但对样品黏度的影响差别较大，结果为：防晒乳 V＞防晒乳 S＞防晒乳 T＞防晒乳 R＞防晒乳 U。

从表 10-21 可以看出，各用量比对样品微观颗粒的影响差别较大，结果为：防晒乳 V＞防晒乳 U＞防晒乳 S＞防晒乳 R＞防晒乳 T。

综合上述实验结果，在氯化钠用量为 0.8% 的条件下，微晶蜡和氢化蓖麻油的最佳用量比为 0.8∶0.2。样品体系黏度最好（8.920Pa·s）；3000r/min 离心 30min，无油水分离现象，为一级品；微观颗粒细小、较均匀，且排列较紧密。

五、其他体系的设计

防腐体系、抗氧化体系和感官修饰体系原料选用见表 10-22。

表 10-22　防腐抗氧化和感官修饰体系原料选用

体系	选用原料	备注
防腐体系	LiquparPE	
抗氧化体系	生育酚	兼有营养
感官修饰体系	绿茶香精	

六、配方样品的评价与比对

1. 产品理化指标（见表 10-23）

表 10-23　产品理化指标

检测指标	结　果
外观	淡黄色光亮乳液
黏度	8.680Pa·s
pH 值	6.2
SPF 值	28.6
离心实验	4000r/min 离心 30min 不分层（优级品）
冷热循环实验	循环八个周期无油水分离现象

2. 产品感官评价

把产品给 24 个志愿者做感官评价，其评价结果见图 10-14。

3. 产品微观结构

在产品放置 7 天后，用光学显微镜对产品的微观结构进行观察，并与国内某公司的防晒产品和欧珀莱防晒乳液进行对比，见图 10-15。

从图 10-15 可以看出，与对照 1 相比，本产品的颗粒更为细小均匀、排列紧密，与对照 2 相比，产品微观结构差别不大。

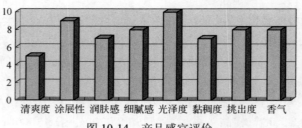

图 10-14　产品感官评价

(a) 产品微观结构图

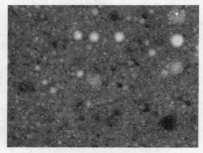

(b) 对照 1　国内某公司防晒产品

(c) 对照 2　欧珀莱防晒乳

图 10-15　产品微观结构与市售产品的对照

七、配方确定

通过以上设计，最终确定的此款防晒乳液配方见表 10-24。

表 10-24　防晒乳液配方

组　相	原料名称	用量/%
A 相	钛白粉分散液	10
B 相	Escalol557	8.0
	Escalol587	4.0
	Escalol517	2.5
	ArlacelP135	3.0

组 相	原料名称	用量/%
B 相	$C_{12}\sim C_{15}$ 苯酯	9.0
	碳酸二辛酯	2.0
	微晶蜡	0.8
	氢化蓖麻油	0.2
	PROTESILF	0.5
	维生素 E	0.3
C 相	氯化钠	0.8
	1,3-丁二醇	5.0
	丙二醇	4.0
	EDTA-2Na	0.1
	去离子水	至 100
D 相	LIQUAPARPE	0.5
	绿茶香精	适量

第十一章

化妆品功效植物原料及法规发展趋势

化妆品配方设计过程中，功效性及使用安全性是配方设计的核心，化妆品具有的美白、保湿、防晒、抗衰老等功效主要通过所添加的植物原料来体现，各种新技术和新理论在天然原料中的应用也格外引人关注，重视原料的发展是配方设计师的必修课。本章重点阐述化妆品功效植物原料现状及发展趋势，为功效化妆品配方设计和开发应用提供思路和参考。此外，本章阐述近年来中国化妆品法律法规现状，分析现存问题，解读最新版《化妆品监督管理条例（修订草案送审稿）》，有助于化妆品配方师了解我国化妆品法律法规的发展趋势，从而更好地指导化妆品配方设计。

第一节 化妆品植物原料现状及发展趋势

 一、化妆品功效植物原料发展现状

1. 植物原料种质资源与质量控制现状

我国疆域辽阔，河流纵横，湖泊众多，气候多样，自然地理条件复杂，为生物及其生态系统类型的形成与发展提供了优越的自然条件，形成了丰富的野生动植物区系，是世界上野生植物资源最众多、生物多样性最为丰富的国家之一。我国约有 30000 多种植物，仅次于世界植物最丰富的马来西亚和巴西，居世界第三位。然而并不是所有的植物资源都能用于化妆品当中，国家食品药品监督管理总局在 2014 年 6 月 30 日公布了 8783 种已使用化妆品原料，其中植物原料占 2000 多种。从数据来看，植物原料在使用原料中占比较高，但已使用于化妆品的植物原料相对于总量来说还偏少，我国的丰富植物资源有待进一步开发利用。

目前，市场上植物原料品种混乱、品质良莠不齐，原因之一是植物原料本身存在地域性差异，"道地药材"与"非道地药材"质量往往差异性较大，主要是由于不同地域的种植环境差异性较大，而最适合该药材生长的地域往往更地道；原因之二是个别商家的利益最大化，以假充真，以劣充好。因此，化妆品植物原料的质量控制显得尤为重要，一方面，管理部门需完善植物资源的质量监督管理体系；另一方面，作为化妆品植物原料的生产厂家应该建立原料产地筛选体系。尽管"道地药材"能一定程度反映该地域药材的优越性，但仍需根据理化指标和功效指标进一步验证。关于原料产地的筛选，首先可根据文献报道待定几个较优产地，对主要化学成分、农残、重金属等理化指标进行测定，而应用于化妆品中更为重要的是其功效指标，可根据其清除自由基、抑制酪氨酸酶等效果来进一步判定。因此，并非所有"道地药材"都是用于化妆品的最佳选择，需根据结果综合考虑。

植物原料种质资源既是基础，又是重中之重，完善植物原料的质量控制是化妆品的安全与功效保障，也是整个化妆品产业链发展的基础保障。

2. 植物原料提取制备与提取物质量控制现状

目前，植物原料以固体、粉末、液体、凝胶等多种形式作为化妆品添加剂，其中以液体提取物居多，主要是制备工艺相比固体粉末简单，而且方便后续添加到化妆品配方中。提取物多以粗提物为主，主要出于在功效性和成本之间的均衡考虑，粗提物性价比可达最高。粗提物制备一般根据植物的活性成分的极性区域选择合适的溶剂，植物中极性大的活性成分居多时一般选择水提法，极性小的成分居多一般选择乙醇或油提法。而乙醇提取物有时需要用丙二醇、丁二醇、甘油等化妆品常用滋润剂来复溶提取物。

化妆品用植物提取物需从安全性、功效性以及稳定性等多方面实现提取物的质量控制。安全性是提取物最基本的保障，需严格评价其毒理、刺激性、致敏性、光毒性等安全指标，安全性是功效性的必要条件，只有在安全的条件下才有考虑其功效性的必要性。而功效性是植物提取物应用于化妆品的必要条件。稳定性方面，一直是植物提取物最大的问题，主要是指提取物 pH 值变化、色泽不稳定、出现沉淀等现象，其主要原因是由于粗提物成分的复杂性。某些著名品牌的植物提取物也会出现少量沉淀，厂家也指出均属正常现象，使用前摇匀即可使用。事实上，沉淀并不一定影响其功效性。为了提高植物提取物的稳定性，可采取深度过滤、加入稳定剂等手段。

3. 化妆品植物原料市场现状

（1）植物原料成主流趋势　植物原料在化妆品中的使用历史十分悠久，化妆品行业中宣称的植物概念并不是一个新生的事物，这一理念已经被"炒"了很多年。据调查，世界范围内含有植物概念的产品一直颇受欢迎，亚太市场是含植物概念宣称的产品最大的地区，虽然近年含植物宣称的产品占比有略微下降，但竞争仍然激烈，欧洲、美国等区域植物概念的产品一直占据总市场份额的 1/3 左右，比例十分稳定。而中国市场植物概念的产品势头强劲，在个人护理用品和化妆品中含有植物宣称的产品占比达到 60%，且仍然呈现上升趋势，整体水平要明显高于世界其他地区。

从消费角度来看，中国在 2014 年全球五大面部护肤消费市场以 127.91 亿美元成为最大的消费国，接着是日本、韩国、美国以及法国。而 2014 年植物类产品以 64%的消费占比成为消费者使用最多的产品类型。其主要原因归因于在中高端和低端面部护肤品中植物宣称比例均较高，由此也覆盖了不同消费水平的消费人群。据统计（见图 11-1），2011 年到 2014 年中高端面部护肤品中 3/4 的产品含有植物宣称，且这个趋势一直比较稳定；2011 年到 2013 年，低端产品中含有植物宣称的产品也逐步上升；到 2014 年，低端产品和高端护肤产品中含有植物宣称的产品比例已经大致相同。

（2）化妆品中常用植物原料现状　植物概念虽然十分火热，但也并非所有植物原料都能成为消费者所喜爱。据 Mintel 最新国内数据统计（见表 11-1），绿茶成分因其清淡、温和的特性一直受到大众的欢迎，数据显示绿茶提取物在含有植物宣称的化妆品中使用占比最高，且呈现上升趋势。另外，海藻提取物中的新宠海藻成分能够给人一种海洋的即视感，这使其成为植物护肤品中的新秀。

在世界范围内，绿茶、芦荟和甘草在护肤品中使用频率最高，其中绿茶成分一直高居榜首，这和中国市场的情况完全相同。近年，薰衣草精油、迷迭香提取物等也在呈现增长的趋势（见表 11-2）。

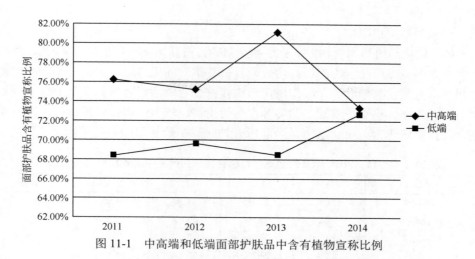

图 11-1　中高端和低端面部护肤品中含有植物宣称比例

表 11-1　2011~2014 年 9 月中国市场面部护肤品十大植物成分

植物成分	2011 年	2012 年	2013 年	2014 年	全样本统计
绿茶提取物	10.1%	12.0%	16.3%	14.2%	12.9%
海藻提取物	8.1%	9.6%	12.3%	11.4%	10.1%
库拉索芦荟提取物	10.1%	9.2%	8.6%	10.7%	9.6%
人参提取物	13.1%	8.0%	6.8%	7.9%	9.2%
甘草根提取物	12.7%	6.0%	7.3%	9.6%	8.8%
马齿苋提取物	11.5%	4.9%	4.4%	3.7%	6.6%
黄芩根提取物	6.7%	5.0%	6.0%	7.7%	6.2%
金缕梅提取物	5.2%	6.4%	5.8%	7.9%	6.1%
温州蜜柑果皮提取物	3.2%	9.2%	4.7%	4.0%	5.5%
库拉索芦荟叶汁	5.1%	1.4%	5.3%	7.2%	4.3%

表 11-2　2011~2014 年 9 月全球市场面部护肤品十大植物成分

植物成分	2011 年	2012 年	2013 年	2014 年	全样本统计
绿茶提取物	10.5%	10.9%	11.3%	11.8%	11.1%
库拉索芦荟提取物	7.1%	6.1%	7.1%	7.1%	6.8%
甘草根提取物	7.6%	5.2%	5.4%	6.3%	6.1%
海藻提取物	5.1%	5.7%	6.7%	6.6%	6.0%
人参提取物	6%	4.8%	4.0%	4.0%	4.7%
洋甘菊精华	3.8%	3.8%	5.3%	5.5%	4.6%
薰衣草油	3.6%	3.8%	4.5%	4.3%	4.1%
迷迭香提取物	3.2%	3.8%	3.9%	4.6%	3.9%
香橼果实提取物	3.4%	3.3%	3.4%	4.1%	3.5%
金盏花提取物	2.7%	3.3%	2.7%	4.2%	3.2%

　　综合中国市场和世界市场中草本原料的使用情况，可以发现绿茶一直处于植物原料的主流地位。但在世界市场中，一些花卉的提取物会比较走俏，而中国市

场内则独爱草类提取物。

（3）化妆品植物原料功效宣称现状　Mintel最新数据（见表11-3）表明保湿、滋润是众多美容产品宣称的核心功效，且占有绝对的优势地位，超过一半的植物护肤品都宣称具有滋润、保湿作用，这比较符合亚洲消费者对护肤品的需求。相对而言，提亮、焕彩在欧洲、北美等市场使用得比较多，而在亚洲地区，这一功能会被直接转述为美白，这也是当前所有护肤品中最热门的功效宣称之一。

表11-3　2011～2014年9月全球含有植物宣称的产品中功效宣称的占比分布

功效	2011年	2012年	2013年	2014年	全样本统计
滋润/保湿	57.6%	57.8%	58.2%	56.8%	57.6%
提亮/焕彩	27%	32.5%	33.0%	33.5%	31.5%
省时/快速	22.1%	23.3%	26.6%	27.8%	24.8%
持久	22.7%	24.7%	25.3%	24.8%	24.4%
加强维生素/矿物质	24.2%	23.1%	23.1%	24.5%	23.7%
道德/动物保护	24.8%	23.1%	22.1%	22.9%	23.2%
经皮肤测试	20.5%	20.5%	21.7%	22.2%	21.1%
不含苯甲酸酯类	18.0%	20.6%	21.4%	22.5%	20.6%
抗氧化	17.4%	16.8%	15.8%	16.3%	16.6%

（4）化妆品植物原料尚需注意的问题　尽管植物原料越来越受到化妆品配方师和消费者青睐，但是化妆品植物原料的应用现状仍存在不少问题：第一，违背法规相关禁用语的要求；第二，认为越天然越安全，忽视安全性问题；第三，不够重视植物原料的增效手段。

二、中医药理论与技术在化妆品植物原料中的应用

1．气血理论

气血是中医对饮食和氧气在脏腑协同作用下生成的对人体有濡养作用和温煦、激发、防御作用的"精微物质"及其功能的一种定义。气血既是人体生长发育的物质基础，也是保持健康美容的物质基础，气血化生以后，借助遍布全身的经络系统上荣皮毛，气血上荣是中医美容的基础。并且气血微循环与祛斑美白、抗衰老存在一定的关系，因此在植物原料开发时应当重视行气活血类中药在化妆品中的应用，目前已有不少补气活血类中药如黄芪、当归、红花等用于化妆品中，并宣称能改善皮肤血液微循环的概念。当然，法规明确规定化妆品中禁止使用"活血"等与血相关的医用术语，但是值得注意的是科学研究与最后的功效宣称并不冲突。

2．阴阳理论

天地之理，以阴阳两仪化生万物；肌肤之道，以阴阳二气平衡本元。阴阳失衡，就会引致很多的肌肤问题，所以只有阴阳平衡，注重调理，才能巩固肌肤之本。

结合气血理论，可同时将两者运用于化妆品植物原料。日属阳，以活气血中药作为化妆品植物添加剂可提高皮肤血液微循环，提高皮肤新陈代谢，焕发肌肤活力；夜属阴，以养气血中药作为化妆品植物添加剂可调理皮肤气血，为肌肤注入养分，修复肌肤日间所造成的损伤。"日活夜养"深刻阐述了阴阳学说所蕴含丰富的哲学意蕴，并提炼出了阴阳学说的核心思想——平衡。

3．五行理论

五行学说是中国古代的一种朴素的唯物主义哲学思想。五行学说用木、火、土、金、水五种物质来说明时间万物的起源和多样性的统一。自然界的一切事物和现象都可按照木、火、土、金、水的性质和特点归纳为五个系统。自然界各种事物和现象的发展变化，都是这五种物质不断运动和相互作用的结果。天地万物的运动秩序都要受五行生克制化法则的统一支配。

著名化妆品品牌百雀羚率先在国内将五行理论应用于化妆品中，这一创新也得到了消费者的一致认可。百雀羚的五行草本系列提出了"五行草本"的产品原料，并融入了"五行能量元"的产品精髓，将五行平衡相生相辅的理念与现代护肤完美结合，开创了护肤新纪元。

五行理论作为一种哲学思想，通过它的相生相克，与自然界及人体存在一定的关系（其中五行与自然界的关系见表11-4）。笔者认为以五行理论为基础尚可开发一系列创新型化妆品，比如开发季节型的护肤品为例，可将五行与五季、五色结合起来。春属木，一年护肤之际在于春，五色中对应"青"，可选择绿茶提取物作为化妆品添加剂，其主要功效成分表没食子儿茶素、没食子酸酯（EGCG）能赋予化妆品延缓光老化、美白、祛痘、收敛、保湿等多重功效。夏属火，应该选择美白防晒型植物提取物，五色中对应"赤"，结合五行与五季、五色可选择具有美白防晒功效的红景天提取物作为化妆品添加剂。长夏属土，此时天气炎热而多湿，体内湿热会造成皮肤油腻而产生痤疮，五色中对应"黄"，结合五行与五季、五色可选择具有控油祛痘功效的黄芩提取物作为化妆品添加剂。秋属金，此时天气燥，五色中对应"白"，选择"润"药，结合五行与五季、五色可选择具有补水保湿功效的银耳提取物作为化妆品添加剂。冬属水，天气寒冷代谢水平低，选择滋阴系列的药材，再者五色中对应"黑"，结合五行与五季、五色可选择具有滋阴功效的女贞子提取物作为化妆品添加剂。

表11-4　五行与自然界的关系

五行	五音	五味	五色	五化	五气	五方	五季
木	角	酸	青	生	风	东	春
火	微	苦	赤	长	暑	南	夏
土	宫	甘	黄	化	湿	中	长夏
金	商	辛	白	收	燥	西	秋
水	羽	咸	黑	藏	寒	北	冬

4．"君臣佐使"组方理论

"君臣佐使"组方理论为中医方剂学界公认的组方原则，传承并应用至今。对于化妆品外用美容中药方剂而言，结合皮肤特性有下列的"君臣佐使"的科学配伍思想。

君药即对处方的主证或主病起主要治疗作用的药物。它体现了处方的主攻方向，其力居方中之首，是方剂组成中不可缺少的药物。化妆品中的君药是指起到美白、抗衰老和保湿等功效，即起到主要作用的中药。如桑白皮、当归、乌梅、桂皮、蔓荆子、山茱萸、夏枯草和白头翁等中草药可抑制酪氨酸酶活性，美白肌肤。甘草因抗自由基而起到美白作用。益母草叶具有活血作用，可增加面部的血液循环，具有祛斑美白功效。具有这些功效的中草药可做诉求美白处方中的君药。

臣药指辅助君药治疗主证，或主要治疗兼证的药物。化妆品中的臣药是指辅助君药达到相应的效果，即促进透皮吸收的药物，使药达病所。如果没有透皮吸收，再好的物质也达不到预期效果。透皮吸收的中药有很多，归纳为辛凉解表类如薄荷；芳香类如小豆蔻；温里类如肉桂、丁香；活血化瘀类如当归、川芎；此外，还有依据皮脂膜的特性选择脂溶性的中药成分如桉叶油等。

佐药指配合君臣药治疗兼证，或抑制君臣药的毒性，或起反佐作用的药物。针对不同的问题肌肤，抗敏、止痒、刺激和脱屑等兼证需要佐以相应的中药，如牡丹皮、金盏花和龙葵具有天然抗过敏和抗菌等作用，外用可抗过敏和止痛。仙人掌可以舒缓受到刺激的皮肤细胞。黄芩对全身性过敏、被动性皮肤过敏亦显示很强的抑制活性，其抗被动性皮肤过敏的机理是具有强烈的抗组胺和乙酰胆碱的作用。杏仁可抗过敏、抗刺激。金缕梅具有消炎、舒缓作用。枳实可抗过敏并具有祛斑美白、防晒和抗菌杀菌作用。依据不同的诉求应选择具有不同功效的佐药配伍。

使药指引导诸药直达病变部位，或调和诸药使其合力祛邪。化妆品中的使药指具有营养与代谢的基本作用的中药。中药黄芪、灵芝和沙棘等对人体具有多种营养功能，对皮肤具有增加营养、恢复皮肤弹性和促进皮肤代谢的作用。具有这些特性的中药可根据组方的诉求，作为使药，广泛应用于化妆品中。

"君臣佐使"是一个科学配伍的组方思想，不仅仅适用于中药的配伍，也适用于各种植物原料的配伍。科学运用"君臣佐使"的组方思想来组合植物原料即可发挥不同的护肤功效。

5．炮制技术

中药炮制技术是根据中医药理论，按照医疗、调剂和制剂的不同需求，将传统制药技术和现代科学技术有机结合，对中药材进行特殊加工制作的一项制药技术。而目前炮制后的植物（中药）大多都用于内服，对于炮制植物（中药）外用于皮肤的内容却少有报道。文献表明，炮制技术可以富集抗衰老、美白等功效物质[7]。然而，富集功效物质并不等同于增效，只有在增效的情况下才能说可能是由富集某一大类主要功效物质（或者主要功效单体）所引起的。很少有学者提及炮制技术在化妆品植物原料开发中的具体思路，笔者认为，增效为最终目的，而富集功效物质为途径。第一步，建立"炮效关系"，即建立炮制与药效的关系。对美容中药组方进行单味炮制或混合炮制（不同中药分别不同方法炮制），用简单的生化实验筛选出"增效"的炮制组合；第二步，建立"物效关系"，即在增效基础上建立起功效物质的富集与增效之间的关系。

炮制技术对于植物原料的负面物质（重金属、农残等）的相关研究甚少，而且不同炮制方法是如何对影响负面物质并不明确，这也是以后需要加强研究的方面。

 ## 三、生物技术在化妆品植物原料中的应用

1．植物干细胞

干细胞是现代生物和医学中最具吸引力的领域之一，这是由于它们不但有显著的特性，同时在皮肤再生中发挥着关键作用。随着2008年Phyto CellTec[TM] Malus Domestica苹果干细胞的诞生，瑞士米百乐生化公司成为世界上第一家推出以"植物干细胞保护皮肤干细胞"为基础的化妆品活性物的公司。这款结合杰出研发成果和高质量生产而成的创新化妆品原料，取得了全球的认可。并在2011年该公司实现干细胞护肤品的又一突破，成为第一间成功开发及推出针对真皮干细胞的化妆品活性物的公司。并在多项体外和临床测试证明了该植物干细胞系列产品能有效提升人体皮肤干细胞的活力及再生能力。

2．生物发酵

生物发酵技术是在继承中药炮制学中发酵法的基础上，吸取微生态学研究成果，结合现代微生物工程而形成的高科技中药制药新技术，按照发酵形式分为液体发酵和固体发酵，而后在固体发酵基础上，又拓展出了药用真菌双向性固体发酵技术，其中液体发酵液较多应用于化妆品中。

市场现状来看，韩国日本的护肤品界十分流行发酵化妆品，其中最早出名的就是日本的SK-II，但是它还是停留在人工发酵阶段，随后市面上又出现了自然发酵护肤品——熊津化妆品"酵之美"。发酵护肤品在日本韩国一直受到追捧，并且在中国也掀起一股"发酵"热潮，从理论上来讲，发酵产品确有其独特优势，主要体现在植物提取物中较多大分子物质（多糖等）并不能轻易被皮肤所吸收，而通过微生物发酵处理后微生物产生的各种酶将大分子有效物质降解为易为皮肤易吸收的小分子有效物质（单糖等），从而增加了有效成分的利用率。另外，微生物的分解作用可将有毒物质分解，或者对药材中有毒物质的毒性成分进行修饰使其毒性降低或者消失。

3．纳米技术在化妆品植物原料中的应用

近年来，有人提出"纳米中药"的概念，纳米中药是指运用纳米技术制造的粒径小于 100 nm 的中药有效成分、有效部位、原药及其复方制剂。纳米中药的研究主要集中在两个方面，药物本身纳米化的研究和纳米载体与中药的结合。纳米中药不是简单地将中药材进行粉碎至纳米量级，而是针对组成中药方剂的某味药的有效部位甚至是有效成分进行纳米技术处理。现阶段所采用的技术有固体分散技术、环糊精包合技术、聚合物纳米粒载体技术、脂质体纳米粒载体技术等。

将纳米中药技术应用于化妆品中，可以改善一直存在着的有效成分吸收差、利用率低、副作用大、资源浪费等问题，填补目前化妆品市场的不足之处。其优势具体体现在：①增加吸收度，提高生物利用度，增强产品的功效，拓宽适应性；②纳米中药使用的靶向定位作用，也可使活性成分在特定部位发挥疗效，从而降低副作用；③纳米技术处理后的中药材应用于化妆品中，伴随着化妆品的吸收，会对人体产生新的药效。

另一方面，纳米技术应用于化妆品仍然存在较大争议，近年来有学者指出越小的纳米颗粒越有可能穿透细胞并产生毒性作用，大小只有十亿分之一米的纳米颗粒可以对 DNA 造成损伤从而诱发癌症。而且有强渗透性的纳米微粒有可能穿过皮肤，进入人类的血液循环系统，并被传送到大脑、肺部等人体器官当中，可能对人体造成更大范围的损害。因此，纳米技术在增加植物原料生物利用度的同时也增加了其潜在风险性，而我们需要辨证地看待问题，如果能建立起系统的风险评估体系，纳米技术也是一个很好的应用方向。

4．新型化妆品植物原料开发趋势

（1）植物防晒剂　目前，全球防晒化妆品占护肤品市场份额的 10%，并以平均每年 9%的速度增长，防晒化妆品已经成为护肤品中不可或缺的一部分，新型防晒剂的研究与开发也随之深入，开发出温和有效的植物防晒剂是未来防晒化妆品的发展趋势之一。目前国内外都致力于天然广谱防晒剂的筛选和开发，近年来对复配型植物防晒剂研究较多，这是由于复配型植物防晒剂较单一植物对 UVA、UVB 均有较强的吸收性能，且较单一植物提取液有显著的互补效应。并且有学者将复配型植物防晒剂继续与优化的化学防晒剂再进行复配，研究发现此复合防晒剂较化学防晒剂刺激性显著降低，并且达到广谱吸收紫外线吸收的效果。因此，复配型植物防晒剂的协同增效以及低刺激性的独特优势决定了它将成为防晒化妆品的发展趋势。

（2）植物防腐剂　随着人们对防腐剂安全性的问题的广泛关注，低毒或者无毒的天然防腐剂成为了研究热点。国内外的研究者从不同的植物中提取有抗菌性的天然物质，并努力将其成为新型的防腐剂，比如薰衣草精油、金盏花提取液等。另外有些中草药中也含有抗菌成分，也进入到了研究者的视野中。虽然植物来源抑菌原料已经应用在化妆品中，但品种较少，往往需要复配化学防腐剂来增强抑

菌效果，既利用化学防腐剂的强效，又集合植物防腐剂的温和。

但是需要指出的是，目前市场上所使用的植物源防腐剂大部分都是粗制品，其有效成分的作用常随着季节和地理环境而改变，防腐效果不稳定；植物防腐剂的作用机理、抗菌谱以及可应用的范围等研究得不够深入；一些植物防腐剂存在异味和杂色等问题，在使用过程中还会影响到产品的气味和品质；除此之外植物源防腐剂的毒理学评价工作尚未完全开展。大多数具有抑菌作用的天然产物在相当长的一段时间内还是没法替代化学合成的防腐剂，有两点原因：第一，天然防腐剂的效果跟化学合成的防腐剂还存在较大的差距；第二，从国内外研究和应用现状的整体看，很多天然防腐剂的性能只是在离体情况下做研究，具体到加入化妆品之后的防腐效果如何，以及会对人体产生何种作用，并没有进行系统的实验研究。需要从以下几方面进行改善：①系统分析天然与化学合成的抑菌剂的差距，进行相应的改变，可以是合成或半合成产物；②系统分析这些抑菌物质力加入到化妆品中的作用效果，尤其是与化妆品其他组分之间的相互作用关系；③对有效的活性成分的分离与鉴定、抗菌机理、构效关系和毒理学评价以及合成等进行深入细致的研究。

（3）植物"防污剂"　我国有很多城市空气污染严重，导致很多人出现皮肤过敏等问题，调查结果显示，有33.16%的消费者表示会选择"解决空气污染导致皮肤受损的护肤品"。因此，抗污染化妆品已成为市场的热点。

抗污染植物原料能在皮肤表面形成具有抵抗力且透明的立体生物保护膜，涂在皮肤上相当于在皮肤上附加一层新的仿真皮肤（膜），可以阻止污染物、空气中的微粒进入皮肤。抗污染化妆品同时具有能使毛孔等通道适当变小，减少有害物质和病菌等入侵的机会，却不影响发挥原有的功能。据报道，一种新的全能隔离体系正在研发中。这种隔离体系利用天然植物提取隔离成分、植物精华油以及氨基酸等为主的啫喱状免水洗面膜"全效隔离修复分子网筛膜"。该产品能在肌肤表面形成一层网筛膜，让肌肤自由呼吸，全面隔离汽车尾气和紫外辐射。

（4）植物色素　根据天然植物色素色彩艳丽明亮、产品较为安全对身体无毒害及其保健功效等诸多优点，可以开发出具有天然色素染色的一系列化妆品。现如今日本的化妆品界已将紫草素等许多天然的无毒害色素应用于许多化妆品中，例如唇彩、腮红和眼影等化妆品。这些植物色素除了具有作为着色剂使用的功效，同时还兼具消除炎症、抵抗细菌和收敛毛孔等诸多对皮肤有益的功能。

然而，我国现阶段天然植物色素的生产比较落后，提取出的大部分天然色素纯度比较低，存在较多的杂质，使得天然植物色素无法作为着色剂使用。从天然植物色素的应用来看，天然色素与合成色素相比有着许多优势，人们也尝试着从各种植物资源中获取天然色素来代替合成色素。但是由于天然色素的理化性质制约了天然色素的开发和利用，使得企业生产成本急剧上升，给天然植物素投入生产带来了诸多不便。

天然植物色素优点较多，现已成为未来国内色素行业发展的新方向。应对现阶段的提取工艺进行多方面的改进，使生产出的色素成品杂质减少，提高天然植物色素的提纯纯度。此外，还应该加大对相关技术型人才的培养，着力于天然植物色素产品的应用开发，根据市场需求，提供优质优良、具有较高安全性的色素成品，进一步拓展国外市场。

（5）植物功能油　目前，市场上的化妆品用植物提取物多以水溶性溶剂为介质，如纯水、丙二醇、丁二醇等，而以油为介质的提取物较少。植物原料油提物的优势主要体现在：①快速渗透，油型成分与皮肤的主要成分脂质成分的"相似相溶"使其能快速渗透皮肤，深入护肤；②无防腐剂，这是由于油相体系本身具有防腐作用，并不需要额外添加防腐剂，这是相对于水剂型提取物的又一最大特点。因此，植物油提物将在化妆品研发中发挥重要的作用。

（6）植物源重组胶原　胶原蛋白具有保湿作用、修复皮肤、美白和润泽头发等美容功效，已广泛应用于化妆品中。目前，胶原主要源于猪皮肤、牛腱和人类尸体等动物，然而动物源胶原却有传播疾病和引发过敏性反应等缺点，因此研究人员是不太接受动物来源的胶原蛋白。因此近年来研究人员把目光转向利用基因工程技术生产胶原蛋白，相比而言，重组胶原蛋白有着可加工性、无病毒隐患、水溶性以及排斥反应低等优势。目前，重组胶原已开发了许多不同的表达系统，包括酵母、蚕、哺乳动物细胞、转基因动物和细菌系统。而最新进展发现，转基因烟草植物能表达出人源胶原蛋白，这种胶原蛋白在理论上能避免动物源胶原蛋白存在担忧，并且在加工特性和疗效上优于动物源胶原蛋白。

然而，成本高、产量低并且系统缺少辅因子或酶一直是限制重组胶原应用的不利因素，重组胶原只能限于实验规模，而要满足产业化、大批量需求几乎是不可能的。因此无论是酵母还是植物产生的重组胶原仍然无法真正地将动物源胶原取而代之，方便提取的动物胶原一直保持着在研究和临床使用的标准。尽管植物源重组胶原的生产有限制因素，但是其独特优势决定其将成为发展趋势，如何克服植物源重组胶原生产的限制因素将是今后需要努力的方向。

（7）仿生植物组合物　以胎脂为例，胎脂是婴儿出生时身上一层乳白色、硬奶油状的脂质物体，大约是由80%的水、10%的蛋白质和10%的脂质组成。胎脂对胎儿皮肤屏障的形成起着至关重要的作用，并且胎脂对皮肤屏障有着保护的作用，同时，胎脂对皮肤具有抗菌抗感染、补水保湿、抗氧化、清洁皮肤、调节体温等多方面的作用，因此，有望将其应用于皮肤屏障修复及补水保湿类化妆品中。然而，胎脂的取材并不方便，再者也不能满足工业化生产上的需求。于是，模拟其组分的植物来源的组合物将成为开发的趋势，而该仿胎脂植物组合物能否发挥和胎脂一样的功效还有待进一步科学验证。

在化妆品植物原料备受关注之际，我们应该充分关注植物原料生产、制备、质控及市场每个环节，重视与植物原料相关的法规、安全及功效问题。再者，秉承中国的传统文化、融会中医药传统理论于植物原料之中，赋予新的开发理念与技术，全面提升产品品质内涵；高效利用现代先进的生物技术与纳米技术，将高新科技应用于植物原料；发挥植物原料优势，开发新型化妆品植物原料。

第二节　中国化妆品法规的现状及发展趋势

目前中国化妆品监督管理法规体系主要包括法规、部门规章、规范性文件和技术标准等部分。其中，化妆品法规主要有《化妆品卫生监督条例》，涉及化妆品的重要部门规章和规范性文件共有 29 部，包括《化妆品安全技术规范》、《化妆品生产企业卫生规范》、《化妆品产品技术要求规范》等。

一、中国化妆品主要法律法规及相关文件

20 世纪 80 年代中期，中国的化妆品法律法规体制基本形成，经过不断地发展和完善，目前中国已经形成了具有中国特色的化妆品法律规范部门体系。化妆品的监督管理关系到化妆品的使用安全和消费者的健康，最初中国的化妆品监督管理工作主要由卫生部负责，2008 年 9 月开始化妆品监督管理的职能移交给国家食品药品监督管理局。现在中国对化妆品的监管主要由国家食品药品监管部门、质量监督检验检疫部门和工商行政管理部门联合进行。国家食品药品监督管理局主要负责对化妆品进行安全管理，组织起草化妆品监督管理的法律法规草案、拟订政策规划，协调化妆品安全检测和评估工作，组织展开对化妆品重大安全事故的调查和处理。国家质量监督检验检疫总局依据《工业产品生产许可证管理条例》负责化妆品企业生产许可证的发放和监督管理。国家工商行政管理局依据《消费者权益保护法》和《广告法》对化妆品广告宣传和维护消费者权益方面进行监管。

1. 《化妆品卫生监督条例》

《化妆品卫生监督条例》是我国首部针对化妆品监督管理制定的法规，是我国一直以来实施化妆品监管的最主要的法律依据。1989 年 9 月 26 日国务院批准通过，由卫生部于同年 11 月 13 日正式颁布了《化妆品卫生监督条例》，标志着中国化妆品监管法制化的开端，该条例规定定义化妆品的概念，建立了化妆品生产企业卫生许可制度，将化妆品分为实施备案制的普通化妆品和实施许可制的特殊化妆品，对新原料进行划界并规定其使用需经卫生部批准，制定化妆品标签和广告的规范，确立进口化妆品许可制，规定化妆品卫生监督机构及其职责，对某些违法行为制定处罚。为完善和细化《化妆品卫生监督条例》的相关法律规定，1991年 3 月 27 日卫生部发布《化妆品卫生监督条例实施细则》，该细则详细规定《化

妆品生产企业卫生许可证》、特殊用途化妆品及进口化妆品卫生的审核批准程序，明确特殊用途化妆品的定义，进一步明确化妆品卫生监督机构职责和分工。

国家食品药品监督管理总局于 2014 年 11 月 8 日发布的《化妆品监督管理条例（征求意见稿）》是对《化妆品卫生监督条例》的首次修订。《化妆品监督管理条例（征求意见稿）》在化妆品的定义中加入了牙齿及口腔黏膜产品，意味着牙齿和漱口水等口腔护理产品也将纳入化妆品管理范围。同时，该条例规定对互联网交易第三方平台实行生产经营者实名登记制度，明确第三方提供者的责任义务，互联网交易是近年来兴起并已占有重要地位的化妆品交易方式，加强对互联网化妆品交易的关注十分必要。2015 年 6 月 26 日，为加强化妆品监督管理，保证化妆品质量安全，保障消费者的健康，国务院法制办公室公布食品药品监管总局起草的《化妆品监督管理条例（修订草案送审稿）》并向社会各界公开征求意见。条例对化妆品生产经营者做了清晰的定义，将美容美发机构及宾馆等在经营服务中使用化妆品或提供化妆品的企业或个人划归为化妆品经营者，这些机构是消费者接触化妆品的重要渠道，明确化妆品经营者的范围有助于使化妆品的经营更加规范化，避免出现经营者损害消费者利益、逃避责任的事件。

2.《化妆品卫生规范》

1987 年，卫生部发布的《化妆品卫生标准》是第一个关于化妆品及其原料质量安全性评价的技术依据。1999 年，为了完善和化妆品的相关技术标准，卫生部参考欧盟化妆品规程 76/768/EEC 制定并发布了《化妆品卫生规范》，并于 2002 年和 2007 年分别对其进行了 2 次修订。2007 版的《化妆品卫生规范》增加了对霉菌和酵母菌的检测方法，调整禁用原料、限用物质、限用防腐剂、限用着色剂和限用染发剂成分，将限用紫外线吸收剂更名为限用防晒剂，增加了 4 种限用防晒剂成分，增加了新的原料检测方法。《化妆品卫生规范》（2007 版）施行约十年，存在一些概念、术语和定义的表述不够清晰，有打印错误及书写翻译不规范的内容，部分检测与评价方法滞后或缺失，部分化妆品原料、产品的安全技术要求相对滞后等问题。

2015 年 8 月 12 日，国家食品药品监督管理总局结合化妆品行业发展和监管现状，参考了化妆品方面的专业知识，将《化妆品卫生规范》（2007 版）与全球主要国家与地区相关法规标准比较分析，对其进行修订，形成了《化妆品安全技术规范》（征求意见稿）。通过征求社会各界的意见和建议，对《化妆品安全技术规范》（征求意见稿）进行逐步修改和完善，国家食品药品监督管理局于 12 月 23 日发布 2015 年第 268 号令，公布经化妆品标准专家委员会全体会议审议通过，自 2016 年 12 月 1 日起开始实施《化妆品安全技术规范》（2015 版）。

《化妆品安全技术规范》相对《化妆品卫生规范》（2007 版）有以下变化：对一系列化妆品名词术语进行精准的解释；规范成分的中文名称、英文名称及 INCI

名称；删除或修改与口腔卫生用品相关条款；有关重金属及安全性风险物质的风险评估标准更加严苛，增加镉和二噁烷的限量要求并规定不得检出石棉；禁用原料从 1286 项增加为 1388 项，其中禁用植（动）物原料由 78 种变为 98 种；调整限用组分、准用防腐剂、准用防晒剂、准用着色剂和准用染发剂成分；增加 60 个对禁限用物质的检验方法；将粪大肠菌群修改为耐热大肠菌群；规定防晒类化妆品中二氧化钛和氧化锌的总使用量限制；人体功效评价中增加 SPF 标准品（P2 和 P3）的制备方法。此规范更加科学严谨，同时兼具先进性和规范性，借鉴国际化妆品安全评价的技术和经验，充分结合我国化妆品的现状和科技发展的程度，进一步完善我国化妆品监管，促进化妆品行业良性发展。

3.《化妆品生产企业卫生规范》

为加强对化妆品生产企业的卫生管理，卫生部于 1996 年根据《化妆品卫生监督条例》及其实施细则制定并颁布了《化妆品生产企业卫生规范》，并于 2000 年 7 月 5 日发布关于印发《化妆品生产企业卫生规范》（2000 年）的通知，对《化妆品生产企业卫生规范》（1996 年）进行修订，现行的《化妆品生产企业卫生规范》（2007 年）是第二次修订版，从 2008 年 1 月 1 日起开始实施。《化妆品生产企业卫生规范》（2007 年）对化妆品原料及包装材料、生产企业的生产选址和建筑结构、设施和设备的摆放安全、整个生产过程、成品贮存和出入库的卫生要求制定规范，规定了卫生管理部门的职责及对化妆品从业人员资质的要求，限制不符合条件的生产企业进入市场，合理约束生产企业的生产行为，促进中国化妆品生产企业的生产过程更加规范化。

4.《化妆品产品技术要求规范》

化妆品产品技术要求是产品卫生质量安全的技术保障，是食品药品监督管理部门开展卫生监督执法的重要依据，为了更高效地对产品的卫生质量安全进行监管，国家食品药品监督管理局于 2010 年 11 月 26 日制定了《化妆品产品技术要求规范》（国食药监许〔2010〕454 号），附件中发布了《国家食品药品监督管理局化妆品产品技术要求》和《化妆品产品技术要求编制指南》，对化妆品产品技术要求的内容和格式进行规范，要求文件中必须包含产品名称、配方成分、生产工艺、感官指标、卫生化学指标、微生物指标、检验方法、使用说明、贮存条件、保质期等资料。对化妆品技术要求进行规范化要求使化妆品卫生质量安全的监管更加便捷，明确统一生产企业需要上报的产品的具体信息，加强我国化妆品技术规范。

5.《已使用化妆品原料名称目录》

《已使用化妆品原料名称目录》是我国各个化妆品生产企业在生产经营化妆品时选择化妆品原料的重要参考依据。我国已使用化妆品原料清单（2003 版）中共有 3265 种原料，其中包括一般化妆品原料 2156 种，特殊化妆品原料（一般限用物质、防腐剂、防晒剂、色素）546 种，天然化妆品原料（含中药）563 种。2013

年 2 月 7 日，国家食品药品监督管理总局发布的已批准使用的化妆品原料名称目录（第一批）中包含原料 1674 种，并且目录中录入了原料的中英文名称和 INCI 名，已批准使用的化妆品原料名称目录（第二批）于同年 5 月 10 日发布，包含了原料 411 种，《已使用化妆品原料名称目录（第三批）》（征求意见稿）中包含原料 1356 种。

2014 年 6 月 30 日，国家食品药品监督管理总局以公告形式发布《已使用化妆品原料名称目录》（以下简称《目录》），共包含了 8783 种化妆品原料。《目录》是对在中国境内生产、销售的化妆品所使用原料的客观收录，是判断化妆品新原料的主要参考依据，而非我国允许使用化妆品原料的准用清单。

《目录》的编制和发布，是科学与实践相结合的产物。借助统一的名称目录，可实现化妆品原料的统一规范；作为判断化妆品新原料的主要参考依据，可避免人为的经验判断，有利于建立客观、公平、公正的市场秩序；通过网络信息化管理模式，统一化妆品备案、注册审批的原料管理要求，有助于增强现实可操作性，提升工作效率。

国家食品药品监督管理总局将依据对化妆品原料安全性认识水平的提高，评价能力的进步，对《目录》实行动态管理，确保其作为判定化妆品新原料参考依据的合法性、可行性、科学性。《化妆品卫生规范》中的禁限用物质清单是对已知风险的管理，新原料制度是对未知风险的管理，《目录》作为新原料的主要判定依据，成为新原料制度不可或缺的重要补充。

化妆品生产企业在选用《目录》所列原料时，应当符合相关法规、标准的要求，并对原料进行安全风险评估，承担产品质量安全责任。《目录》中收录的防晒剂、防腐剂、着色剂、染发剂及限用物质等原料，使用时应符合《化妆品卫生规范》（2007 版）的要求。未列入《目录》中，但在《化妆品卫生规范》（2007 版）中收载的防晒剂、防腐剂、着色剂、染发剂及限用物质等原料，参照已使用化妆品原料管理。使用《目录》时还应注意以下几点：

（1）《目录》所列原料的标准中文名称，原则上以《国际化妆品原料标准中文名称目录（2010 版）》为准，同一原料使用了不同版本 INCI 名称的，使用时需予以说明。

（2）《目录》中原料名称为"某某植物提取物"形式的，表示该植物全株及其提取物均为已使用原料，使用时应当注明其具体部位。原料名称为"某某植物花/叶/茎提取物"或"某某植物花/叶/藤提取物"形式的，表示该植物的地上部分及其提取物均为已使用原料，使用时应当注明其具体部位。

（3）中文名称栏中标注了"*"的原料，如"浮游生物提取物*"，其名称为某一类别原料名称，使用时应当标注具体的原料名称。

（4）中文名称栏中标注了"**"的原料，如"黑蚂蚁**"、"蛇麻子**"，其名称表述不规范，且动植物基原不清，使用时应当标注规范的具体原料名称及基原。

二、中国化妆品法律法规的发展趋势

1989 年,《化妆品卫生监督条例》(以下简称《条例》)发布,随后《化妆品卫生监督条例实施细则》出台,标志着中国化妆品法律法规体系的建立,化妆品行业由此正式步入法制化管理的轨道。《条例》明确了化妆品的定义:以涂擦、喷洒或者其他类似的方法,散布于人体表面任何部位(皮肤、毛发、指甲、口唇等),以达到清洁、消除不良气味、护肤、美容和修饰目的的日用化学工业产品。并将化妆品划分为普通化妆品(现在称为非特殊用途化妆品)和特殊用途化妆品(用于育发、染发、烫发、脱毛、美乳、健美、除臭、祛斑、防晒的化妆品)两大类,相应的政策法规和监管方式均围绕此两大类别展开,并随着行业的发展进行调整优化。目前,非特殊用途化妆品实施备案制,特殊用途化妆品需经国家食品药品监督管理总局批准,取得批准文号后方可生产或进口(见表 11-5)。

表 11-5　不同类别化妆品的监管方式与实施机关

产品类别	监管方式	实施机关
国产特殊用途化妆品	上市前许可	国家食品药品监督管理总局
进口特殊用途化妆品	上市前许可	国家食品药品监督管理总局
国产非特殊用途化妆品	上市前备案	省级食品药品监督管理局
进口非特殊用途化妆品	上市前备案	国家食品药品监督管理总局

2014 年,化妆品政策法规体系经历了一系列变革:美白化妆品纳入特殊用途化妆品进行管理;《已使用化妆品原料名称目录》发布;化妆品新原料注册管理调整;化妆品行业基本大法《化妆品监督管理条例》修订工作正式启动;《化妆品标签管理办法》征求意见稿出炉……下面盘点一下中国化妆品法规的变化及发展趋势。

1. 监管模式的改变

中国化妆品监管模式的主要特点是"行政许可,政府监管"。欧洲、美国、日本等发达国家对化妆品的监管,注重企业自身的责任,化妆品产品安全的监管以生产企业自律为主,政府的监管为辅,更注重于上市后产品的监管。参照其化妆品监管模式,中国的监管模式也呈现出注重企业自身责任的趋势,《化妆品监督管理条例(修订草案送审稿)》中规定中国化妆品监管遵循行业自律原则、行业自律原则和社会监督三大原则。化妆品生产经营者应自觉遵守国家颁布的化妆品法律法规及相关规定;化妆品行业协会是化妆品行业中除法律之外有权威性的组织,连接消费者和企业的第三方组织,起督促引导的作用,协会应严格自律,建立行业信用服务机制,约束会员自觉遵守行业规定,提高行业公信力;社会组织和个人有权对化妆品生产经营进行监督并积极维护自己的合法利益。

2. 调整修订法律法规的周期

根据 2015 年发布的《化妆品监督管理条例（修订草案送审稿）》中原料管理的相关规定"化妆品原料目录需要调整的"，食品药品监督管理部门应"于每年年底前将更新后的目录重新发布"，化妆品原料目录的更新周期定为一年，此前的法律法规文件中没有提及过调整目录的时间。国际上，1976 年正式在 EEC 官方杂志发布的《欧盟化妆品规程》，以附录 II、III、IV、VI、VII 的形式，分别规定化妆品禁用物质、限用物质、着色剂、防腐剂、紫外线吸收剂，之后的每年都要进行重新修订。结合中国化妆品行业发展的速度和特点，借鉴发达国家颁布的最新化妆品法规，适时地对中国化妆品法律法规进行修订和完善，定期更新相关文件以适应市场现状，将是中国化妆品法律法规发展的重要趋势。

3. 加强对化妆品功效评价的重视

中国的法律法规制定过程中对化妆品功效评价的重视程度越来越高。2007 年版的《化妆品卫生规范》与 2002 年版相比较增加了防晒化妆品的防晒效果评价方法，最新发布的《化妆品安全技术规范》（2015 版）将人体安全性和功效评价检验方法拆分为人体安全性检验和人体功效评价检验方法两部分内容，人体功效 SPF 评价检验方法中增加高 SPF 标准品的制备方法。《化妆品监督管理条例（修订草案送审稿）》（2015）中规定化妆品的功效宣称需要有充分的科学依据，其依据可以是相关文献资料或者研究数据。由此可见，中国的法律法规加强了对化妆品功效评价的重视，有助于中国化妆品更规范化，维护消费者的合法权益。

4. 信息公开化

《化妆品监督管理条例（修订草案送审稿）》（2015）中规定食品药品监督管理部门应将调整的化妆品原料目录及时向社会公布，新原料的有关信息应在批准和备案后 10 个工作日向社会公布，特殊化妆品注册或者普通化妆品备案信息需向社会公布，同时化妆品国家标准可供公众免费查阅，对查证属实的重大违法行为，食品药品监督管理部门依法通过媒体公开曝光。《关于调整化妆品注册备案管理有关事宜的通告》规定自 2014 年 6 月 30 日起，国产非特殊用途化妆品产将正式实行产品信息网上备案，而进口非特殊化妆品的评审周期为 20 个工作日，未收到食品药品监督管理部门不予备案通知的即可进口销售。让评审周期变得更加公开和透明。

5. 加强对化妆品新原料的管理

化妆品新原料的监管是影响整个产业发展"基础"的变革，国家加强对化妆品新原料的管理是可以预见的。由于科技不断进步，基因工程、纳米技术、细胞融合技术等前沿生物技术被运用到化妆品原料的制备中，中国现行的化妆品法律法规已不能满足日常监管，极易造成某类产品的监管空白，对新原料的重视有助于完善法律监管体系。《化妆品监督管理条例（修订草案送审稿）》（2015）对新原料的定义进行修改，由"在国内首次使用于化妆品生产的天然或人工原料"变为"在国内首次使用于化妆品的天然或者人工原料",弥补了国内经营的化妆品新原料的监管漏洞,同时规定了申请的流程并要求 3 年内每半年报告其使用和安全情况。

6. 细化法律责任

《化妆品监督管理条例(修订草案送审稿)》(2015)根据违法行为情节严重程度按照刑事与行政责任、民事责任与行政责任、严重违法行为、较严重违法行为、一般违法行为五个等级明确规定违法行为相应责罚,另外根据虚假申报骗取许可、未按规定备案、违规聘用人员、拒绝监督检查等具体违法行为详细做出处罚规定,对委托生产、集中交易市场、互联网第三方品台、广告、检验机构、审评和不良反应监测机构等相关责任方的违法行为特别制定处罚和处分条例。中国化妆品法规更加明确化妆品企业违法经营行为所需要承担的法律责任,对由于化妆品产品质量安全问题而导致消费者身体健康受到损害的案件提供更清晰具体的法律依据,细化法律责任为保障消费者的合法权益提供更有力的支撑。

7. 重视产品售后监督管理

上市后的产品监管机制缺乏是中国化妆品监管亟待解决的问题,新颁布的《化妆品监督管理条例(修订草案送审稿)》(2015)中能体现政府开始重视化妆品售后的监督管理工作。首先,在缺陷产品召回方面,要求化妆品生产者在发现化妆品存在质量缺陷时需主动召回并采取相应补救措施;化妆品经营者发现上述情形的应停止经营并立即通知相关生产经营者、消费者及食品药品监督管理部门,生产者认为需要召回的经营者协助召回;食品药品监督管理部门在日常检查中发现产品缺陷的应责令化妆品生产经营者召回或停止生产经营。此外,第五十三条规定国家实行不良反应监测制度,化妆品生产经营者主动监测、及时报告,相关机构、社会组织和个人发现有关化妆品不良反应的报告化妆品不良反应监测机构,不良反应监测机构负责资料收集、分析和评价,并向食品药品监督管理部门提出处理意见。同时,对已发生不良反应情况严重的化妆品制定了一系列紧急控制措施,要求食品药品监督管理部门制定相应的质量安全事故应急预案,化妆品生产经营者需积极配合,立即停止生产经营并制定事故处置方案。对产品售后监管的重视,弥补了中国化妆品法律法规的缺陷,促进化妆品行业更加规范化。

8. 化妆品新原料注册管理调整

化妆品新原料是指在国内首次使用于化妆品生产的天然或人工原料,在正常以及合理的、可预见的使用条件下,不得对人体健康产生危害。

(1)化妆品新原料行政许可申报资料 化妆品新原料须经国家食品药品监督管理总局的行政许可才能用于化妆品生产,行政许可申报需提交资料:化妆品新原料行政许可申请表;研制报告;生产工艺简述及简图;原料质量安全控制要求;毒理学安全性评价资料;代理申报的,应提交已经备案的行政许可在华申报责任单位授权书复印件及行政许可在华申报责任单位营业执照复印件并加盖公章;可能有助于行政许可的其他资料；另附送审样品 1 件。

（2）化妆品新原料行政许可程序　见表 11-6。

表 11-6　化妆品新原料行政许可程序

编号	行政许可程序	具体内容
1	受理	申请人提出申请，提交申报资料，行政受理服务中心对申报资料进行形式审查，5 日内作出是否受理的决定
2	技术审评	国家食品药品监督管理总局保健食品审评中心在 90 日内组织有关专家及技术人员对申请材料进行技术审查
3	行政许可决定	国家食品药品监督管理总局自接收到技术审查结论之日起 20 日内完成行政审查，并依法作出是否批准的行政许可决定
4	送达	国家食品药品监督管理总局应当自作出行政许可决定之日起 10 日内颁发、送达有关行政许可证件

（3）化妆品新原料注册管理调整　依照现行的规定，化妆品新原料安全性相关资料由申报企业负责提供，国家食品药品监督管理总局审查通过后以公告形式批准，一旦获批，所有企业均可自由使用该种原料。在此种管理模式下，审查工作中不仅要考虑申报企业基于本身工艺、规格所生产新原料的安全性，还需要考虑同品种其他可能工艺及规格原料的安全性，增加了企业自身产品以外其他产品的安全性证明责任，也加大了审查工作的难度。公告批准方式不仅不能很好地保护新原料研发及注册申报者的利益，而且严重削弱了新原料研发创新的积极主动性，营造了抄袭、仿制、拿来主义的不良风气。基于上述原因，为了进一步加强化妆品原料安全管理，保障消费者安全权益，积极鼓励企业技术创新，国家食品药品监督管理总局开始对化妆品新原料注册管理进行调整。

2014 年 01 月 23 日，《关于征求调整化妆品新原料注册管理有关事宜意见的函（食药监药化管便函［2014］17 号）》发布，明确 2014 年 4 月 1 日起，国家食品药品监督管理总局不再发布化妆品新原料审批公告，经审查批准的化妆品新原料，将向申请人核发《化妆品新原料试用批件》，批件有效期四年，有效期届满批件自行废止。获得批准的新原料可在批件核准的范围内生产、销售、使用。核准范围以外其他企业需使用该原料的，应当另行申报。化妆品新原料管理新规体现了宽进、严管、鼓励创新三大原则。

① 宽进　公告批准形式变为产品批件批准形式，使政府、企业在原料安全管理方面的责任更为清晰。企业将结合其自身生产工艺及规格提交安全性评价资料，对其使用的新原料安全负责并承担安全主体责任；同品种其他工艺、规格生产的原料的安全性，由监管部门结合不同企业提交的评价资料及监测的情况，综合评估后确定。

② 严管　已批准的新原料企业须承担相关的风险监测义务，加强新原料获批后的监测管理，发生安全风险时应及时采取措施，控制风险发生范围。建立新原料再评价制度，对已批准的化妆品新原料安全性方面有新认识的，总局可组织开

展再评价，批件有效期届满，结合使用情况评估安全的，将该原料纳入已使用原料管理。

③ 鼓励创新　以批件形式核准化妆品新原料，可减少企业对于商业机密外泄的顾虑。批件载明范围外的其他企业生产使用同品种原料的需另行申报的措施，有利于行业内的良性竞争，一定程度上保护了企业研发投入的热情。

三、美白化妆品纳入特殊用途化妆品管理

1. 美白化妆品市场现状

白皙亮丽的肌肤一直是东方女性孜孜不倦的追求，美白化妆品迎合了广大消费者的心理诉求，是中国市场最重要的品类之一，也是最为混乱的品种之一，重宣传轻研发现象突出，违法添加（如重金属铅、汞、砷等）、夸大宣传乱象频现，安全风险事件时有报道，给监管部门敲响了一记警钟。

美白类与祛斑类化妆品在功效成分及作用机理方面有相通之处，分类和监管却大不相同，前者属于非特殊用途化妆品，后者为特殊用途化妆品，而在消费者的眼中，美白类和祛斑类化妆品异曲同工。这种监管制度和消费者认知的差异和矛盾给不法商贩提供了可乘之机，祛斑类产品不宣称"祛斑"，转而宣称"美白"，即可避开国家食品药品监督管理总局的注册审批监管，备案后即可上市销售，这无疑增加了产品的使用安全风险。如何有效地实施监管，保护消费者合法权益，成为化妆品行业监督管理部门亟待解决的难题。

2. 美白化妆品监管政策调整

2013 年 12 月 16 日，国家食品药品监督管理总局《关于调整化妆品注册备案管理有关事宜的通告（第 10 号）》（简称"10 号文"）明确提出，凡宣称有助于皮肤美白增白的化妆品，纳入祛斑类特殊用途化妆品实施严格管理，必须取得特殊用途化妆品批准证书后方可生产或进口。2014 年 04 月 11 日，《关于进一步明确化妆品注册备案有关执行问题的函（食药监药化管便函［2014］70 号）》进一步明确以产品功能宣称作为美白化妆品范围界定依据：凡产品宣称可对皮肤本身产生美白增白效果的，严格按照特殊用途化妆品实施许可管理；产品通过物理遮盖方式发生效果，且功效宣称中明确含有美白、增白文字表述的，纳入特殊用途化妆品实施管理，审核要求参照非特殊用途化妆品相关规定执行，并且应在产品标签上明确标注"仅具有物理遮盖作用"；产品明示或暗示消费者是通过物理遮盖方式发生效果，功效宣称中不含有美白、增白文字表述的，按照非特殊用途化妆品实施备案管理。

美白化妆品有不同的美白途径和作用机理，不同的机理对应不同的功效原料，安全风险也各不相同。按作用机理进行分类管理，是基于风险管理基础上的科学管理模式。与祛斑类机理相一致的美白产品，纳入特殊用途化妆品管理，此为调

整的重点；物理遮盖类，按照特殊用途化妆品管理，按照非特殊用途化妆品要求审查，此种方式非基于科学，而是基于监管现状，防钻法律漏洞；对于迂回概念类，仅具有清洁、去角质等作用的产品，不得宣称美白增白功能，避免编造概念，误导消费。"10 号文"的出台，让真正的美白产品与仅具有物理遮盖作用的美白产品得以区分开来，从长远来看，有利于美白化妆品市场的规范和净化，有助于提升美白化妆品行业的水准，提升美白产品的安全系数，降低消费者的使用风险。美白化妆品的监管政策见表 11-7。

表 11-7　美白化妆品监管政策

美白方式	产品功能宣称	监管方式	检验要求、资料要求及申报许可程序	标签标注
化学美白	可对皮肤本身产生美白增白效果	特殊用途化妆品上市前许可	严格按照现行的祛斑类特殊用途化妆品规定要求执行	无
物理遮盖美白	功效宣称中明确含有美白、增白文字表述	特殊用途化妆品上市前许可	参照现行进口非特殊用途化妆品相关规定执行	仅具有物理遮盖作用
	功效宣称中不含有美白、增白文字表述	非特殊用途化妆品上市前备案	按照非特殊用途化妆品实施备案管理	无

3. 美白化妆品注册申报

　　美白化妆品纳入特殊用途化妆品进行监管，无疑提高了美白产品的准入门槛。如何科学精准地开展美白化妆品注册申报，成为众多生产厂商关注的重点话题。如果一个产品仅具有物理遮盖美白作用，其配方中必含有二氧化钛、氧化锌等物理美白剂，同时不得含有化学美白成分；若产品宣称可对皮肤本身产生美白增白功效，配方中就应该有明确的化学美白剂，且其添加量应在合理的有效范围内。若选用的美白剂不是熊果苷、烟酰胺等常见化学美白成分，那么就需提供产品中美白原料的功效依据，此依据可以是有一定资质的实验室出具的功效检测报告，或科学文献等能够证明原料美白作用的文件。目前我国还没有明确的美白原料及用量清单，审评中主要以韩国、日本、我国台湾地区已批准使用的美白原料为参考依据。

　　美白化妆品的名称和包装宣传也是注册申报的问题高发区。若产品名称中包含某一原料名称，且与美白功效宣传语相连，则该原料须是配方中的美白功效成分。若该成分在产品中的使用目的并非作为美白剂，则该产品命名容易使消费者误解为该成分在该产品中起到了美白作用，是不被许可的。产品标签的宣称也是如此，这个问题需要重点关注。

四、中国化妆品法规发展趋势展望

　　2014 年年底，化妆品基本大法《化妆品监督管理条例》以及《化妆品标签管理办法（征求意见稿）》相继出炉；2015 年年初，《化妆品安全技术规范（征求意见稿）》（原《化妆品卫生规范》）发布，公开征求意见，引发了业界广泛关注。《化妆品注册管理办法》、"进口非特殊用途化妆品监管下放省局"被列入国家食品药品监督管理总局 2015 年法规调整计划。2014 年，化妆品法规调整可谓紧锣密鼓；2015 年，或将趋于平缓。在"经济新常态"、"中国梦"的时代背景下，化妆品行业监管将秉持如下原则：①宽严相济　管当所管，该放的放（如进口非特备案职能或将下放至省局食品药品监督管理局），该严的严（如美白化妆品纳入特殊用途化妆品管理）；②公平公正　国内产品与国外产品一视同仁（如统一要求，规范进口化妆品标签管理：对进口及国产化妆品采用统一要求，一律禁止通过粘贴、剪切、涂改等方式对产品标签标识进行修改或者补充）；③社会共治　主动公开注册备案产品的标签信息，供公众查询监督，推进社会共治；④鼓励先进　新原料公告批准形式变为产品批件批准形式，放宽要求，鼓励研发创新。

　　《条例》征求意见稿第四十三条（宣称管理）明确指出，化妆品的功效宣称应当有充分的实验或者评价数据支持。产品宣称经功效验证机构测试并出具报告的，产品标签中可以标注相关验证信息；未经验证的，应当在描述宣称的功效作用内容结尾标注"上述功效未经验证"等字样，字体应当不小于功效宣称内容的标识字体。在消费者的功效意识逐步提高、相关功效评价及检测方法日渐成熟的大背景下，中国或将结束化妆品只管安全不管功效的历史，步入安全、功效兼顾的监管新时代。对功效实施管理可引导企业重视研发，营造良好的市场氛围，同时为消费者科学有效地选购化妆品提供数据支持。

五、法规对于化妆品配方设计的影响

1. 化妆品配方设计需要符合法规要求

　　在化妆品配方设计时需要考虑国家法规对于化妆品的要求。在《化妆品安全技术规范》、《化妆品产品技术要求规范》等很多相关法规中都对化妆品基本的安全性、卫生指标等进行了限定。要想化妆品符合法规，那么在化妆品配方设计时就需要掌握相关法规的要求。例如，在化妆品各剂型的相关标准中都会对产品 pH 进行限定，那么要想产品符合 pH 值的要求，就需要在配方设计时考虑配方中乳化体系、增稠体系、功效体系等原料的使用情况，根据原料的不同的 pH 值调整配方设计。

2. 化妆品配方设计时新原料的使用

　　2014 年 6 月 30 日，国家食品药品监督管理总局以公告形式发布《已使用化妆品原料名称目录》（简称《目录》），共包含了 8783 种化妆品原料。《目录》是对在中国境内生产、销售的化妆品所使用原料的客观收录，是判断化妆品新原料的主要参考依据，而非我国允许使用化妆品原料的准用清单。同时国家加强了对新原料（在国内首次使用于化妆品的天然或者人工原料）的管理。这也就意味着在

化妆品配方设计时需要考虑所用原料是否是新原料。如果配方中涉及到了新原料的使用，在产品上市之前需要做相关的新原料申报工作，会大大增加企业产品成本和产品上市周期。所以在化妆品配方设计时如果新原料没有必须使用的原因（例如：特殊的功效、性能），一般不会在配方中选用新原料。

3．法规变化对于已使用原料的配方应用影响

随着各阶段法规的变化，往往会对一些已使用原料的应用产生影响。法规中会对一些限用原料的限用量进行调整，同时可能对某种已使用原料禁用。这就需要在化妆品配方设计时了解法规的动态，对于限用和禁用原料的使用及时做出调整。

4．法规对功效体系设计的影响

中国的法律法规制定过程中对化妆品功效评价的重视程度越来越高。在化妆品配方功效体系设计时需要更加注意功效体系设计的合理性，所选择的功效体系是否能够发挥理想的功效，功效体系是否符合产品所宣称的产品功效。同时在特殊用途化妆品产品申报时，也需要对配方中所选择的功效体系的预期作用进行证明。

5．法规对于特殊品类化妆品配方设计的影响

出于对一些特殊化妆品用途或者安全性的考虑，法规中要求一些特殊化妆品需要重点申报，例如 12 岁以下儿童使用的化妆品需要进行儿童化妆品申报与审评，同时国家食品药品监督管理局发布了关于印发《儿童化妆品申报与审评指南》的通知（国食药监保化［2012］291 号）。在《指南》中提出儿童化妆品需要对产品配方设计进行说明。这也就要求在化妆品配方设计之初就需要考虑到相关的因素以符合法规要求。

参 考 文 献

[1] 裘炳毅. 化妆品化学与工艺技术大全［M］. 北京：中国轻工业出版社，1997.

[2] 夏立新，曹国英等. 显微图像在乳化体稳定性研究中的应用［J］. 现代科学仪器，2007，（3）：73-76.

[3] 董银卯. 化妆品配方工艺手册［M］. 北京：化学工业出版社，2005.

[4] 郑成，陈岚生. 化妆品乳化设备新发展［J］. 论述，1990，（9）：25-28.

[5] 孙涛垒，彭勃等. 原油活性组分油水界面扩张粘弹性研究［J］. 物理化学学报，2002，18（2）：161-165.

[6] 戴乐荣. 乳化体的稳定性与类型［J］. 胶体与界面化学，1997，（2）：66-71.

[7] Myers, D. Surfactant Science and Techno logy[J]. New York: VCH Publisher, Inc., 1988, 209-337.

[8] Lochhead, R. Y. Emulsions[J]. C & T, 1994, 109(5): 93-103.

[9] Tadro T. F. Emulsion Stability. In: Becher, P. Eds. Encyclopedia of Emulsion Technology[J]. Vol.1, Basic Theory. New York: Marcel Dekker, Inc., 1983: 129-285.

[10] Friberg S E, Jiang Yang. Emulsion Stability. In: Sjoblom, J. eds. Emulsion and Emulsion Stability[J]. New York: Marcel Dekker, Inc., 1996: 1-40.

[11] Eccleston, G M. Application of Emulsion Stability Theories to Mobile and Semisolid OöW Emulsions［J］. C & T, 1996, 101(11): 73-92.

[12] 李明远. 原油乳化体稳定性研究 Ⅴ. 北海原油乳化体的稳定与破乳［J］. 石油学报（石油加工），1995，11（3）：1-5.

[13] 徐明进，李远明等. Zeta 电位和界面膜强度对水包油乳化体稳定性影响［J］. 应用化学，2007，24（6）：65-71.

[14] 王新平，张嘉云等. 表面活性剂与聚丙烯酰胺在油水界面的流变性［J］. 物理化学学报，1998，14（1）：88-92.

[15] 蔡呈芳. 皮肤美白化妆品的进展［J］. 临床皮肤科杂志，2004，33（6）：386-387.

[16] 帕它木·莫合买提，潘建英. 烟酰胺抑制人皮黑素细胞的适宜浓度研究［J］. 日用化学工业，2004，34（5）：296-297.

[17] 徐良，步平. 美白祛斑化妆品及其未来发展［J］. 日用化学工业，2001，（2）：42-45.

[18] 周华隆. 新型美白剂 ArlatoneDCA 的研究进展［J］. 日用化学品科学，2006，（5）：36-38.

[19] 张建友，方艳燕，吴晓琴. 天然活性美白化妆品研究现状及发展前景［J］. 精细化工，2008，25（1）：73-76.

[20] 殷蕾，李斌，蒋人俊等. 美白添加剂美白效果的评价研究［J］. 日用化学工业，1997，（3）：41-43.

[21] 刘宇红，董银卯，李才广. 皮肤化学美白剂抑制酪氨酸酶活性的研究［J］. 日用化学工业，2001，（1）：21-23.

[22] Chen Q X, Song K K, Qiu L, et al. Inhibitory effect s onmushroom tyrosinase by p2alkoxybenzoic acids[J]. Food Chemistry, 2005, 91: 269-274.

[23] 温元凯，高级营养化妆品新组分——丝素 1［J］. 日用化学工业，1986，93（5）：30.

[24] 姜玉兰，朴惠善. 甘草与桑叶等对皮肤美白作用的研究进展［J］. 时珍国医国药，2006（8）：21-25.

[25] Mohammad R N. Nicotinamide-containing sunscreens foruse in Australasian countries and cancer-provoking conditions[J]. Medical Hypotheses, 2003, 60(4): 544-545.

[26] 王白强，曾晓军. 酪氨酸酶活性的抑制研究及皮肤美白化妆品的研制［J］. 福建轻纺，2007，（2）：2-4.

[27] 陆晔，周名权，吕小枫等. 特殊用途化妆品的功效评价［J］. 环境与健康杂志，2001，18（2）：121-124.

[28] 赵辩，黄秋玲，毕志刚等. 人正常黑素细胞体外培养及其细胞生物学鉴定［J］. 临床皮肤科杂志，1991，12（5）：226-227.

[29] Zhang C W, Lu Y H, Tao L, et al. Tyrosinase inhibitory effects and inhibitionMechanisms of nobiletin and hesperidin from citrus peel extracts[J]. Journal of Enzyme Inhibition and Medecinal Chemistry, 2007, 22(1): 83-90.

[30] 李玲，苏谨，李竹. 采用 Lab 色度系统评价某种美白化妆品的美白功效［J］. 环境与职业医学，2003，（1）：28-30.

[31] 王旭平，任道凤，金锡鹏等. 皮肤屏障功能研究方法的新进展［J］. 国外医学皮肤性病学分册，1999，25（6）：326-329.

[32] Fluhr JW, Kuss O, Dipgem T, et al. Testing for irritation with amultifactorial approach: comparison of eight non-invasive types[J]. Br JDermatol, 2001, 145(5): 696-703.

[33] Susun AN, Euryoung LEE, Seunghun KIM, et al. Comparison andcorrelation between stinging responses to lactic acid and bioengineering parameters[J]. Contact Dermatitis, 2007, 57(3): 158-162.

[34] Maibach H I, Lammintausta K, Berardesca E, et al. Tendency to irritation: sensitive skin[J]. J Am Acad Dermatol, 1989, 21: 833-835.

[35] 贾玉春，刘莉莉. 敏感性皮肤护理及配方技术［A］. 见：第七届中国化妆品学术研讨会论文集［C］. 北京：中国香料香精化妆品工业协会，2008：5-6.

[36] 秦钰慧. 化妆品管理及安全性和功效性评价［M］. 北京：化学工业出版社，2007.

[37] 唐建武，金连弘. 生物医学基础［M］. 北京：华夏出版社，2005：252-254.

[38] 郭丽芳，范卫新. 过敏性接触性皮炎免疫反应机制的研究进展［J］. 国外医学皮肤性病学分册，2004，30（6）：366-368.

[39] 周承藩，沈彤. 刺激性接触性皮炎的研究进展［J］. 中华劳动卫生职业病杂志，2005，23（6）：474-476.

[40] Orton D I, Wilkinson J D. Cosmetic allergy: incidence, diagnosis, and management[J]. Am J Clin Dermatol, 2004, 5(5): 327-337.

[41] 刘玮. 化妆品过敏及其诊断问题［J］. 临床皮肤科杂志，2006，35（4）：260-262.

[42] 李顺意，梁宋平. 透明质酸酶研究进展［J］. 国外医学分子生物学分册，1995，17（2）：76-79.

[43] Kakegawa H, et al. Inhibitory effects of some natural products on the activetion of hyaluronidase and their antial-lergic actions[J]. Chem Pharm Bull, 1991, 40(6): 1422-1439.

[44] 孙丽华，陈铭学. 天然产物中透明质酸酶抑制剂的研究［J］. 天然产物研究与开发，2001，1（4）：76-78.

[45] 张光华，冯汉林. 从天然产物中开发新的抗变态反应药物［J］. 中草药，1997，28（6）：369-371.

[46] 邓文龙. 四种穿心莲内酯的药理作用比较［J］. 药学通报，1982，17（4）：195.

[47] 李东光. 实用化妆品生产技术手册［M］. 北京：化学工业出版社，2001：1.

[48] 陈曦. 中国中小型化妆品企业现状和发展态势分析报告［R］. 北京：博雅美容化妆品业咨询机构，2000.

[49] David S Morrison, Gina Butuc. Formulation Enhancement Through The Use of Gelled Emollients[DB]. Penreco Technology Center.

[50] 刘玮，张怀亮. 皮肤科学与化妆品功效评价［M］. 北京：化学工业出版社，2005.

[51] 施昌松，崔凤玲，张洪广，蔡晓真，陈楚光. 化妆品常用保湿剂保湿吸湿性能研究［J］. 日用化学品科学，2007，（1）：25-29.

[52] 许阳，骆丹. 皮肤保湿功能与保湿剂的应用［J］. 国外医学. 皮肤性病学分册，2004，（3）：146-148.

[53] 韩汉鹏. 实验统计引论［M］. 北京：中国林业出版社，2006.

[54] 阎世翔. 中国化妆品功效性评价及安全质量管理展望［J］. 日用化学品科学，2005，28（63）：9-10.

[55] 魏骏，杨希鏸. 皮肤保湿研究进展［J］. 中华医学美容杂志，2000，6（5）：279-280.

[56] 虞瑞尧. 保湿化妆品与皮肤科学［J］. 中国美容医学，2002，11（4）：393-395.

[57] 刘玉兰，王娟，张吉平. 皮肤保湿剂及其性能评价方法的研究［J］. 日用化学工业，1999，10（5）：52-54.

[58] 侯耀永，陈刚，杨晓玲，杜平华. 保湿化妆品与天然保湿剂［A］. 见：2005（第五届）中国日用化学工业研讨会论文集［C］. 2005.

[59] Marty J P. NMF and cosmetology of cutaneous hydration[J]. Ann Dermatol Venereol, 2002, 129: 131-136.

[60] Loden M, Andersson A C, Lindberg M. Improvement in skin barrier function in patients with atopic dermatitis after treatment with a moisturizing cream(Canoderm)[J]. Br J Dermatol, 1999, 140: 264.

[61] Held E, Lund H, Agner T. Effect of different moisturizers on SLS-irritated human skin[J]. Contact Dermatitis, 2001, 44: 229-234.

[62] 曹平. 天然抗氧化剂抑制油脂氧化的研究进展［J］. 中国油脂. 2005，30（7）：49-53.

[63] 禹华娟, 孙智达, 谢笔钧. 莲原花青素在油脂体系中的抗氧化作用 [J]. 中国农业科学, 2010, 43 (10): 2132-2140.

[64] 杜登学, 王姗姗, 周磊. 肽类在化妆品中的应用 [J]. 山东轻工业学院学报 (自然科学版), 2012, 26 (1): 35-39.

[65] 姜平平. 花色苷类物质抗氧化生理活性的研究 [D]. 天津: 天津科技大学, 2003.

[66] 黄华艳. 我国野生植物保护的现状和前景 [J]. 广西林业科学, 2003, 32 (2): 107-110.

[67] 邹鹏飞, 刘辉, 董丽娟等. 基于气血养颜的中医护肤品的设计思路 [J]. 日用化学品科学, 2012, 35 (5): 20-23.

[68] 王一帆, 赖家珍, 龙晓英等. 中药美白机制及功效评价进展 [J]. 广东药学院学报, 2014, 30 (4): 526-529.

[69] 王倩, 蔡念宁, 金力. 中药延缓皮肤衰老的研究现状 [J]. 中国美容医学, 2006, 15 (2): 219-221.

[70] 翟华强, 王燕平. 中医药学概论 [M]. 北京: 中国中医药出版社, 2013.

[71] 董银卯, 孟宏, 何聪芬. 中医药理论与技术在化妆品中的应用 [J]. 日用化学品科学, 2009, 32 (9): 14-18.

[72] 邓小锋, 孟宏, 李丽等. 炮制技术在化妆品植物原料开发中的应用 [J]. 日用化学工业, 2015, 45 (4): 226-229, 240.

[73] 吴芸, 严国俊, 蔡宝昌. 纳米技术在中药领域的研究进展 [J]. 中草药, 2011, 42 (2): 403-408.

[74] 陶阿丽, 刘婷, 代昌龙. 纳米中药在化妆品中的研究与前景展望 [J]. 井冈山医专学报, 2009, 16 (5): 11-13, 19.

[75] 涂国荣, 王武尚, 张利兴. 复合天然紫外吸收剂在防晒化妆品中的应用研究 [J]. 日用化学工业, 2000, (5): 18-20.

[76] 陈庆生, 孟潇, 龚盛昭等. 复合广谱紫外线吸收剂在防晒化妆品中的应用研究 [J]. 日用化学工业, 2014, 44 (5): 273-277.

[77] 蒋勇, 何聪芬, 祝钧. 植物源防腐剂及其在化妆品中的应用 [J]. 日用化学品科学, 2011, 34 (5): 34-36.

[78] 张宁. 化妆品中防腐剂使用情况的研究 [J]. 现代养生, 2015, 3: 286.

[79] 于天浩, 陈萍, 周敬, 等. 天然植物原料在化妆品中的应用与展望 [J]. 日用化学品科学, 2015, 38 (6): 37-39.

[80] 张华. 防护性化妆品未来趋势 [J]. 日用化学品科学, 2007, 30 (11): 40, 45.

[81] 刘新民. 一种化妆品的植物色素组分——紫草素 [J]. 香料香精化妆品, 1993, (1): 33-36, 22.

[82] 孙胜男. 天然植物色素的应用研究 [J]. 黑龙江农业科学, 2014, (3): 142-143.

[83] 吴铭, 徐珍珍, 孙旸等. 胶原蛋白在化妆品中的应用及研究进展 [J]. 日用化学品科学, 2011, 34 (2): 19-23.

[84] Hori H, Hattori S, Inouye S, et al. Analysis of the major epitope of the α2 chain of bovine type I collagen in children with bovine gelatin allergy[J]. J Allergy Clin Immun, 2002,110(4): 652-657.

[85] Stein H, Wilensky M, Tsafrir Y, et al. Production of Bioactive, Post-Translationally Modified, Heterotrimeric, Human Recombinant Type-I Collagen in Transgenic Tobacco[J]. Biomacromolecules,2009,10(9):2640-2645.

[86] Olsen D, Yang C L, Bodo M, et al. Recombinant collagen and gelatin for drug delivery[J]. Adv Drug Deliver Rev, 2003, 55(12): 1547-1567.

[87] Browne S, Zeugolis D I, Pandit A, et al. Collagen: Finding a Solution for the Source[J]. Tissue engineering part A, 2013, 19(13-14): 1491-1494.

[88] 本刊编辑部. 中国日化最强音 (Ⅰ) [J]. 日用化学品科学, 2015, 08: 9-12.

[89] 许业莉, 陶伟正, 柯维国. 我国化妆品法规标准中亟待理顺的若干问题[A]. 中国标准化协会. 标准化改革与发展之机遇——第十二届中国标准化论坛论文集[C]. 中国标准化协会, 2015: 5.

[90] 本刊编辑部. 2014年化妆品企业必须关注的重要法规 [J]. 日用化学品科学, 2014, 12: 40-46,53.

[91] 王越. 我国化妆品安全监管法律问题研究 [D]. 重庆: 西南大学, 2013.

[92] 赵鑫. 我国化妆品法规及监管回顾及展望[A]. 中国香料香精化妆品工业协会. 第九届中国化妆品学术研讨会论文集 (下) [C]. 中国香料香精化妆品工业协会, 2012: 4.

[93] 易理旺. 我国化妆品市场监管法律制度研究 [D]. 长沙: 中南大学, 2012.

参考文献

[94] 中华人民共和国卫生部. 化妆品卫生监督条例［S］. 1989.

[95] 中华人民共和国卫生部. 化妆品卫生监督条例实施细则[S]. 1991.

[96] 中华人民共和国卫生部. 化妆品卫生规范［S］. 2007.

[97] 国家食品药品监督管理总局. 化妆品安全技术规范[S]. 2015.

[98] 中华人民共和国卫生部. 化妆品生产企业卫生规范[S]. 2007.

[99] 国家食品药品监督管理总局. 化妆品产品技术要求[S]. 2011.

[100] 宋华琳，李鸻，田宗旭. 中国化妆品监管治理体系的制度改革［J］. 财经法学，2015，03：15-28.

[101] 胡丹. 化妆品中安全性指标的检测方法研究［D］. 杭州：浙江大学，2014.

[102] 徐昊，王子寿，何韦静，谢婷. 我国药品监管职能与化妆品监管现状及对策探讨［J］. 中药与临床，2015，02：92-94，97.

[103] 姚金成，曾令贵，林新文等. 我国化妆品安全监测体系的现状及相关对策[J]. 中国药房，2014，09：775-777.

[104] 马明，钱凯. 法规变革背景下的化妆品宣称［J］. 日用化学品科学，2015，05：47-50.

[105] 尚棋. 论我国化妆品安全监管法律的完善［D］. 上海：复旦大学，2014.

[106] 梁雪静. 我国化妆品监管体系的现状及思考［J］. 日用化学品科学，2012，12：33-35.

[107] 冯帆. 浅议我国化妆品监督管理问题分析及对策［J］. 中国医疗美容，2014，05：236，156.

[108] 邢书霞，苏哲，左甜甜，王钢力. 欧盟化妆品法规最新修订内容及其启示［J］. 中国卫生检验杂志，2015，18：3214-3216.

[109] EUROPEAN PARLIAMENT COUNCIL. Regulation (EC) No. 1223 /2009 of the european parliament and of the council of 30 november2009 on cosmetic products (recast) [S]. Brussels: Offical Journal of the European Union, 2009.

[110] 王艳. 我国与欧盟化妆品法规标准体系的比较研究［D］. 北京：中国疾病预防控制中心，2011.

[111] 中国化妆品法规的现状与动态（上）[J］. 国内外香化信息，2010，02：19-20.

[112] 张晋京. 我国化妆品的法规、监管及挑战［J］. 口腔护理用品工业，2011，01：34-37.

[113] 李思彦. 中国化妆品行业的发展现状及战略分析［J］. 现代经济信息，2015，04：394-396.

[114] 蒋可心. 我国化妆品法规标准及监管情况分析［J］. 日用化学品科学，2011，08：38,42.